战略性新兴领域"十四五"高等教育系列教材

智能优化算法解析

主　编　冀俊忠　王　鼎
副主编　杨翠翠
参　编　刘金铎　张晓丹　雷名龙

机械工业出版社

智能优化算法是人工智能的核心技术之一。本书主要从原理和设计两方面对智能优化算法进行深入解析。全书内容共7章，其中，第1章介绍智能优化算法的一些基本定义和基础知识；第2～6章分别讨论通过模拟基于进化规律、物理原理、化学原理、人类行为、群智能等不同机理而产生的五类智能优化算法，每类算法重点介绍几个典型算法的求解原理、优化策略和算法实现；第7章结合战略性新兴领域的实际需求，探讨智能优化算法在智慧环保、生物工程、脑科学中的一些工程应用。

本书可作为普通高等院校计算机、自动化、人工智能等相关专业本科生、研究生的专业课或通识课教材，也可供广大从事智能优化的工程技术人员参考。

本书配有电子课件等教学资源，欢迎选用本书作教材的教师登录www.cmpedu.com注册后下载，或发邮件至jinacmp@163.com索取。

图书在版编目（CIP）数据

智能优化算法解析 / 冀俊忠，王鼎主编 . -- 北京：机械工业出版社，2024.12. -- （战略性新兴领域"十四五"高等教育系列教材）. -- ISBN 978-7-111-77287-3

Ⅰ．O242.23

中国国家版本馆CIP数据核字第2024PR7638号

机械工业出版社（北京市百万庄大街22号　邮政编码100037）
策划编辑：吉　玲　　　　　责任编辑：吉　玲　赵晓峰
责任校对：郑　婕　王　延　封面设计：张　静
责任印制：常天培
固安县铭成印刷有限公司印刷
2024年12月第1版第1次印刷
184mm×260mm・16印张・386千字
标准书号：ISBN 978-7-111-77287-3
定价：59.80元

电话服务　　　　　　网络服务
客服电话：010-88361066　机　工　官　网：www.cmpbook.com
　　　　　010-88379833　机　工　官　博：weibo.com/cmp1952
　　　　　010-68326294　金　书　网：www.golden-book.com
封底无防伪标均为盗版　机工教育服务网：www.cmpedu.com

前言 PREFACE

优化问题是现实世界中的一种客观存在，它不仅普遍存在于我们的学习、生活和工作中，而且也遍布于人工智能的许多研究和工程应用领域，所以，优化问题的求解一直以来是人工智能学者所关注的前沿热点。智能优化算法是一种现代启发式优化算法，又称元启发式搜索算法，它是一种具有全局优化能力、通用性强且求解效率高的算法。其机理是通过模拟自然演化规律、人类智慧和知识、生物社会性行为等来实现在问题解空间中的高效搜索。伴随人工智能理论和方法从符号智能到计算智能（群体智能）的转变，智能优化算法在不断演化中迎来了蓬勃发展。与此同时，智能优化算法在工业制造、生产调度、系统控制、模式识别、任务分配、图像处理、生物识别、机械设计等领域获得了广泛应用，并在提高求解性能、系统效率、节能减耗等方面得到了显著效果。总之，智能优化算法一直以来都是人工智能的最核心技术之一，也是人工智能促进社会发展的一种重要手段。

这是一本面向理工科本科院校学生的智能优化算法教科书。虽然编者试图尽可能少地使用复杂的数学知识，但书中仍会涉及少量的概率、统计、代数、逻辑等方面的知识，所以，本书较适合大学三年级及以上的本科生、研究生，以及具有类似背景且对智能优化感兴趣的读者。为了使尽可能多的读者能够通过本书理解智能优化算法，使用或提出新的智能优化算法来进行实际问题的求解，本书内容如下：

1）按照元启发的模拟机理来组织全书结构，方便读者对不同算法原理的理解：全书包含 5 大基本类型、16 种智能优化算法，既包含经典的遗传、模拟退火、禁忌搜索、蚁群优化、粒子群优化等算法，也包含近年来新提出的浣熊优化、材料生成等新型算法。

2）结合具体的优化问题，阐明算法的求解原理和设计实现：书中的每一个算法都结合具体的优化问题给出了求解流程和用 MATLAB 编写的算法案例。

3）与战略性新兴领域的工程实践相结合，解读了 3 个具体工程应用的算法设计：本书参编者均有多年的智能优化算法及其应用的研究经历，基于自己的研究成果和积累，书中最后一章举例说明了智能优化算法在新兴领域实际应用中的设计与实现。

4）书中有大量图和示例展示，编写内容力求通俗易懂，在介绍算法的章节后给出适量且有一定开放性思维的练习题，不仅方便读者对书中内容的理解和掌握，也强化读者拓展和创新能力的培养。

全书共 7 章，第 1 章绪论，首先介绍了什么是优化问题，什么是智能优化算法。然后介绍了智能优化算法的技术特征、基本术语、机制。接着按照五种类型分别阐述了智能优化算法的发展历程，并总结了相应智能优化算法的发展趋势。最后，介绍了智能优化算法的应用。该章是对智能优化算法的一个概览，由冀俊忠编写。第2章基于进化规律的智能优化算法，介绍了一类受自然界生物进化概念和规律启发通过选择、交叉、变异操作来实现问题求解的智能优化算法。该章以遗传、差分进化、生物地理学优化三种算法为例对具体问题的求解进行详细阐述，由雷名龙编写。第3章基于物理原理的智能优化算法，介绍了一类通过模拟宇宙中的一些物理规则和原理来实现问题求解的智能优化算法。该章以模拟退火、引力搜索、量子近似优化三种算法为例对具体问题的求解进行详细阐述，由张晓丹编写。第4章基于化学原理的智能优化算法，介绍了一类通过模拟化学原理和过程来实现问题求解的智能优化算法。该章以化学反应优化、人工化学反应优化、材料生成三种算法为例对具体问题的求解进行详细阐述，由刘金铎编写。第5章基于人类行为的智能优化算法，介绍了一类通过模拟人类的一些行为和感知来实现问题求解的智能优化算法。该章以人工神经网络、禁忌搜索、头脑风暴优化三种算法为例对具体问题的求解进行详细阐述，由王鼎编写。第6章基于群智能的智能优化算法，介绍了一类通过模拟由简单个体组成的群体进行交互与合作的集体社会行为来实现问题求解的智能优化算法。该章以蚁群优化、粒子群优化、细菌觅食优化、浣熊优化四种算法为例对具体问题的求解进行详细阐述，由杨翠翠编写。第7章基于智能优化算法的实际问题求解案例。该章结合智慧环保、生物信息、脑科学等新兴领域中的现实需求，介绍了粒子群优化、神经网络、菌群优化、萤火虫优化四种智能优化算法在解决污水处理系统中多目标优化设计、蛋白质连接组中蛋白质网络功能模块检测、脑连接组中脑效应连接网络学习等实际工程中的应用案例，相应内容分别由王鼎、杨翠翠、刘金铎编写。全书统稿和校对由冀俊忠、王鼎、杨翠翠完成。特别感谢北京工业大学在读博士生吴同轩、王将宇，硕士生袁泽强、唐国翰、李鑫、马宏宇、李祥、张晓宇、翟继豪、贾奥哲、郑诚信、申青雅、何庆钊、邵珠琳等在本书涉及的一些文献检索、代码调试、作图方面给予的支持和帮助，感谢机械工业出版社的吉玲编辑在本书出版过程中所付出的辛勤努力。在本书编写过程中，也参考了国内外相关教材和研究成果，特此对这些文献的作者表示衷心感谢！

  智能优化算法的发展极为迅速，涉及面也越来越广博。由于编者水平有限，书中难免有错谬之处，敬请广大读者批评指正。

编 者

目 录

前言
第 1 章　绪论 ⋯⋯⋯⋯⋯⋯⋯⋯⋯⋯⋯⋯⋯⋯⋯⋯⋯⋯⋯⋯⋯⋯⋯⋯⋯⋯⋯⋯⋯⋯⋯⋯⋯⋯⋯⋯⋯ 1
 1.1　优化问题 ⋯⋯⋯⋯⋯⋯⋯⋯⋯⋯⋯⋯⋯⋯⋯⋯⋯⋯⋯⋯⋯⋯⋯⋯⋯⋯⋯⋯⋯⋯⋯⋯⋯⋯ 1
  1.1.1　什么是优化问题 ⋯⋯⋯⋯⋯⋯⋯⋯⋯⋯⋯⋯⋯⋯⋯⋯⋯⋯⋯⋯⋯⋯⋯⋯⋯⋯⋯⋯ 1
  1.1.2　优化问题的类别 ⋯⋯⋯⋯⋯⋯⋯⋯⋯⋯⋯⋯⋯⋯⋯⋯⋯⋯⋯⋯⋯⋯⋯⋯⋯⋯⋯⋯ 2
  1.1.3　经典优化问题 ⋯⋯⋯⋯⋯⋯⋯⋯⋯⋯⋯⋯⋯⋯⋯⋯⋯⋯⋯⋯⋯⋯⋯⋯⋯⋯⋯⋯⋯ 4
 1.2　智能优化算法 ⋯⋯⋯⋯⋯⋯⋯⋯⋯⋯⋯⋯⋯⋯⋯⋯⋯⋯⋯⋯⋯⋯⋯⋯⋯⋯⋯⋯⋯⋯⋯⋯ 7
  1.2.1　什么是智能优化算法 ⋯⋯⋯⋯⋯⋯⋯⋯⋯⋯⋯⋯⋯⋯⋯⋯⋯⋯⋯⋯⋯⋯⋯⋯⋯⋯ 7
  1.2.2　基本术语和机制 ⋯⋯⋯⋯⋯⋯⋯⋯⋯⋯⋯⋯⋯⋯⋯⋯⋯⋯⋯⋯⋯⋯⋯⋯⋯⋯⋯⋯ 8
  1.2.3　智能优化算法的分类及其发展历程 ⋯⋯⋯⋯⋯⋯⋯⋯⋯⋯⋯⋯⋯⋯⋯⋯⋯⋯⋯ 9
  1.2.4　智能优化算法的应用 ⋯⋯⋯⋯⋯⋯⋯⋯⋯⋯⋯⋯⋯⋯⋯⋯⋯⋯⋯⋯⋯⋯⋯⋯⋯ 15
 本章小结 ⋯⋯⋯⋯⋯⋯⋯⋯⋯⋯⋯⋯⋯⋯⋯⋯⋯⋯⋯⋯⋯⋯⋯⋯⋯⋯⋯⋯⋯⋯⋯⋯⋯⋯⋯⋯ 16
 思考题与习题 ⋯⋯⋯⋯⋯⋯⋯⋯⋯⋯⋯⋯⋯⋯⋯⋯⋯⋯⋯⋯⋯⋯⋯⋯⋯⋯⋯⋯⋯⋯⋯⋯⋯⋯ 16
 参考文献 ⋯⋯⋯⋯⋯⋯⋯⋯⋯⋯⋯⋯⋯⋯⋯⋯⋯⋯⋯⋯⋯⋯⋯⋯⋯⋯⋯⋯⋯⋯⋯⋯⋯⋯⋯⋯ 17
第 2 章　基于进化规律的智能优化算法 ⋯⋯⋯⋯⋯⋯⋯⋯⋯⋯⋯⋯⋯⋯⋯⋯⋯⋯⋯⋯⋯⋯⋯⋯ 22
 2.1　遗传算法 ⋯⋯⋯⋯⋯⋯⋯⋯⋯⋯⋯⋯⋯⋯⋯⋯⋯⋯⋯⋯⋯⋯⋯⋯⋯⋯⋯⋯⋯⋯⋯⋯⋯ 22
  2.1.1　算法原理 ⋯⋯⋯⋯⋯⋯⋯⋯⋯⋯⋯⋯⋯⋯⋯⋯⋯⋯⋯⋯⋯⋯⋯⋯⋯⋯⋯⋯⋯⋯⋯ 23
  2.1.2　关键操作 ⋯⋯⋯⋯⋯⋯⋯⋯⋯⋯⋯⋯⋯⋯⋯⋯⋯⋯⋯⋯⋯⋯⋯⋯⋯⋯⋯⋯⋯⋯⋯ 26
  2.1.3　典型问题求解案例 ⋯⋯⋯⋯⋯⋯⋯⋯⋯⋯⋯⋯⋯⋯⋯⋯⋯⋯⋯⋯⋯⋯⋯⋯⋯⋯⋯ 32
  2.1.4　前沿进展 ⋯⋯⋯⋯⋯⋯⋯⋯⋯⋯⋯⋯⋯⋯⋯⋯⋯⋯⋯⋯⋯⋯⋯⋯⋯⋯⋯⋯⋯⋯⋯ 35
 2.2　差分进化算法 ⋯⋯⋯⋯⋯⋯⋯⋯⋯⋯⋯⋯⋯⋯⋯⋯⋯⋯⋯⋯⋯⋯⋯⋯⋯⋯⋯⋯⋯⋯⋯ 36
  2.2.1　算法原理 ⋯⋯⋯⋯⋯⋯⋯⋯⋯⋯⋯⋯⋯⋯⋯⋯⋯⋯⋯⋯⋯⋯⋯⋯⋯⋯⋯⋯⋯⋯⋯ 36
  2.2.2　典型问题求解案例 ⋯⋯⋯⋯⋯⋯⋯⋯⋯⋯⋯⋯⋯⋯⋯⋯⋯⋯⋯⋯⋯⋯⋯⋯⋯⋯⋯ 40
  2.2.3　前沿进展 ⋯⋯⋯⋯⋯⋯⋯⋯⋯⋯⋯⋯⋯⋯⋯⋯⋯⋯⋯⋯⋯⋯⋯⋯⋯⋯⋯⋯⋯⋯⋯ 42
 2.3　生物地理学优化算法 ⋯⋯⋯⋯⋯⋯⋯⋯⋯⋯⋯⋯⋯⋯⋯⋯⋯⋯⋯⋯⋯⋯⋯⋯⋯⋯⋯⋯ 43
  2.3.1　算法原理 ⋯⋯⋯⋯⋯⋯⋯⋯⋯⋯⋯⋯⋯⋯⋯⋯⋯⋯⋯⋯⋯⋯⋯⋯⋯⋯⋯⋯⋯⋯⋯ 44
  2.3.2　优化策略 ⋯⋯⋯⋯⋯⋯⋯⋯⋯⋯⋯⋯⋯⋯⋯⋯⋯⋯⋯⋯⋯⋯⋯⋯⋯⋯⋯⋯⋯⋯⋯ 46

2.3.3 典型问题求解案例 ··· 51
　　2.3.4 前沿进展 ··· 53
本章小结 ·· 54
思考题与习题 ·· 55
参考文献 ·· 55

第 3 章　基于物理原理的智能优化算法 ·· 59

3.1 模拟退火算法 ·· 59
　　3.1.1 算法原理 ··· 60
　　3.1.2 优化策略 ··· 62
　　3.1.3 算法流程 ··· 64
　　3.1.4 典型问题求解案例 ··· 65
　　3.1.5 前沿进展 ··· 67
3.2 引力搜索算法 ·· 67
　　3.2.1 算法原理 ··· 68
　　3.2.2 优化策略 ··· 69
　　3.2.3 算法流程 ··· 70
　　3.2.4 典型问题求解案例 ··· 71
　　3.2.5 前沿进展 ··· 73
3.3 量子近似优化算法 ··· 74
　　3.3.1 算法原理 ··· 74
　　3.3.2 优化策略 ··· 78
　　3.3.3 算法流程 ··· 80
　　3.3.4 典型问题求解案例 ··· 81
　　3.3.5 前沿进展 ··· 84
本章小结 ·· 84
思考题与习题 ·· 85
参考文献 ·· 86

第 4 章　基于化学原理的智能优化算法 ·· 88

4.1 化学反应优化算法 ··· 88
　　4.1.1 算法原理 ··· 89
　　4.1.2 算法描述 ··· 89
　　4.1.3 算法流程 ··· 93
　　4.1.4 典型问题求解案例 ··· 95
　　4.1.5 前沿进展 ··· 98
4.2 人工化学反应优化算法 ·· 98
　　4.2.1 基本概念与原理 ·· 98
　　4.2.2 算法描述 ··· 100
　　4.2.3 算法流程 ··· 103

4.2.4　典型问题求解案例 ·· 104
　　　4.2.5　前沿进展 ·· 106
　4.3　材料生成算法 ·· 106
　　　4.3.1　基本概念与原理 ··· 107
　　　4.3.2　算法描述 ·· 108
　　　4.3.3　算法流程 ·· 112
　　　4.3.4　典型问题求解案例 ·· 112
　本章小结 ·· 115
　思考题与习题 ·· 115
　参考文献 ·· 116

第 5 章　基于人类行为的智能优化算法 ·· 118

　5.1　人工神经网络算法 ·· 118
　　　5.1.1　算法原理 ·· 119
　　　5.1.2　反向传播神经网络算法 ·· 121
　　　5.1.3　径向基函数神经网络算法 ··· 125
　　　5.1.4　典型问题求解案例 ·· 127
　　　5.1.5　前沿进展 ·· 128
　5.2　禁忌搜索算法 ·· 130
　　　5.2.1　典型搜索算法概述 ·· 130
　　　5.2.2　基本概念 ·· 131
　　　5.2.3　算法流程 ·· 132
　　　5.2.4　典型问题求解案例 ·· 134
　　　5.2.5　前沿进展 ·· 139
　5.3　头脑风暴优化算法 ·· 140
　　　5.3.1　头脑风暴法概述 ··· 140
　　　5.3.2　算法原理 ·· 142
　　　5.3.3　典型问题求解案例 ·· 144
　　　5.3.4　前沿进展 ·· 149
　本章小结 ·· 150
　思考题与习题 ·· 151
　参考文献 ·· 152

第 6 章　基于群智能的智能优化算法 ·· 154

　6.1　蚁群优化算法 ·· 154
　　　6.1.1　算法原理 ·· 155
　　　6.1.2　蚂蚁系统算法 ·· 156
　　　6.1.3　蚁群系统算法 ·· 159
　　　6.1.4　最大-最小蚂蚁系统算法 ·· 161
　　　6.1.5　典型问题求解案例 ·· 163

        6.1.6 前沿进展 167
    6.2 粒子群优化算法 168
        6.2.1 算法原理 169
        6.2.2 基本粒子群优化算法 170
        6.2.3 标准粒子群优化算法 172
        6.2.4 多目标粒子群优化算法 174
        6.2.5 典型问题求解案例 179
        6.2.6 前沿进展 184
    6.3 细菌觅食优化算法 185
        6.3.1 算法原理 185
        6.3.2 算法描述 186
        6.3.3 典型问题求解案例 190
        6.3.4 前沿进展 196
    6.4 浣熊优化算法 197
        6.4.1 算法原理 197
        6.4.2 算法描述 198
        6.4.3 典型问题求解案例 200
    本章小结 205
    思考题与习题 205
    参考文献 207

第7章 基于智能优化算法的实际问题求解案例 211

    7.1 一类污水处理系统的智能评判优化控制设计 212
        7.1.1 污水处理过程的基本运行原理 212
        7.1.2 多目标智能优化算法描述 214
        7.1.3 智能跟踪控制器设计 216
        7.1.4 实验分析 219
    7.2 基于细菌觅食优化的蛋白质功能模块检测 222
        7.2.1 PPI 网络及其蛋白质功能模块检测 222
        7.2.2 BFO-FMD 算法描述 223
        7.2.3 实验分析 228
    7.3 基于萤火虫算法的脑效应连接网络学习 231
        7.3.1 脑效应连接学习概述 232
        7.3.2 学习脑效应连接网络的萤火虫算法 233
        7.3.3 FAEC 算法描述 238
        7.3.4 实验分析 239
    本章小结 245
    参考文献 245

第1章 绪论

导读

本章首先通过事例引出了优化的概念,并给出了一些优化问题的类别和经典的优化问题;然后介绍了智能优化算法的定义、技术特征、基本术语和机制;随后依据所模拟的机理给出了一种智能优化算法的分类体系,并分别阐述了相应的发展历程及趋势;最后简要介绍了智能优化算法的应用。

本章知识点

- 优化问题的概念及分类
- 智能优化算法的概念及技术特征
- 基本术语和机制
- 智能优化算法的分类、机理和发展趋势
- 智能优化算法的应用

1.1 优化问题

1.1.1 什么是优化问题

又是一个毕业季,美好而充实的大学校园生活即将结束。虽对漫漫求学之路有诸多的不舍和留恋,但每想起自己依靠勤奋和努力以优异的成绩完成了信息专业的所有课程,心中不禁涌起对未来生活的满满期待。毕业后,部分学生会考虑去向往的国外名校留学,继续在自己喜欢的学科或方向上进行深造,将来学成归国、投身祖国的社会主义现代化建设。除此之外,更多学生就业的主要去向包括:来(留)北上广深等大城市发展,发挥自己的聪明才智,勇敢地迎接新的机遇和挑战;到二、三线城市踏踏实实地工作,过相对舒适安逸的生活;回家乡就业,在需要的岗位上为家乡的发展贡献自己的力量。关于就业的行业,由于智能时代各行各业的信息化需求日益增长,几乎每个行业的发展都离不开懂信息的专业人才,所以,可以就业的行业广泛而多样,这为毕业生提供了丰富的选择。关于就业的单位,可做的选择同样也有很多,比如,去大厂就职,获得高薪待遇和高起点的发展平台；去科研院所工作，发挥钻研精神，实现科技报国的远大理想；考取公务员、去事业单位任职，承担社会责任，服务好广大人民群众；选择自由创业，最大程度地激发自己的发展潜能，体现人生价值。

上述对就业的思考，可能是每一位学业有成、即将离校的信息专业学生都将会面临的一次人生选择。下面，从它说起，认识一下什么是优化问题。

从第一段的描述看，每个毕业生就业不仅涉及去向、行业、单位等多个维度，而且在每个维度下的具体决策又是极具多样化的，这样就组成了一个非常大的多维解空间。在该空间中的每一点都代表了学生可以找的一个候选工作（候选解），那么在所有这些候选工作中，哪个工作是最符合学生自身未来的发展、最能发挥自己的能力、最能体现自我价值的呢？这也许是每个学生在毕业季都要解决的一个现实问题。这个问题在本质上就是一个典型的优化问题。具体来说，如果在选择时，仅考虑工资薪金（或岗位的喜爱）作为单个个人诉求（目标），那么在这个解空间中找一个好工作的问题就是一个单目标优化问题；如果想同时兼顾薪金、岗位、工作时长等多个个人诉求（目标），那么在这个解空间中找一个好工作的问题就变成了一个多目标优化问题。

基于对上面事例的认识，下面给出优化问题的一般定义。

定义 1 优化问题：一个优化问题 P，可被定义为：

$$P \doteq (S, \Omega, f) \tag{1-1}$$

式中，S 为在有限的决策变量集合 $\{x_i | i=1,\cdots,n\}$ 上定义的一个解空间，其中 n 为决策变量数量，解空间中的每一点都是由决策变量的取值组合成的一个候选解 s；Ω 为问题求解过程中决策变量需要满足的约束集合；f 为需要优化的目标函数，其取值范围形成 P 的值域。也可以说，一个优化问题 P 在本质上定义了一个从定义域（解空间）到目标域（值域）的映射函数 $f(s)$。

P 的一个最优解 s^* 就是解空间中满足约束 Ω 且具有最小目标函数值的候选解，即，$f(s^*) \leq f(s), \forall s \in S$，或者是解空间中满足约束 Ω 且具有最大目标函数值的候选解，即，$f(s^*) \geq f(s), \forall s \in S$。

以前面学生就业为例，如果把需要考虑的城市、单位、岗位等因素看作决策变量，它们的取值组合就形成了可选工作的就业市场（解空间），把工作的薪金水平作为典型的一个目标函数，而将出差和加班不过于频繁等就业要求作为约束条件，那么，该事例的一个最优解就是在少出差和少加班等情况下拥有高薪金的一个工作。

很多时候，经常会遇到一些为了在有限资源下实现某种利益最大化而要在一组可用的候选中选择一个最佳候选的问题。这些问题几乎都能用定义 1 来描述，所以都属于优化问题。换句话说，优化问题广泛而普遍地存在于人们的日常生活、科学研究和工程实践之中。

1.1.2 优化问题的类别

从不同的视角，优化问题可分为不同的类别，主要的类别包括：

1. 离散优化和连续优化

按决策变量的取值不同，优化问题可分为离散优化和连续优化两类。离散优化是指决策变量的值从给定的离散集合中进行选择，这也意味着解空间中的候选解是离散的，典型的离散优化问题包含整数规划（Integer Programming）、组合优化（Combinatorial Optimization）。其中，整数规划是指决策变量被限定为只能取整数值的优化问题，组合优化是指在一个有限集合中寻找最优元素组合以最大化或最小化某个给定目标函数的优化问题。连续优化是指每个决策变量的值从一个连续区间进行选择，可选取该区间的任意实数值，典型的连续优化问题包含各类实值函数的求极值问题。

2. 线性优化和非线性优化

按目标函数、约束条件是否为线性关系，优化问题可分为线性优化和非线性优化两类。在一个优化问题中，若目标函数和所有约束条件都是线性的，则该问题为线性优化问题；相反，若目标函数或其中任一约束条件是非线性的，则该问题为非线性优化问题。

3. 约束优化和无约束优化

按是否存在约束条件，优化问题可分为约束优化和无约束优化两类。在一个优化问题中，若在进行决策变量的选取时存在一定的约束条件，则该问题为约束优化问题，其中，约束可以采取线性、非线性、等式、不等式等多种形式。若在进行决策变量的选取时不存在任何约束条件，则该问题为无约束优化问题。相对而言，无约束优化问题的求解通常更为简单。

4. 单目标优化和多目标优化

按目标函数的个数，优化问题可分为单目标优化和多目标优化两类。在一个优化问题中，若只存在一个目标函数，则该问题为单目标优化问题；否则，若存在多个需要同时协同优化的目标函数，则该问题为多目标优化问题。在单目标优化问题求解结束时通常只获得一个最优解，而在多目标优化问题求解结束时获得的是一个帕累托（Pareto）最优解集。

5. 静态优化和动态优化

按目标函数、约束条件是否随时间变化，优化问题可分为静态优化和动态优化两类。在一个优化问题中，若目标函数和所有约束条件都始终保持不变，则该问题为静态优化问题；否则，若目标函数或其中任意一个约束条件随时间的变化而发生变化，则该问题为动态优化问题。由于动态优化问题中，目标函数或约束条件是与时间相关的函数，所以该问题的求解相对更难一些。

6. 确定性优化和随机优化

按问题所涉及的数据是否确定，优化问题可分为确定性优化和随机优化两类。在一个优化问题中，若数据是准确可知的且描述数据的参数是固定的，则该问题为确定性优化问题；若描述数据的某一参数是随机变量，数据的取值具有一定的不确定性，则该问题为随机优化问题。由于随机优化要在不确定性下做出最优决策，所以，其优化目标是找到所有数据样本都可以接受的策略并获得最优解。

7. 凸优化和非凸优化

按目标函数和约束（条件）集的几何特性，优化问题可分为凸优化和非凸优化两类。在一个优化问题中，若目标函数是凸函数且约束集是凸集，则该问题为凸优化问题；若目标函数是非凸函数或约束集是非凸约束集，则该问题为非凸优化问题。在凸优化问题中，由于任意两点间的线段都在函数图形或约束集内部，所以能够保证任何局部最优解也是全局最优解。而在一个非凸优化问题中，可能存在多个局部最大值或局部最小值，它们不一定都是问题的全局最优解。

8. 平滑优化与非平滑优化

按目标函数、约束函数是否可导，优化问题可分为平滑优化与非平滑优化两类。在一个优化问题中，若所有的目标函数、约束函数都是可以求导的，则该问题为平滑优化问题；若目标函数、约束函数中有一个不可求导，则该问题为非平滑优化问题。

9. 单维优化与多维优化

按决策变量的不同维度，优化问题可分为单维优化与多维优化两类。在一个优化问题中，若仅涉及一个决策变量，则该问题为单维优化问题；若涉及多个决策变量，则该问题为多维优化问题。一般情况下，决策变量的维度越高，优化问题的求解越复杂。

1.1.3 经典优化问题

在人工智能的优化领域，有一些优化问题传统而极具代表性，它们的求解模型可广泛应用于多种复杂优化问题，故可以称其为经典的优化问题。下面列举最常见的 5 种优化问题：

1. 旅行商问题

旅行商问题（Traveling Salesman Problem，TSP）是一个经典的组合优化问题。n 个城市的 TSP 可描述为：一个旅行商要到 n 个城市去推销自己所代理的商品，他先从某城市出发，然后依次遍历所有其他城市各一次（求解约束）后再回到出发城市，问如何规划行走路线以使其所行走的总路径最短。假设一个城市集合 $V = \{v_1, v_2, \cdots, v_n\}$，任意两个城市 v_i 和 v_j 间的距离为 $d(v_i, v_j)$，任意一个遍历城市的次序排列为 π，包含所有合理城市排列的空间为 Π，则 TSP 问题目标函数的数学形式可表示为：

$$l(\pi) = \min_{\pi \in \Pi} \left\{ \sum_{i=1}^{n-1} d(v_{\pi(i)}, v_{\pi(i+1)}) + d(v_{\pi(n)}, v_{\pi(1)}) \right\} \quad (1\text{-}2)$$

从以上描述可知，TSP 求解的目的是寻找一个路径最短（成本最小）的、遍历所有给定城市后回到出发城市的商业旅行。因为 TSP 的求解模型可扩展应用于很多实际问题，如定位路线问题、物流设计问题、医疗物资配送、城市垃圾收集管理、机场快递飞机选择与路线、图像检索与排序、数字化服装制造等，所以 TSP 是优化中研究最多的问题之一，常被用作许多优化技术性能测试的基准。

2. 多维背包问题

多维背包问题（Multidimensional Knapsack Problem，MKP）也是一个经典的组合优化问题。给定一个候选对象的集合 $O=\{o_j\,|\,j=1,2,\cdots,n\}$（$n$ 个对象，o_j 为其中任意一个候选对象）和一个背包的空间约束集合 $C=\{c_i\,|\,i=1,2,\cdots,m\}$（$m$ 个背包，c_i 为背包 i 的最大空间容量），问如何在满足背包空间约束的前提下，使所选取出的对象利益值达到最大。该问题的求解模型可形式化为：

$$p(O) = \max \sum_{j=1}^{n} p_j \cdot x_j \tag{1-3}$$

$$\text{s.t.} \sum_{j=1}^{n} r_{ij} \cdot x_j \leq c_i, \ c_i \in C \ (i=1,2,\cdots,m) \tag{1-4}$$

$$x_j \in \{0,1\}, \ j=1,2,\cdots,n \tag{1-5}$$

式（1-3）为优化的目标函数，式中，常数 p_j 表示对象 o_j 被选取后能带来的利益值，x_j 为对象 o_j 是否被选取的二元决策变量；式（1-4）是每个背包需要满足的空间约束条件，式中，r_{ij} 表示对象 o_j 对背包 i 的空间占用量；式（1-5）为二元决策变量的计算公式，当对象 o_j 被选取时取值为 1，反之为 0。鉴于决策变量的取值，该问题也称 0-1 多维背包问题。本文涉及的 0-1 多维背包问题中，r_{ij}、p_j 和 c_i 均不小于 0。

背包问题求解的本质就是在满足一些资源约束前提下，从候选对象集中发现一个能够使总的利益函数值最大的对象子集。多维背包问题有许多不同的变种，而且由于现实世界中许多典型问题，如分布式系统中的处理器分配、航运中的货物装载、市政工程中项目选择以及金融界的投资预算等，都可转化为多维背包问题来求解，因此，多维背包问题的求解一直以来是优化领域关注的一个研究热点。

3. 车间调度问题

车间调度问题（Job-shop Scheduling Problem，JSP）的描述如下：一个车间有 n 个不同的工件要在 m 台机器上进行流水加工，其中，每个工件有特定的加工工艺（一组确定的工序），该工艺预先确定了每项工序在机器上的加工顺序，每项工序都必须由特定的机器来完成且所用加工时间固定。问如何安排工件在每台机器上的加工顺序，使得工件完成的效率最优。在整个加工过程中，JSP 需要满足如下条件：

1) 每个工件在每台机器上只能加工一次。
2) 不同工件的工序没有顺序上的约束。
3) 每项工序开始加工后，不能中断。
4) 每台机器在同一时刻只能加工一个工件的一项工序，机器加工过程无故障。
5) 工件的开始时间和结束时间都不事先指定，每台机器均从零时刻开始工作。

JSP 的求解目标是在满足上述约束条件下安排各个工件的各项工序在机器上的加工顺序，以保证所有工件加工完成的最大完成时间最小。具体的形式化表达如下：假设车间内有 n 个工件 $W=\{w_1,w_2\cdots,w_n\}$，m 台机器 $E=\{e_1,e_2,\cdots,e_m\}$，令 s_{ik} 和 c_{ik} 表示工件 w_i 在机器

e_k 上的开工时间和完成时间，其中 $i=1,2,\cdots,n$，$k=1,2,\cdots,m$，M 表示一个足够大的正数；a_{ihk} 是一个二值的指标系数，其中 i,k 同上，$h=1,2,\cdots,m$，当工件 w_i 先在机器 e_k 上加工再在机器 e_h 上加工时，$a_{ihk}=0$，反之，$a_{ihk}=1$；x_{ijk} 是一个二元决策变量，其中 i,k 同上，$j=1,2,\cdots,n$，如果工件 w_i 先于工件 w_j 在机器 e_k 上加工，则 $x_{ijk}=0$，否则，$x_{ijk}=1$。基于上述假设，JSP 的求解模型可形式化为：

$$t(W,E)=\min_{1\leq i\leq n,\ 1\leq k\leq m}\max c_{ik} \tag{1-6}$$

$$\text{s.t.}\quad c_{ik}-s_{ik}+M(1-a_{ihk})\geq c_{ih}, i=1,2,\cdots,n; h,k=1,2,\cdots,m \tag{1-7}$$

$$c_{jk}-c_{ik}+M(1-x_{ijk})\geq s_{jk}, i,j=1,2,\cdots,n; k=1,2,\cdots,m \tag{1-8}$$

$$c_{ik}\geq 0,\quad i=1,2,\cdots,n; k=1,2,\cdots,m \tag{1-9}$$

式（1-6）为优化的目标函数，式（1-7）是确保每个工件的工序处理顺序与预定的加工顺序一致的约束，式（1-8）是确保每台机器在每一时刻只能处理一个工件，式（1-9）说明每个工件在每台机器上的完工时间大于等于 0。以 JSP 的求解模型为基础，可以衍生出许多更为复杂的实际问题，例如零空闲流水线调度、柔性作业车间调度、装配作业车间调度、柔性流水车间调度、动态作业车间调度、置换流水线调度、分布式柔性作业车间调度等问题，所以，作业车间调度问题也是一个经典的优化调度问题。

4. 单目标连续优化问题

单目标连续优化问题（Single-objective Continuous Optimization Problem，SCOP）具有单个连续的目标函数，优化过程可以附带一些特定的约束条件。以求最小化目标为例，该问题的求解模型可形式化为：

$$F(\boldsymbol{x})=\min f(\boldsymbol{x}),\quad \boldsymbol{x}=(x_1,x_2,\cdots,x_d)^T\in\mathbb{R}^d \tag{1-10}$$

$$\text{s.t.}\quad g_i(\boldsymbol{x})\geq 0,\ i=1,2,\cdots,p \tag{1-11}$$

$$h_j(\boldsymbol{x})=0,\ j=1,2,\cdots,q \tag{1-12}$$

$$lb_k\leq x_k\leq ub_k,\ k=1,2,\cdots,d \tag{1-13}$$

式（1-10）为优化的目标函数，式中，$\boldsymbol{x}$ 为包含 d 维变量的决策向量，$\mathbb{R}^d$ 为向量取值的决策空间；式（1-11）为 p 个不等式约束；式（1-12）为 q 个等式约束；式（1-13）为任意一个变量 x_k 的定义域，lb_k、ub_k 分别为变量 x_k 的取值下界和上界。上述表达是一般形式的单目标函数连续优化问题，伴随 $f(\boldsymbol{x})$、$g_i(\boldsymbol{x})$、$h_j(\boldsymbol{x})$ 具体形式及其参数取值的变化，可以构成许多不同的单目标连续函数优化问题。

5. 多目标连续优化问题

多目标连续优化问题（Multi-objective Continuous Optimization Problem，MCOP）具有多个连续的目标函数，所有的目标在求解过程中同时进行优化，优化过程也可以附带一些特定的约束条件。以求最小化目标为例，该问题的求解模型可形式化为：

$$F(\pmb{x}) = \min\{f_1(\pmb{x}), f_2(\pmb{x}), \cdots, f_m(\pmb{x})\}, \quad \pmb{x} = (x_1, x_2, \cdots, x_d)^T \in \mathbf{R}^d \tag{1-14}$$

$$\text{s.t.} \quad g_i(\pmb{x}) \geq 0, \quad i = 1, 2, \cdots, p \tag{1-15}$$

$$h_j(\pmb{x}) = 0, \quad j = 1, 2, \cdots, q \tag{1-16}$$

$$lb_k \leq x_k \leq ub_k, \quad k = 1, 2, \cdots, d \tag{1-17}$$

式（1-14）为优化的目标函数，式中，$\pmb{x}$ 为包含 d 维变量的决策向量，$\mathbf{R}^d$ 为向量取值的决策空间，m 为目标函数的个数；式（1-15）为 p 个不等式约束；式（1-16）为 q 个等式约束；式（1-17）为任意一个变量 x_k 的定义域，lb_k、ub_k 分别为变量 x_k 的取值下界和上界。上述表达是一般形式的多目标函数连续优化问题，伴随 $f_i(\pmb{x})$、$g_i(\pmb{x})$、$h_j(\pmb{x})$ 具体形式及其参数取值的变化，可以构成许多不同的多目标连续函数优化问题。

1.2 智能优化算法

1.2.1 什么是智能优化算法

上节的每一个优化问题通常都包含少量的决策变量，一个或多个目标函数和一些约束条件。所谓优化问题的求解通常是指这样一个过程：通过在解空间内进行搜索，以发现在满足约束条件下能使目标函数取值最优的候选解（即决策变量取值的一种组合）。优化算法就是用来有效求解优化问题的数学或计算机方法，它是指利用计算方法在给定约束条件下对解空间中的候选解进行搜索，以获得使目标函数最优时决策变量相应取值的操作过程。通常，优化算法是一个从决策变量最初的猜测值开始在解空间内进行的一系列候选值迭代更新过程，一般经过足够大的迭代次数后，算法会逐渐收敛到一个稳定的候选值，该值在理想情况下就是待求解问题的最优解。

人工智能的许多问题求解主要靠搜索技术来完成，同样，优化问题的求解也是如此。所以，优化算法可以概括为在满足约束条件的情况下，采用某种设计的搜索策略从待求解问题的候选解中找到最佳解的技术和方法。那么，什么是智能优化算法呢？智能优化算法，又称元启发式（Metaheuristic）算法或现代启发式（Modern Heuristics）算法，它是以各种自然机理启发的搜索策略为技术手段，能够快速、高效地在解空间内进行搜索的优化算法。启发式搜索是一种通用的人工智能问题求解的方法，它利用待求解问题相关的启发信息来引导搜索，能达到减少搜索范围、降低问题求解复杂度的目的。直观地，元启发式搜索是利用与待求解问题无关的上层调控策略来引导下层启发式搜索的方法，是一种比启发式搜索更高级、更有效的搜索方法。

迄今为止，尽管人们对于"元启发式"一词尚没有一个能够普遍接受的统一定义，但已有一些比较流行的观点。

观点一：元启发式可以形式化为一个迭代生成过程，它通过灵活地结合不同的概念来引导下级启发式进行解空间的探索和利用，并使用学习策略来组织控制信息以有效地找到近似最优解。

观点二：元启发式是一个迭代的主过程，它通过指导和修改下级启发式的操作来有效地产生高质量的解。它可以在每次迭代中对完整（或不完整）的单个候选解或候选解的集合进行更新，下级启发式既可以是高级（或低级）程序，也可以是简单的局部搜索，或者仅仅是某种候选解的构造方法。

观点三：元启发式是一组概念，这些概念可用于定义具有广泛应用范围的启发式方法。换句话说，元启发式可以看作一种通用的算法框架，它能够应用于许多不同的优化问题。通常，算法框架只需要稍作修改就能够适应特定的求解问题。

从元启发式的这些观点，可以概括出智能优化算法的一些主要技术特征：

1）算法的智能机理主要体现在指导搜索过程的优化策略上，这些策略能够控制下级启发式搜索来实现全局优化。

2）算法的运行目标是为了高效地遍历解空间以发现最优或近似最优解，运行过程通常是一种近似的随机优化过程。

3）算法的迭代搜索既包含简单的局部搜索程序，也包含复杂的自组织学习过程，即能够自动地使用前面迭代搜索的历史经验来引导后面的迭代搜索。

4）算法一般是一种通用的求解框架，可适用于许多不同类型的优化问题求解。

5）算法通常具有避免陷入局部最优的搜索策略。

1.2.2 基本术语和机制

如前所述，智能优化算法可以看作在优化问题求解中使用不同方法对解空间进行探索的一些高级策略，尽管不同算法使用的方法、策略各不相同，但通常会涉及一些通用术语和机制。这里给出几个术语的简要说明。

可行解（Feasible Solutions）和不可行解（Infeasible Solutions）：在给定优化问题的解空间中，如果候选解满足所有的约束条件，则称其为可行解，否则，称其为不可行解。

解的邻域（Neighborhood of the Solutions）：给定一个候选解 $\forall s \in S$，该解的邻域 $N(s)$ 可定义为在解空间 S 中与 s 满足某种映射关系 $N: S \rightarrow 2^S$ 的一些候选解的集合。由于 $N(s) \subseteq S$，所以，一个解的邻域是整个解空间的一部分。

局部搜索算法（Local Search Algorithm）与全局搜索算法（Global Search Algorithm）：把只能在某个候选解的一个或多个邻域内进行搜索的优化算法称为局部搜索算法，而把理论上能够遍历整个解空间的优化算法，称为全局搜索算法。相应地，如果获得的解是在解空间中某个范围或区域内的最优解，那么称其为局部最优解（Local Optimal Solution）。如果获得的解是在整个解空间中的最优解，那么称其为全局最优解（Global Optimal Solution）。一般情况下，局部搜索算法得到的解大都是局部最优解，而全局搜索算法获得的解在理想情况下是全局最优解。也就是说，局部最优解不一定是全局最优解，但是，全局最优解一定是局部最优解。

收敛（Convergence）与早熟（Premature）：如果优化算法能够在运行结束时得到稳定的最优解，那么这个过程称为收敛。在收敛过程中，能够保证算法获得稳定最优解的条件称为收敛条件。如果优化算法在搜索到某一局部最优解后，无法通过继续迭代获得更好的解，那么这个现象称为陷入局部最优或过早收敛，过早收敛又称为早熟。当早熟发生时，算法获得的是次优解或局部最优解，且该解将不会再进一步优化，故也称其为出现解的停滞（Stagnation）。

解的编码（Solution Encoding）和解的构建（Solution Construction）：无论哪种智能优化算法，它们对优化问题的求解都是通过某种策略来对解空间进行搜索以获得高质量的最优解。候选解的表示方式不仅决定了解空间的结构，而且也会对搜索策略的设计有着非常重要的影响。通常把候选解的表示方式称为解的编码，由于候选解的形式多样，既可以是坐标空间中的点，也可以是固定元素的排列组合，还可以是一些对象的子集等，所以解的编码也是多种多样的，常用的方式包括二进制编码、整数编码、实数编码等。对由固定元素的排列或由对象子集组成的候选解进行编码时，通常需要进行解成员（元素、对象）的选取和加入，这个过程称为解的构建。许多算法在实现时一般都会为解的构建设计专门的优化机制以使每次迭代优化开始时能够获得较高质量的候选解，从而提高搜索效率。

接下来，介绍智能优化算法通常包含的 3 个基本机制：勘探机制、利用机制、勘探和利用的平衡机制。

勘探（Exploration）机制是指能够让智能优化算法在更广泛的范围内完成扩展搜索，以勘探解空间中尚未访问过区域的策略。该机制通常会使用一些随机技术或方法以保证在解空间中遍历到的解具有多样性，从而使算法有效地逃离局部最优，实现候选解的全局搜索。不失一般性，智能优化算法在迭代初期，需要频繁使用该机制来扩大搜索范围。

利用（Exploitation）机制是指能够让智能优化算法利用已积累的搜索经验，集中在已发现的高质量候选解周围比较有前途的区域进行仔细而密集搜索的策略。该机制利用搜索目标的信息和搜索经验，对当前已获得的最优解的邻域进行强化搜索，以期能够发现该区域的最优解。不失一般性，智能优化算法在迭代后期，需要频繁使用该机制以加速算法的收敛。

勘探和利用的平衡机制（Balance Mechanism between Exploration and Exploitation）是保证智能优化算法有效、快速地获得最优解的关键。显然，勘探与利用的作用不同，勘探是将搜索引导到未访问的区域以实现搜索到的解具有多样化，而利用则是围绕在过去搜索中已发现的最优解的周围，仔细而密集地进行搜索以实现对最优解的进一步强化。如果勘探过度，会导致算法不收敛，而利用过度则会使算法陷入局部最优而出现早熟，所以，维持两者的平衡不仅能够使算法快速找到解空间中具有高质量解的那些区域，而且能够让算法不会在已经探索过或根本不存在高质量解的那些区域上浪费太多时间。

1.2.3　智能优化算法的分类及其发展历程

优化问题是一种普遍出现于现实世界中的客观存在，因此，人们对优化问题的研究由来已久。人们常把最早的优化方法称为经典优化方法，这些方法主要包括数学规划法（线性规划、二次规划、整数规划、非线性规划、动态规划）、牛顿法、梯度下降法、最小二乘法等，尽管它们在经济、数学、计算机等学科和一些特殊的工程领域有着广泛而有效的应用，但是，这些方法在进行问题求解时通常需要为优化问题建立精确的数学模型，而且算法复杂度高，往往仅适应于小规模优化问题的求解。后来，人们提出了以牺牲精度换取效率的启发式优化方法，该方法通常利用启发信息进行优化问题的近似求解，主要包括贪心算法、分支限界、局部搜索算法等。尽管与经典优化方法相比，启发式优化方法的求解效率能够得到明显提升，但是这些方法容易陷入局部最优而难以保证解的质量，尤其是在面对大规模优化问题时仍然力不从心，收敛速度和质量通常难以令人满意。

现代科技的技术进步在促进人类社会快速发展的同时，也加剧了人类在生活、科学、工程等现实场景中出现问题的复杂性，导致许多优化问题越来越复杂，常常难以建立精确的数学模型。即使有时能够侥幸建立复杂的数学模型，很多模型也会呈现高维、高阶、超多目标、强约束等特征，这给优化问题的求解带来了极大的挑战。面对现实世界中复杂而又有挑战性的优化问题，上述经典优化方法和启发式优化方法已经难以获得理想的求解结果。于是，人们从自然界的生命繁衍、生物进化、人类行为、知识和智慧中获得许多启迪和灵感，通过模拟其中蕴含的信息获取、共享、利用、更新、进化等机理，提出了许多元启发式优化算法。由于这些算法都是通过对智能涌现内在机理的模拟来实现优化问题的求解，所以，研究者将其统称为智能优化算法。

智能优化算法缘起于 20 世纪 40 年代，一直发展至今，已经涌现出了数百种不同的搜索算法。结合一些文献的分类思想，本书按照智能优化所模拟的机理，将算法分为：基于进化规律的智能优化算法、基于物理原理的智能优化算法、基于化学原理的智能优化算法、基于人类行为的智能优化算法、基于群智能的智能优化算法五类。在不同年代涌现出的各类代表性算法如图 1-1 所示，下面，按类分别介绍各自的发展历程。

1. 基于进化规律的智能优化算法

这类算法受到自然界生物进化概念和规律的启发，主要通过选择、交叉、变异等操作，在问题的解空间中进行搜索以找到理想的候选解。这类方法的起源可追溯到 20 世纪 60 年代初，1962 年，美国学者 Fogel 在模拟自然进化原理来求解优化问题时提出了进化规划（Evolutionary Programming）；1963 年，德国柏林技术大学的学生 Rechenberg 和 Schwefel 受生物个体进化思想启发提出了进化策略（Evolution Strategy）；1965 年，美国密歇根大学 Holland 教授受达尔文进化论的启发提出了遗传算法（Genetic Algorithm），这三种算法统称为进化算法。进化算法的提出，一开始并没有得到人们的足够关注。直到 30 年后，它们才迎来了较大的发展。1994 年，美国斯坦福大学的学者 Koza 受自然选择思想启发在进行计算机程序进化时提出了遗传规划（Genetic Programming）。同年，美国卡耐基梅隆大学的 Baluja 在利用基于种群的增量学习（Population-Based Incremental Learning）来解决二进制编码优化问题时提出了分布估计算法（Distribution Estimation Algorithm）模型。1997 年，美国学者 Storn 和 Price 受随机进化思想的启发，提出了能够求解全局优化问题的差分进化算法（Differential Evolution Algorithm），又称为微分进化算法。2000 年捷克学者 Zelinka 受社会环境下种群的自组织行为启发，提出了自组织迁徙算法（Self-organizing Migration Algorithm）。2001 年，葡萄牙的 Ferreira 博士利用生物基因结构对复杂问题进行简单编码，提出了基因表达式编程算法（Gene Expression Programming Algorithm）。2006 年，Hansen 利用进化策略进行复杂连续函数优化问题求解时提出了协方差矩阵自适应进化策略（Covariance Matrix Adaptation Evolution

Strategy)。2008年，美国学者Simon在优化目标函数过程中利用生态环境中物种分布和迁移的生物地理学理论，提出了生物地理学优化算法（Biogeography-based Optimization Algorithm）。综上，这类算法尽管起源早，但直到20世纪末、21世纪初才迅速发展起来。目前一些进化算法已成为有效解决众多优化问题，尤其是复杂多目标优化问题的重要手段。

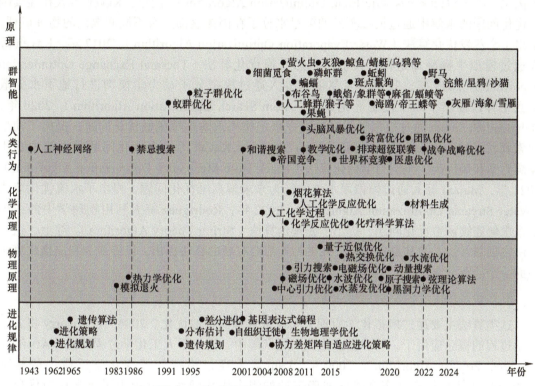

图1-1　在不同年代涌现出的各类代表性算法

2. 基于物理原理的智能优化算法

这类算法通过模拟宇宙中的一些物理规则和原理来实现待求解问题的优化。早在1983年，Kirkpatrick等人提出的模拟退火算法（Simulated Annealing Algorithm）是该类算法中最经典的成员，该算法通过模拟固体退火原理来进行组合优化问题的求解。1985年，Černý通过模拟热力学模型的计算和耦合来进行旅行商问题的求解，提出了热力学优化算法（Thermodynamical Optimization Algorithm）。2007年，Formato通过对引力运动学理论的计算模拟，提出了求解函数优化的中心引力优化算法（Central Force Optimization Algorithm）。2008年，Tayarani等人受磁场理论原理的启发，在求解连续函数优化问题中提出了磁场优化算法（Magnetic Optimization Algorithm）。2009年，Rashedi等人受重力和质量相互作用定律的启发，在求解连续函数优化问题中提出了引力搜索算法（Gravitational Search Algorithm）。2013年，Abdechiri等人在连续函数优化问题的求解中通过对气体布朗运动和湍流旋转运动规律进行模拟，提出了气体布朗运动优化算法（Gases Brownian Motion Optimization Algorithm）。2014年，麻省理工学院的Farhi等人将量子力学中的量子叠加、量子并行性等特性引入到组合优化问题的求解中,提出了量子近似优化算法(Quantum Approximate Optimization Algorithm)。2015年,我国学者郑宇军在优化问题求解中通过模拟浅水波浪运动机理及其传播、折射和碎浪现象模型,提出了水波优化算法(Water Wave Optimization Algorithm)。2016年,Abedinpourshot orban等人在连续函数优化问题的求解中通过模拟具有不同极性的电磁铁的行为,提出了电磁场优化算法(Electromagnetic Field Optimization Algorithm)。同年,Kaveh等人在连续函数优化问题的求解中通过模拟蒸发的微量水分子在固体表面具有不同润湿性的物理机理,提出了水蒸发优化算法(Water Evaporation Optimization Algorithm)。2017年,Kaveh等人通过模拟牛顿冷却定律,又提出了热交换优化算法(Thermal Exchange Optimization Algorithm)。2019年,我国学者赵卫国等人通过模拟分子动力学模型进行地下水分散系数估计,提出了原子搜索优化算法(Atom Search Optimization Algorithm)。2020年,Dehghani和Samet通过模拟动量和动能守恒定律来求解连续函数优化问题,提出了动量搜索算法(Momentum Search Algorithm)。同年,Kaveh等人在优化问题的求解中利用黑洞力学和熵提出了黑洞力学优化算法(Black Hole Mechanics Optimization Algorithm)。2021年,Majani等人通过模拟雨水流的行为来求解高维优化问题,提出了水流优化算法(Water Streams Optimization Algorithm)。2022年,Rodriguez等人利用物理学中的弦理论来求解连续函数优化问题,提出了弦理论算法(String Theory Algorithm)。综上,这类算法发展非常快,尤其是近十年,几乎每年都会有新的算法提出,已经成为智能优化算法中的一个活跃分支。

3. 基于化学原理的智能优化算法

这类算法主要通过模拟化学原理来实现待求解问题的优化。2004年,Irizarry将人工化学过程的概念应用于一些多模态优化问题求解中,提出了人工化学过程算法(Artificial Chemical Process Algorithm)。2009年,Lam等人通过模拟分子在化学反应中的相互作用以达到低能稳定状态来求解非确定性的组合优化问题,并提出了化学反应优化算法(Chemical Reaction Optimization Algorithm)。2010年,我国学者谭营等人在连续函数优化问题求解中通过模拟烟花在辐射范围内爆炸并产生火花的过程,提出了烟花算法(Fireworks Algorithm)。2011年,Alatas将从化学反应的发生和变化中获得的启发运用于优化问题求解中,提出了人工化学反应优化算法(Artificial Chemical Reaction Optimization Algorithm)。2017年,Salmani和Eshghi通过模拟在治疗癌症患者的化疗中杀死人体癌症和坏细胞的过程来求解旅行商问题,提出了化疗科学算法(Chemotherapy Science Algorithm)。2021年,Talatahari等人通过模拟材料化学中化合物的结构和生产新材料的化学反应来求解函数优化和一些工程优化问题,提出了材料生成算法(Material Generation Algorithm)。综上,尽管这类算法起步较晚,数量也不是很多,但有些算法在一些问题求解上已表现出非常卓越的性能,因此,可以说是智能优化算法不可或缺的一个分支。

4. 基于人类行为的智能优化算法

这类算法主要通过模拟与人类通常的一些行为和感知有关的现象来实现待求解问题的优化。1943年,美国神经生理学家McCulloch与数学家Pitts建成了第一个神经网络模型 MP 模型，将神经元作为功能逻辑装置，为人工神经网络算法（Artificial Neural Network Algorithm）的诞生和后续研究奠定了基础。1986 年，Glover 在 0-1 混合整数程序中通过模拟人类记忆的特殊机制，提出了禁忌搜索算法（Tabu Search Algorithm），该算法一方面通过引入一个灵活的存储结构实现禁忌准则来避免迂回搜索，另一方面通过藐视准则来赦免一些被禁忌的优良状态。2001 年，Geem 等人通过模拟音乐演奏者的即兴演奏，提出了用于求解旅行商问题的和谐搜索算法（Harmony Search Algorithm）。2007 年，Atashpaz-Gargari 等人在函数优化中通过模拟帝国集团内部的同化、更新和集团间的竞争，提出了帝国竞争算法（Imperialist Competitive Algorithm）。2011 年，Rao 等人通过模拟人类在学习过程中"教"和"学"两个不同阶段的学习行为，提出了教学优化算法（Teaching Learning-Based Optimization Algorithm）。同年，受人类开会过程集思广益的启发，我国学者史玉回提出头脑风暴优化（Brain Storm Optimization，BSO）算法，该算法先采用聚类思想搜索局部最优，再通过比较局部最优得到全局最优。2016 年，Masoudi-Sobhanzadeh 等人在转录因子结合位点问题求解中将个体解看作参赛队，通过模拟世界杯竞赛规则提出了世界杯竞赛算法（World Competitive Contests Algorithm）。2018 年，Moghdani 等人通过模拟排球超级联赛中的比赛赛程、参赛策略来求解连续函数优化问题，提出了排球超级联赛算法（Volleyball Premier League Algorithm）。2019 年，Moosavi 等人在求解连续函数优化问题中通过模拟穷人和富人这两个群体为获得财富、改善经济状况需要付出的努力，提出贫富优化算法（Poor and Rich Optimization Algorithm）。2020 年，Dehghani 等人在求解能源保障问题中通过模拟医生对病人的治疗过程，提出了医患优化算法（Doctor and Patient Optimization Algorithm）。2021 年，Dehghani 等人在求解连续函数优化问题中通过模拟团队成员为实现预期目标而采取的团队合作行为，提出了团队优化算法（Teamwork Optimization Algorithm）。2022 年，Ayyarao 等人受古代战争中攻击和防御策略的启发，提出了战争战略优化算法（War Strategy Optimization Algorithm）来求解连续函数优化问题。综上，这类算法的思想与人工智能的基础内涵（机器模仿人来实现智能）比较吻合，所以起步早、种类多。尤其是近年来，随着人类认知水平的提升，该类算法的研究呈现明显的上升趋势。

5. 基于群智能的智能优化算法

这类算法通过模拟由简单个体（个体能力非常有限）所组成的群体、系统或社团在交互与合作中体现出的集体社会行为来实现待求解问题的优化。1991 年，意大利的 Dorigo 在博士课题研究中，通过模拟蚁群在觅食过程中能够发现最短路径的智能行为来求解旅行商问题，提出了蚁群优化算法（Ant Colony Optimization Algorithm）。1995 年，Kennedy 和 Eberhart 在进行非线性函数优化和神经网络训练时，通过模拟鸟群和鱼群的社会行为提出了粒子群优化算法（Particle Swarm Optimization Algorithm）。这两个工作开启了群智能算法进行离散、连续优化问题求解的序幕。2002 年，美国学者 Passino 通过模拟大肠杆菌（细菌）在觅食过程中体现出的群体感应与调节机制，提出了细菌觅食优化算法（Bacterium Foraging Optimization Algorithm）。2007 年，Karaboga 和 Basturk 通过模拟蜂群的智能行为来进行函数优化问题求解，提出了人工蜂群算法（Artificial Bee Colony Algorithm）。Afshar 等人在求解连续优化问题中模拟了蜜蜂的交配过程，提出了蜜蜂交配优化（Marriage in honey Bees Optimization）算法。Mucherino 和 Seref 在生物医学优化问题求解中模拟了猴子为寻找食物进行的爬树行为，提出了猴子搜索算法（Monkey Search Algorithm）。2008 年，英国剑桥大学杨新社教授在求解函数优化问题中通过模拟萤火虫发光特性和相互吸引行为，提出萤火虫算法（Firefly Algorithm）。2009 年，杨新社等人通过模拟布谷鸟借窝下蛋、残害宿主鸟卵的繁殖行为，提出了求解函数优化问题的布谷鸟搜索算法（Cuckoo Search Algorithm）。2010 年，杨新社又通过模拟蝙蝠利用回声定位捕食的生物学机理，提出了求解函数优化问题的蝙蝠算法（Bat Algorithm）。2011 年，我国台湾学者潘文韶通过模拟果蝇寻食行为，提出了果蝇优化算法（Fruit Fly Optimization Algorithm）来求解经济学优化问题。2012 年，美国学者 Gandomi 等人受南极磷虾聚集和觅食行为的启发，提出了磷虾群算法（Krill Herd Algorithm）。2014 年，澳大利亚学者 Mirjalili 等人受自然界中灰狼的领导等级与捕猎机制的启发，提出了求解函数优化问题的灰狼优化算法（Grey Wolf Optimizer Algorithm）。2015 年，Mirjalili 又通过模拟飞蛾围绕火焰飞行，最终聚集在火焰处的扑火行为，提出了求解优化问题的蛾焰优化算法（Moth-Flame Optimization Algorithm）。同年，我国学者王改革教授在求解多变量的函数优化问题中通过模拟象群游牧行为，提出了象群优化算法（Elephant Herding Optimization Algorithm）。2016 年，Mirjalili 和 Lewis 受座头鲸发泡网捕食的行为启发，提出了求解函数优化问题的鲸鱼优化算法（Whale Optimization Algorithm）；随后，Mirjalili 受蜻蜓静态聚集和动态聚集行为的启发，提出了蜻蜓算法（Dragonfly Algorithm）。同年，伊朗学者 Askarzadeh 受乌鸦偷窥、跟踪、觅食行为的启发，提出了乌鸦搜索算法（Crow Search Algorithm）来求解工程设计问题。2017 年，印度学者 Dhiman 和 Kumar 受斑点鬣狗利用社会关系协作捕猎行为的启发，提出了斑点鬣狗优化算法（Spotted Hyena Optimizer）来实现对优化问题的求解。2018 年，王改革教授通过对自然界中蚯蚓的繁殖和再生行为的模拟，提出了蚯蚓优化算法（Earthworm Optimization Algorithm）来求解多变量的函数优化问题。2019 年，Dhiman 和 Kumar 受海鸥迁徙和攻击行为的启发，提出了求解函数及工程优化问题的海鸥优化算法（Seagull Optimization Algorithm）。同年，王改革教授通过对帝王蝶迁徙行为和适应环境行为的模拟，提出了帝王蝶优化算法（Monarch Butterfly Optimization Algorithm）来求解多变量的函数优化问题。2020 年，我国学者薛建凯和沈波通过模拟麻雀的觅食行为，提出了求解连续函数优化问题的麻雀搜索算法（Sparrow Search Algorithm）。同年，我国学者赵卫国受蝠鲼觅食行为的启发，通过对蝠鲼链式、螺旋、翻筋斗等不同觅食方式的模拟，提出了蝠鲼觅食优化算法（Manta Ray Foraging Optimization Algorithm）。2022 年，受野马群居游牧中社会行为的启发，伊朗学者 Naruei 等人提出了野马优化算法（Wild Horse Optimizer Algorithm），通过模拟真实野马群的放牧、追逐、支配、领导和交配等生活行为来进行优化问题的求解。2023 年，Dehghani 等人通过模拟浣熊对鬣蜥的攻击和捕猎行为以及遇到捕食者的逃离行为，提出了求解连续函数优化问题的浣熊优化算法（Coati Optimization Algorithm）；Abdel-Basset 等人通过模拟星鸦在夏秋季节寻找种子并进行储存的行为和冬春季节利用标记寻找储存食物的行为，提出了求解连续函数优化问题的星鸦优化算法（Nutcracker Optimization Algorithm）；Seyyedabbasi 和 Kiani 通过模拟沙猫探测低频信号及挖掘猎物的生存能力，提出了求解连续函数优化问题的沙猫优化算法（Sand Cat Swarm Optimization Algorithm）。2024

年，El-kenawy 等人通过模拟灰雁在季节迁徙中的飞行队形和能力，提出了灰雁优化算法（Greylag Goose Optimization Algorithm）来求解优化问题。受海象通过接收关键信号进行迁徙、繁殖、栖息、觅食、聚集、逃跑等行为的启发，参考文献[81]提出了求解连续函数优化问题的海象优化算法（Walrus Optimizer Algorithm）。通过模仿雪雁在迁徙过程中形成的"人字"和"直线"形状的飞行模式，参考文献[82]提出了雪雁算法（Snow Geese Algorithm）来求解一些优化问题。除上面这些算法之外，还有黑寡妇蜘蛛优化算法、鸡群优化算法、猫群优化算法、猴群算法、北极熊优化算法、狮子优化算法、鼠群优化算法、病毒种群搜索算法、珊瑚礁优化算法、樽海鞘群算法、海豚群算法、秃鹰搜索算法等。显然，这类算法从 20 世纪 90 年代至今一直都在持续发展，尤其是近几年，大量新算法不断涌现，已成为智能优化中算法机理和种类最为丰富的一个分支。

总之，伴随人类对大自然中生物演化机理、自然规律的认知，智能优化算法从 1943 年至今已发展了 80 多年，人们相继提出了数百种不同的智能优化算法。尤其是近 20 年，各类算法蓬勃兴起，新算法不断涌现，其中，我国的研究者也提出了不少实用有效的智能优化算法，是该领域不可或缺的生力军。尽管限于篇幅，本章仅仅列举了一部分具有代表性的原创算法，还有更多的智能优化算法没有被提及，但是，智能优化算法的发展趋势已见端倪：

1）模拟新机理的算法不断涌现。包罗万象的大自然充满着无穷的奥秘，蕴含着丰富的演化机理。大自然万物的演化赋予人类很多灵感，也催生了许多智能优化算法的诞生。尽管研究人员到目前为止提出的智能优化算法已经很多，但实际上只使用了自然界所蕴含机理中非常少量的部分灵感，更多的自然现象及其蕴含的规律需要进一步开发和利用，因此，近年来人们对模拟新机理的算法研究从未停息。

2）衍生和组合算法层出不穷。一个新颖的智能优化算法诞生，经常会引起一些同行的关注，并引发更深入的研究和探讨。一方面，人们通过对算法的理论模型、勘探机制、利用机制、勘探和利用的平衡策略、精英解选择策略、收敛条件等的深入研究，提出了一些更高效的衍生算法；另一方面，人们通过融合两种或多种基于不同机理的算法优点和技术优势，也提出了许多混合机理的智能优化算法来实现更高质量的全局搜索。因此，衍生和组合算法的研究更是源源不断。

3）需求驱动算法的持续创新。一方面，最优化理论领域的学者 Wolpert 和 Macerday 提出的没有免费午餐定理（No Free Lunch）告诉我们，在世界上不存在哪个算法能够很好地解决所有的优化问题。这意味着某算法对一类问题的求解可能非常有效，但同时它对其他类问题的求解也许就会无能为力。换句话说，每个算法在所有可能的优化问题上的平均表现都可能是接近的。另一方面，社会的发展和科技的进步在给人类带来便利生活的同时，也带来了更多复杂的优化问题，这为智能优化算法提出了更多更具挑战性的社会需求。为了解决更广泛的现实问题或截至目前尚未解决好的特定问题，人们非常有必要不断地进行新算法的尝试和探索。因此，现实需求是智能优化算法创新的动力和源泉。

1.2.4　智能优化算法的应用

优化是人们在进行问题求解时常常面临的一项重要而具有决定性的活动。如果人们能够通过优化方法来节省时间、节约耗费，那么他们将得到高效低耗的问题求解方法。因此，智能优化算法已经广泛地应用于科学研究和工程优化，涉及制造、环保、经济、医疗、电力、能源、交通、通信、生物等领域的诸多优化问题，包括特征提取、功率流优化、资源分配、自动控制、车辆导航、经济调度、分布式发电机、最佳无功功率补偿、接入点部署、应力集中系数选择、全局最大功率点跟踪、人工神经网络训练、同心圆天线阵布置、最优谐波无源滤波器、无线节点定位、图像划分、最优滤波器设计、热参数估计、射频识别网络、地基承载力评估、多层感知器、喷涂路径组合优化、云环境下负载不均衡、物流仓储选址、应急物资车辆调度优化、入侵检测、随机动态规划、移动机器人避障、多目标配电网重构、物化视图选择、柔性作业车间调度、集成电路产业、医学图像压缩、前列腺癌分类、文本聚类、客户行为分析、基因表达数据分析、压力容器设计、拉伸/压缩弹簧、焊接梁设计、分布式发电机布局等问题。

那么，在面对现实世界中的复杂优化问题时，如何利用合理的智能优化算法来进行求解呢？通常，需要完成如下几个基本步骤：

1）优化问题的形式化：通过对问题的深入分析，确定问题的类型、目标函数、约束条件、决策变量及其定义域等，从而建立优化问题的求解模型。

2）智能优化算法的选择：结合实际需求和问题的求解模型，对多种智能优化算法的求解机理、核心操作、涉及的参数、算法复杂度等进行对比和分析，确定将使用的智能优化算法。

3）智能优化算法的设计：基于所选智能优化算法的求解框架，设计解的编码、解的搜索策略、随机优化机制、自组织调节机制、结束条件等具体形式。

4）智能优化算法的评价：通过在模拟、真实数据上进行的大量实验来验证求解的结果是否满足实际需求。如果满足，则可以进一步考虑尚存在的不足及其提升的策略和方法；如果不满足，则需重新回到第2）步，尝试新的智能优化算法。

从第2章开始，本书将结合不同的求解问题分别对五种不同机理的一些典型智能优化算法进行详细介绍，重点对智能优化算法的原理和设计进行解析；最后一章，本书将结合三个战略性新兴领域的问题求解，介绍几个智能优化算法的应用案例。

本章小结

本章首先给出了优化问题的定义、分类和几个经典优化问题；然后介绍了智能优化算法的含义、技术特征、基本术语和机制；随后从机理出发阐述了五类智能优化算法的发展历程，并总结了相应的发展趋势；最后概括了智能优化算法的应用及其步骤。

思考题与习题

1-1 什么是优化问题？请列举几个身边的优化事例。

1-2 优化问题都有哪些类型？请举例进行说明。

1-3 除了本章中所列的经典优化问题，你还能列举出哪些优化问题的求解模型？

1-4 请概述智能优化算法的含义及技术特征。

1-5 智能优化算法通常含有哪几个运行机制？它们各自发挥什么作用？

1-6 智能优化算法可以分为哪些类，它们分别通过什么原理进行优化？

1-7　除了本章中提及的智能优化算法，你还能列举哪些算法？

1-8　旅行商问题的求解都有哪些算法？

1-9　多维背包问题的求解都有哪些算法？

1-10　单目标函数优化问题的求解都有哪些算法？

1-11　结合自身经历和感受，举例说明几个智能优化算法的应用场景。

参考文献

[1] HUSSAIN K, MOHD SALLEH M N, CHENG S, et al. Metaheuristic research：a comprehensive survey [J]. Artificial Intelligence Review，2019，52（4）：2191-2233.

[2] MOHAMMADI A，SHEIKHOLESLAM F. Intelligent optimization：Literature review and state-of-the-art algorithms（1965-2022）[J]. Engineering Applications of Artificial Intelligence，2023，126：106959.

[3] POP P C，COSMA O，SABO C，et al. A comprehensive survey on the generalized traveling salesman problem[J]. European Journal of Operational Research，2024，314（3）：819-835.

[4] OSMAN I H，LAPORTE G. Metaheuristics：A bibliography [J]. Annals of Operations Research，1996，63：513-623.

[5] VOß S，MARTELLO S，OSMAN I H，ROUCAIROL C. Meta-heuristics：Advances and Trends in Local Search Paradigms for Optimization [M]. Norwell：Kluwer Academic Publishers，2012.

[6] BLUM C，ROLI A. Metaheuristics in combinatorial optimization：Overview and conceptual comparison [J]. ACM Computing Surveys，2003，35（3）：268-308.

[7] MERAIHI Y，RAMDANE-CHERIF A，ACHELI D，et al. Dragonfly algorithm：A comprehensive review and applications [J]. Neural Computing and Applications，2020，32（21）：16625-16646.

[8] 李士勇，李研，林永茂. 智能优化算法与涌现计算 [M]. 北京：清华大学出版社，2019.

[9] FOGEL D B. Evolutionary Computation：The Fossil Record [M]. Hoboken：Wiley-IEEE Press，1998.

[10] HOLLAND J H. Genetic algorithms [J]. Scientific American，1992，267（1）：66-73.

[11] BEYER H G，SCHWEFEL H P. Evolution strategies：A comprehensive introduction [J]. Natural Computing，2002，1（1）：3-52.

[12] KOZA J R. Genetic programming as a means for programming computers by natural selection [J]. Statistics and Computing，1994，4（2）：87-112.

[13] BALUJA S. Population-based incremental learning：A method for integrating genetic search based function optimization and competitive learning [R]. Pittsburgh：Carnegie Mellon University，1994.

[14] STORN R，PRICE K. Differential evolution-A simple and efficient heuristic for global optimization over continuous spaces [J]. Journal of Global Optimization，1997，11（4）：341-359.

[15] ZELINKA I. LAMPINEN J. SOMA-Self-organizing migrating algorithm [C]//Proceedings of 6th International Conference on Soft Computing. Brno：Czech Republic，2000.

[16] FERREIRA C. Gene expression programming：A new adaptive algorithm for solving problems [J]. Complex System，2001，13（2）：87-129.

[17] HANSEN N. The CMA evolution strategy：a comparing review [J]. Studies in Fuzziness and Soft Computing，2006，192：75-102.

[18] SIMON D. Biogeography-based optimization [J]. IEEE Transactions on Evolutionary Computation，2008，12（6）：702-713.

[19] KIRKPATRICK S，GELATT C D，VECCHI M P. Optimization by simulated annealing [J]. Science，

1983, 220 (4598): 671-680.

[20] ČERNÝ V. Thermodynamical approach to the traveling salesman problem: An efficient simulation algorithm [J]. Journal of Optimization Theory and Applications, 1985, 45 (1): 41-51.

[21] FORMATO R. Central force optimization: A new metaheuristic with applications in applied electromagnetics [J]. Progress in Electromagnetics Research, 2007, 77: 425-491.

[22] TAYARANI M N, AKBARZADEH T N M R. Magnetic optimization algorithms a new synthesis [C]// Proceedings of IEEE Congress on Evolutionary Computation. Hong Kong: IEEE, 2008: 2659-2664.

[23] RASHEDI E, NEZAMABADI-POUR H, SARYAZDI S. GSA: A gravitational search algorithm [J]. Information Sciences, 2009, 179 (13): 2232-2248.

[24] ABDECHIRI M, MEYBODI M R, BAHRAMI H. Gases Brownian motion optimization: An algorithm for optimization (GBMO) [J]. Applied Soft Computing Journal, 2013, 13 (5): 2932-2946.

[25] FARHI E, GOLDSTONE J, GUTMANN S. A quantum approximate optimization algorithm [J]. arXiv preprint arXiv: 1411.4028, 2014.

[26] ZHENG Y J. Water wave optimization: A new nature-inspired metaheuristic [J]. Computers and Operations Research, 2015, 55: 1-11.

[27] ABEDINPOURSHOTORBAN H, SHAMSUDDIN S M, BEHESHTI Z, et al. Electromagnetic field optimization: A physics-inspired metaheuristic optimization algorithm [J]. Swarm and Evolutionary Computation, 2016, 26: 8-22.

[28] KAVEH A, BAKHSHPOORI T. Water evaporation optimization: A novel physically inspired optimization algorithm [J]. Computers and Structures, 2016, 167: 69-85.

[29] KAVEH A, DADRAS A. A novel meta-heuristic optimization algorithm: Thermal exchange optimization [J]. Advances in Engineering Software, 2017, 110: 69-84.

[30] ZHAO W, WANG L, ZHANG Z. Atom search optimization and its application to solve a hydrogeologic parameter estimation problem [J]. Knowledge-Based Systems, 2019, 163: 283-304.

[31] DEHGHANI M, SAMET H. Momentum search algorithm: A new meta-heuristic optimization algorithm inspired by momentum conservation law [J]. SN Applied Sciences, 2020, 2 (10): 1720.

[32] KAVEH A, SEDDIGHIAN M R, GHANADPOUR E. Black Hole Mechanics Optimization: A novel meta-heuristic algorithm [J]. Asian Journal of Civil Engineering, 2020, 21 (7): 1129-1149.

[33] MAJANI H, NASRI M. Water streams optimization (WSTO): A new metaheuristic optimization method in high-dimensional problems [J]. Journal of Soft Computing and Information Technology, 2021, 10 (1): 36-51.

[34] RODRIGUEZ L, CASTILLO O, GARCIA M, et al. A new meta-heuristic optimization algorithm based on a paradigm from physics: String theory [J]. Journal of Intelligent and Fuzzy Systems, 2021, 41 (1): 1657-1675.

[35] IRIZARRY R. LARES: An artificial chemical process approach for optimization [J]. Evolutionary Computation, 2004, 12 (4): 435-459.

[36] LAM A Y, LI V O. Chemical-reaction-inspired metaheuristic for optimization [J]. IEEE Transactions on Evolutionary Computation, 2009, 14 (3): 381-399.

[37] TAN Y, ZHU Y. Fireworks algorithm for optimization [C]//Proceedings of 1st International Conference on Advances in Swarm Intelligence. Beijing: Springer Berlin Heidelberg, 2010.

[38] ALATAS B. ACROA: artificial chemical reaction optimization algorithm for global optimization [J]. Expert Systems with Applications, 2011, 38 (10): 13170-13180.

[39] SALMANI M H, ESHGHI K. A metaheuristic algorithm based on chemotherapy science: CSA [J].

Journal of Optimization, 2017, 2017: 1-13.

[40] TALATAHARI S, AZIZI M, GANDOMI A H. Material generation algorithm: A novel metaheuristic algorithm for optimization of engineering problems [J]. Processes, 2021, 9 (5): 859.

[41] MCCULLOCH W S, PITTS W. A logical calculus of the ideas immanent in nervous activity [J]. The Bulletin of Mathematical Biophysics, 1943, 5 (4): 115-133.

[42] GLOVER F. Future paths for integer programming and links to artificial intelligence [J]. Computers and Operations Research, 1986, 13 (5): 533-549.

[43] GEEM Z W, KIM J H, LOGANATHAN G V. A new heuristic optimization algorithm: harmony search [J]. Simulation, 2001, 76 (2): 60-68.

[44] ATASHPAZ-GARGARI E, LUCAS C. Imperialist competitive algorithm: an algorithm for optimization inspired by imperialistic competition [C]//Proceedings of 2007 IEEE Congress on Evolutionary Computation. Singapore: IEEE, 2007.

[45] RAO R V, SAVSANI V J, VAKHARIA D P. Teaching-learning-based optimization: a novel method for constrained mechanical design optimization problems [J]. CAD Computer Aided Design, 2011, 43 (3): 303-315.

[46] SHI Y. Brain storm optimization algorithm [C]//Proceedings of 2nd International Conference on Advance in Swarm Intelligence. Chongqing: Springer Berlin Heidelberg, 2011.

[47] MASOUDI-SOBHANZADEH Y, MOTIEGHADER H. World Competitive Contests (WCC) algorithm: A novel intelligent optimization algorithm for biological and non-biological problems [J]. Informatics in Medicine Unlocked, 2016, 3: 15-28.

[48] MOGHDANI R, SALIMIFARD K. Volleyball premier league algorithm [J]. Applied Soft Computing, 2018, 64: 161-185.

[49] MOOSAVI S H S, BARDSIRI V K. Poor and rich optimization algorithm: A new human-based and multi populations algorithm [J]. Engineering Applications of Artificial Intelligence, 2019, 86: 165-181.

[50] DEHGHANI M, MARDANEH M, GUERRERO J M, et al. A new "Doctor and Patient" optimization algorithm: An application to energy commitment problem [J]. Applied Sciences, 2020, 10 (17): 5791.

[51] DEHGHANI M, TROJOVSKÝ P. Teamwork optimization algorithm: A new optimization approach for function minimization/maximization [J]. Sensors, 2021, 21 (13): 4567.

[52] AYYARAO T S L V, RAMAKRISHNA N S S, ELAVARASAN R M, et al. War strategy optimization algorithm: A new effective metaheuristic algorithm for global optimization [J]. IEEE Access, 2022, 10: 25073-25105.

[53] COLORNI A, DORIGO M, MANIEZZO V. Distributed optimization by ant colonies [C]//Proceedings of 1st European Conference on Artificial Life. Paris: Elsevier Publishing, 1991.

[54] KENNEDY J, EBERHART R. Particle swarm optimization [C]//Proceedings of the 1995 IEEE International Conference on Neural Networks. Perth: IEEE, 1995, 4: 1942-1948.

[55] PASSINO K M. Biomimicry of bacterial foraging for distributed optimization and control [J]. IEEE Control System, 2002, 22 (3): 52-67.

[56] KARABOGA D, BASTURK B. A powerful and efficient algorithm for numerical function optimization: artificial bee colony (ABC) algorithm [J]. Journal of Global Optimization, 2007, 39 (3): 459-471.

[57] AFSHAR A, HADDAD OB, MARIÑO MA, et al. Honey-bee mating optimization (HBMO) algorithm for optimal reservoir operation [J]. Journal of the Franklin Institute, 2007, 344 (5):

452-462.

[58] MUCHERINO A, ONUR S. Monkey search: A novel metaheuristic search for global optimization [C]//AIP conference proceedings. Gainesville: AIP Publishing, 2007.

[59] YANG X S. Nature-Inspired Metaheuristic Algorithms [M]. Frome: Luniver Press, 2008.

[60] YANG X S, DEB S. Cuckoo search via Lévy flights [C]//Proceedings of 2009 World Congress on Nature & Biologically Inspired Computing. Coimbatore: IEEE, 2009.

[61] YANG X S. A new metaheuristic bat-inspired algorithm [C]//Studies in Computational Intelligence. Berlin: Springer, 2010.

[62] PAN W T. A new evolutionary computation approach: fruit fly optimization algorithm [C]//Proceedings of 2011 Conference of Digital Technology and Innovation Management.Taipei: IEEE, 2011.

[63] GANDOMI A H, ALAVI A H. Krill herd: A new bio-inspired optimization algorithm [J]. Communications in Nonlinear Science and Numerical Simulation, 2012, 17 (12): 4831-4845.

[64] MIRJALILI S, MIRJALILI S M, LEWIS A. Grey wolf optimizer [J]. Advances in Engineering Software, 2014, 69: 46-61.

[65] MIRJALILI S. Moth-flame optimization algorithm: A novel nature-inspired heuristic paradigm [J]. Knowledge-Based Systems, 2015, 89: 228-249.

[66] WANG G G, DEB S, COELHO L S. Elephant herding optimization [C]// Proceedings of 3rd International Symposium on Computational and Business Intelligence. Bali: IEEE, 2015.

[67] MIRJALILI S, LEWIS A. The whale optimization algorithm [J]. Advances in Engineering Software, 2016, 95: 51-67.

[68] MIRJALILI S. Dragonfly algorithm: a new meta-heuristic optimization technique for solving single-objective, discrete, and multi-objective problems [J]. Neural Computing and Applications, 2016, 27 (4): 1053-1073.

[69] ASKARZADEH A. A novel metaheuristic method for solving constrained engineering optimization problems: Crow search algorithm [J]. Computers and Structures, 2016, 169: 1-12.

[70] DHIMAN G, KUMAR V. Spotted hyena optimizer: A novel bio-inspired based metaheuristic technique for engineering applications [J]. Advances in Engineering Software, 2017, 114: 48-70.

[71] WANG G G, DEB S, COELHO L D S. Earthworm optimization algorithm: A bio-inspired metaheuristic algorithm for global optimization problems [J]. International Journal of Bio-Inspired Computation, 2018, 12 (1): 1-22.

[72] DHIMAN G, KUMAR V. Seagull optimization algorithm: Theory and its applications for large-scale industrial engineering problems [J]. Knowledge-Based Systems, 2019, 165: 169-196.

[73] WANG G G, DEB S, CUI Z. Monarch butterfly optimization [J]. Neural Computing and Applications, 2019, 31 (7): 1995-2014.

[74] XUE J, SHEN B. A novel swarm intelligence optimization approach: Sparrow search algorithm [J]. Systems Science and Control Engineering, 2020, 8 (1): 22-34.

[75] ZHAO W, ZHANG Z, WANG L. Manta ray foraging optimization: An effective bio-inspired optimizer for engineering applications [J]. Engineering Applications of Artificial Intelligence, 2020, 87: 103300.

[76] NARUEI I, KEYNIA F. Wild horse optimizer: A new metaheuristic algorithm for solving engineering optimization problems [J]. Engineering with Computers, 2022, 38: 3025-3056.

[77] DEHGHANI M, MONTAZERI Z, TROJOVSKÁ E, et al. Coati Optimization Algorithm: A new bio-inspired metaheuristic algorithm for solving optimization problems [J]. Knowledge-Based

Systems, 2023, 259: 110011.

[78] ABDEL-BASSET M, MOHAMEDA R, JAMEEL M, et al. Nutcracker optimizer: A novel nature-inspired metaheuristic algorithm for global optimization and engineering design problems [J]. Knowledge-Based Systems, 2023, 262: 110248.

[79] SEYYEDABBASI A, KIANI F. Sand Cat swarm optimization: A nature-inspired algorithm to solve global optimization problems [J]. Engineering with Computers, 2023, 39: 2627-2651.

[80] EL-KENAWY E, KHODADADI N, MIRJALILI S, et al. Greylag Goose Optimization: Nature-inspired optimization algorithm [J]. Expert Systems With Applications, 2024, 238: 122147.

[81] HAN M, DU Z, YUEN K, et al. Walrus optimizer: A novel nature-inspired metaheuristic algorithm [J]. Expert Systems With Applications, 2024, 239: 122413.

[82] TIAN A, LIU F, LV H. Snow Geese Algorithm: A novel migration-inspired meta-heuristic algorithm for constrained engineering optimization problems [J]. Applied Mathematical Modelling, 2024, 126: 327-347.

[83] WOLPERT D H, MACREADY W G. No free lunch theorems for optimization [J]. IEEE Transactions on Evolutionary Computation, 1997, 1(1): 67-82.

第2章 基于进化规律的智能优化算法

导读

基于进化规律的智能优化算法通过模拟自然界中生物的繁衍、进化过程来解决优化和搜索问题。该类算法通常以种群为研究对象,将优化问题的求解建模为寻找种群中最适应环境的最优个体。本章主要介绍三种具有代表性的智能优化算法:遗传算法、差分进化算法、生物地理学优化算法。遗传算法是一种经典的元启发式算法,采用选择、交叉、变异算子更新种群。差分进化算法通过模拟个体之间的相互竞争实现个体的寻优,是一种基于种群差异的元启发式算法。生物地理学优化算法引入了物种在地理上的迁移机制,通过迁移与变异的结合来更新物种的分布。这些智能优化算法具有良好的求解性能与适用性,在自动控制、信号处理、机器学习等领域有着广泛的应用。

本章知识点

- 遗传算法
- 差分进化算法
- 生物地理学优化算法

2.1 遗传算法

自然界中生物的生存繁殖体现了生物对自然环境的适应能力。人们通过模拟生物的进化机理与繁殖行为,提出了许多智能优化算法。遗传算法(Genetic Algorithm)是一种源于生物遗传与进化的智能优化算法,其求解思想受到了达尔文的自然进化论与孟德尔的遗传学等学科的启发。1965年,美国密歇根大学教授 Holland 提出用计算机模拟遗传操作来进行问题求解的思想。1967年,Holland 的学生 Bagley 在博士论文中首次提出了"遗传算法"的概念。随后,Holland 提出了著名的模式定理(Schema Theorem),从理论上证明了遗传算法用于寻求最优解的可行性。1975年,Holland 出版了第一本关于遗传算法的专著《自然系统与人工系统的自适应性》,并在20世纪80年代实现了遗传算法在机器学习一些问题上的应用。1989年,Goldberg 出版了《搜索、优化、机器学习中的遗传算法》,系统地论述了遗传算法的原理与应用,奠定了现代遗传算法的基础。1991年,

Davis出版了《遗传算法手册》，从应用层面普及了遗传算法，从此以后，遗传算法开始广泛用于各种优化问题的求解。本节将详细介绍遗传算法的基本原理、算法流程以及应用实例。

2.1.1 算法原理

遗传算法反映了自然选择中优胜劣汰的进化规则，是一种随机的全局优化和搜索方法。它通过染色体之间的交叉与变异来确定最适应的个体进行繁殖。在自然选择的每一代中，生物会从种群中选择最适合生成的个体，通过这些个体的交配产生新的后代。该过程会驱使种群的进化，使得新产生的个体比原有个体更适应在环境中生存。由于遗传算法中的许多概念均来源于遗传学，下面将分别介绍遗传学与遗传算法中的基本术语与相关概念。

1. 基本术语

在遗传学中，生物从父代继承特定特性的现象称为遗传。细胞中的生物遗传信息包含在染色体（Chromosome）中，它由脱氧核糖核酸（Deoxyribo Nucleic Acid，DNA）和蛋白质构成，是遗传信息的载体。基因（Gene）是DNA上占有一定位置的基本遗传单元，基因在染色体上的位置称为基因座（Locus）。在同一个位置上所有可能的基因称为等位基因（Allele）。细胞在分裂时，遗传基因将被复制给下一代，同时，相应的性状也将继承给下一代。生物个体特有的所有基因集合与遗传构成称为基因型（Genotype），而生物在环境中所表现出的所有遗传性状称为表现型（Phenotype）。

生物在延续其生存的过程中，通过不断改良其品质来逐步适应生存环境的生命现象称为进化（Evolution）。进化过程中的单个生物体称为个体（Individual），进化通常以集体的形式进行，通常把由个体组成的集合称为种群（Population）。个体对环境的适应能力存在差异，可以通过一个适应度（Fitness）来度量，适应度可以作为选择（Selection）并繁殖下一代个体的评价标准。遗传物质在细胞分裂的过程中转移到新细胞的过程称为复制（Reproduction）。在繁殖时，两个染色体相同位置区间的一段DNA被切断，通过相互交叉（Crossover）重组形成新的染色体。不失一般性，细胞复制过程中会以很小的概率出现复制差错，致使DNA出现非继承性变化，进而产生新的染色体并表现出新的性状，该过程称为变异（Mutation）。显然，交叉与变异会产生新的个体性状，在种群进化中，通过自然选择，对环境适应性更好的个体基因将有更多的机会遗传到下一代。

2. 遗传算法概述

遗传算法借助生物遗传与进化的思想求解问题的最优解。问题的可行解称为个体，它是遗传算法的基本处理对象，也对应于遗传学中的一条染色体。一般来说，个体采用特定的编码形式进行表示，编码中的单个元素称为基因，对应于基本的遗传物质单位。问题的一组解称为种群。图2-1给出了基因、个体、种群的示例，该示例中，每个个体（染色体）包含6个基因，种群由4个个体组成。适应度是衡量可行解优劣的标准，对应于个体适应环境的能力。遗传算法的求解目标是找到适应度最高的个体，该个体对应于问题的最优解。

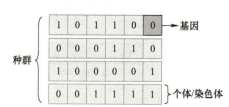

图2-1　遗传算法中的基本术语

更一般地，代表个体的染色体可以用 L 维向量 $\boldsymbol{x}=(x_1, x_2, \cdots, x_L)^T$ 表示，其中，每一个 x_i 代表一个基因。通常，等位基因可以是离散的数值集合，也可以是连续的取值范围。二值编码是等位基因最常见的构造方式（如图 2-1 所示），形成的染色体为二进制符号串。二值编码中，$\boldsymbol{x}$ 的排列形式构成了个体的基因型，而它所对应的值代表个体的表现型。每个 $\boldsymbol{x}$ 可以计算出一个适应度值，$\boldsymbol{x}$ 的适应度值越大，越接近待求问题的最优值。

遗传算法常用于求解函数的最优化问题，令 $f(\boldsymbol{x})$ 表示目标函数，决策变量 $\boldsymbol{x}=(x_1, x_2, \cdots, x_L)^T$ 代表染色体，决策变量的所有取值构成了问题的解空间。在解空间中，搜索最优解的过程对应于搜索染色体的过程。生物进化是集体行为，遗传算法由 N 个个体组成的种群 $\boldsymbol{X}$ 通过不断的迭代更新来实现解空间的搜索。令第 t 代的种群为集合 P_t，经过一次进化，种群被更新为集合 P_{t+1}。在每一次进化中，按照优胜劣汰的规则将适应度较高的个体传递到下一代，新的种群中包含更优良的个体，重复上述过程，直至找到最接近的问题最优解 $\boldsymbol{x}^*$。

遗传算法从 P_t 到 P_{t+1} 的转换是通过多种遗传算子实现的，下面介绍三种基本的遗传算子，它们对应于生物进化中染色体的交叉、变异等过程，这些算子是实现遗传算法的核心。

选择：根据个体的适应度值，从 P_t 中选择出一些优良的个体遗传到 P_{t+1} 中；

交叉：将 P_t 中的染色体随机成对，每对染色体以交叉概率 p_c 交换部分染色体，产生两个新的染色体；

变异：P_t 中的每一个染色体都会以变异概率 p_m 将其中若干基因位上的值变为其等位基因值，以形成新的染色体。

图 2-2 为遗传算法更新种群的典型示例。图 2-2a 为种群初始化，包含 4 个个体。图 2-2b 为从 4 个个体中选择 2 个个体的过程。图 2-2c 为交叉操作，选出的两个染色体从第 4 个基因座开始交换基因值，实现交叉操作。图 2-2d 为新产生的两个新后代。图 2-2e 为变异操作，其中 1 条染色体的第 4 个基因座产生变异，由 1 变为 0。通过选择、交叉、变异等操作，最终实现了种群的一次更新，图 2-2f 为种群更新。

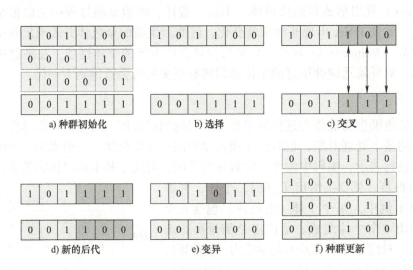

图 2-2　遗传算法的种群更新过程

3. 遗传算法的设计流程

综合上述遗传算法的概念与算子，可以将遗传算法的一般流程总结为图 2-3。具体过程如下：

步骤 1：种群初始化。随机生成初始种群，每个个体都是问题的一个可行解。

步骤 2：适应度评估。计算每个个体的适应度，以确定它所代表的解的优劣。

步骤 3：选择。根据适应度选择优秀的个体进行如下的繁殖操作，通常，适应度较高的个体将有更高的概率被选中。

步骤 4：交叉。将两个个体的部分基因进行交换，产生新的两个个体。

步骤 5：变异。以一定的概率对个体的基因值进行随机变化，产生新个体。

步骤 6：生成新一代种群。用新生成的个体替换掉适应度较低的个体，形成新一代种群。

步骤 7：终止条件。重复上述步骤直到满足终止条件，例如，达到预定的迭代次数或适应度不再增大。

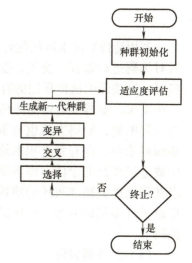

图 2-3　遗传算法的设计流程图

4. 算法参数

种群规模 N：该参数影响算法的搜索能力与运行效率。若 N 设置较大，一次进化所覆盖的可行解较多，可以保证种群的多样性，从而提高算法的搜索能力。但是，由于种群的个数较多，算法计算量也会增加，这将降低算法的运行效率。若 N 设置较小，虽然能够降低算法的计算量，但是同时也降低了遗传过程中种群包含更多优良染色体的能力。一般地，N 建议设置为 $20 \sim 100$。

染色体的长度 L：该参数影响算法的计算量以及后续交叉、变异算子的效果。L 的设置跟优化问题密切相关，一般由解的形式和所选择的编码方法决定。对于二进制编码方法，染色体的长度由解的取值范围和所需精度确定。对于浮点数编码方法，染色体的长度与解的维数相同。除了固定的染色体长度，Goldberg 等人还提出了一种可变长度的染色体遗传算法 MessyGA，该算法中，基因座与基因组成二元组，从而能够产生不定长的染色体。

交叉概率 p_c 与变异概率 p_m：p_c 决定了进化中交叉染色体的平均数目。p_c 过大会破坏染色体中基因的有效模式，而 p_c 过小则会导致新个体的迭代速度变慢。一般 p_c 的建议取值为 $0.4 \sim 0.99$。当然，该值也可采用自适应的方法在算法运行过程中通过自动调节获得。p_m 能够增加种群进化的多样性，决定了进化中种群变异基因的平均个数。由于变异对已找到的较优解具有一定的破坏作用，p_m 值不宜过大，较大的 p_m 可能会导致算法从较好的搜索状态倒退回原来较差的搜索状态。p_m 的取值一般为 $0.001 \sim 0.1$，同样，该值也可采用自适应的方法确定。

2.1.2 关键操作

1. 编码方法

利用遗传算法求解问题时并不直接对变量进行操作，而是先对问题的解进行编码，然后对编码进行选择、交叉、变异等操作，实现解的搜索和进化。编码是遗传算法的关键步骤，直接影响遗传算法的有效性与效率。一方面，编码方法决定了染色体的排列方式，影响交叉、变异等具体的遗传操作。另一方面，遗传算法还需将编码后的搜索结果解码为问题的解，解码方法也与编码方法息息相关。一般而言，实际的编码通常需要满足两条编码原则，即有意义积木块编码原则与最小字符集编码原则。前者要求编码能够更易生成适应度高的个体，即与所求问题相关、低阶、短定义长度模式的编码方案。后者要求在问题得到精准表述的前提下，编码字符集尽可能最小。随着遗传算法的发展，人们提出了许多编码方案。常用的编码方式包括以下三种：二进制编码、浮点数编码、符号编码。

（1）二进制编码

二进制编码是最常用的编码方式，编码的符号集由二进制符号0与1组成。编码是二值符号构成的符号串，符号串的长度L可以确定解空间的大小，它由问题的求解精度决定。具体的编码过程就是将问题的解（如实数）转换为二进制串。例如，待求决策变量的取值范围为$[R_L, R_U]$，采用长度为L的二进制编码可以产生2^L个可能的编码，每一个编码与取值范围内的特定精度值存在对应关系，具体关系如下：

$$\begin{cases} 00000000\cdots00000000 = 0 & \to R_L \\ 00000000\cdots00000001 = 1 & \to R_L + \delta \\ \quad\quad\quad\vdots & \quad\vdots \\ 11111111\cdots11111111 = 2^L - 1 & \to R_U \end{cases} \quad (2\text{-}1)$$

二进制编码的精度为：

$$\delta = \frac{R_U - R_L}{2^L - 1} \quad (2\text{-}2)$$

例如，$x \in [0, 31]$，若采用5位的二进制编码表示x，则符号串$\boldsymbol{x}$：01101 表示一个具体的染色体，其解码得到的参数值为$x=13$，编码精度为1。

二进制编码的优点在于其符合最小字符集原则，交叉、变异等遗传操作易于实现。其缺点是对连续函数做离散化操作时容易产生误差。

（2）浮点数编码

浮点数编码允许个体的基因值以实数的形式存在。在浮点数编码中，每个染色体由一串浮点数组成，这些浮点数与问题的决策变量直接对应。二进制编码中，编码精度受到编码长度的影响，二进制符号串的长度越长，精度越高，其搜索空间也越大，这将给遗传算法的运行带来极大的影响。与二进制编码相比，浮点数编码的优势在于其能更直接地表示实数解，避免了二进制编码在转换过程中可能出现的精度损失。因此，浮点数编码在处理连续变量的优化问题时更为精确和有效。

通常，浮点数编码需要保证交叉与变异等遗传操作前后的基因值均落在设定的区间范围内，否则，就会得到不可行解。浮点数编码比较适合精度要求高、搜索空间大的优化任务。此外，由于编码反映了决策变量的真实值，能够利用浮点数编码蕴含问题有关的一些信息与知识。

（3）符号编码

符号编码不具有数值含义，编码的基因取值来自具有代码含义的符号集。常见的符号集有字母集：{A，B，C，D，E}，代码集：{A_1，A_2，A_3，A_4，A_5}，序号集：{1，2，3，4，5}。例如，在旅行商问题中，给定 5 个城市，一条旅行路线可以表示为 x：C_5，C_2，C_3，C_1，C_4，其中，C 表示城市，下标值表示城市的编号，该路线构成一个个体，代表该问题的一个可行解。

符号编码符合有意义积木块编码原则，容易在其中融入待求问题特有的知识。但是在设计交叉、变异算子时需要考虑问题的约束要求，以防影响遗传算法的搜索性能。

2. 适应度函数

在生物的进化过程中，对环境适应性高的物种具有更多的繁殖机会，而适应性低的物种繁殖机会较少。遗传算法采用适应度来度量种群中个体的优良程度，适应度高的个体存活到下一代的概率大，适应度低的个体存活到下一代的概率较小。在遗传算法中，度量适应度的函数称为适应度函数。显然，适应度函数是对个体进行评价、优化的依据，它会直接影响算法对种群的选择。理想的适应度函数能对染色体的优劣做出合适的区分，保证选择机制的有效性，进而提升种群的进化能力。通常，适应度函数的设置与求解目标有关，下面介绍适应度函数的设计方法。

（1）目标函数与适应度函数

简单地讲，遗传算法中适应度函数可以由待求问题的目标函数通过一定的规则转换得到。然而，由于最优化问题的性质不同（最大化与最小化问题），其对应的转换方法也存在差异。以直接转换法为例，将解空间中某一点的目标函数值表示为 $\phi(x)$，该个体的适应度函数值表示为 $f(x)$，它们之间的直接转换策略如下：若目标函数为最小化问题，$f(x) = -\phi(x)$；若目标函数为最大化问题，$f(x) = \phi(x)$。还可以采用界限构造法实现目标函数值到适应度函数值的转换，这类方法利用 $\phi(x)$ 的上下界估计值来确定适应度函数值。

若目标函数为最大化问题：

$$f(x) = \begin{cases} \phi(x) - c_{\min}, & \phi(x) > c_{\min} \\ 0, & \phi(x) \leq c_{\min} \end{cases} \tag{2-3}$$

式中，$c_{\min}$ 表示 $\phi(x)$ 的最小估计值。

若目标函数为最小化问题：

$$f(x) = \begin{cases} c_{\max} - \phi(x), & \phi(x) < c_{\max} \\ 0, & \phi(x) \geq c_{\max} \end{cases} \tag{2-4}$$

式中，c_{max} 表示 $\phi(x)$ 的最大估计值。

（2）适应度函数的尺度变换

适应度决定了个体存活到下一代的概率，一般来说，采用直接转换法与界限构造法计算适应度时，算法的收敛速度难以得到有效的控制。在进化的初期阶段，少数适应度较高的个体可能会控制选择过程，降低种群的多样性，进而产生早熟或提前收敛的现象；而在进化的末期阶段，大部分个体的适应度差异太小，竞争性不足，同样会影响算法的运行效率。

因此，遗传算法通常会对适应度进行适当的缩放，以满足遗传算法在不同阶段对适应度函数的需求，这种缩放的过程被称为适应度的尺度变换。常见的尺度变换包括线性变换法、幂次变换法、指数变换法等。

具体地，适应度函数的线性变换法可以表示为：

$$f' = \alpha f + \beta \tag{2-5}$$

式中，α 与 β 代表尺度变换的系数；f 与 f' 分别为原适应度与变换后的新适应度。系数 α 与 β 的确定需满足以下条件：其一，$f'_{avg} = f_{avg}$，即变换前后种群适应度的平均值保持不变，该条件能够保证一部分接近于种群平均适应度的个体会存活到下一代；其二，$f'_{max} = Cf_{avg}$，即变换后的最大适应度为原种群平均适应度的 C 倍，其中，C 的取值一般为 $1.0 \sim 2.0$。

适应度函数的幂函数变换法通常采用如下形式：$f' = f^m$，幂次 m 需要根据问题灵活设定，且需要随着算法的进行不断调整。

适应度函数的指数变换法一般表示为 $f' = e^{-\gamma f}$，实系数 γ 越小，选择该个体的可能性越大。

3. 选择算子

在遗传算法中，选择算子就是确定种群中哪些个体能够存活到下一代的操作。选择算子的客观依据是适应度评价，它需要确保适应度高的个体更有可能保留到下一代，从而避免重要基因的损失，并保证遗传算法的收敛性和效率。常见的选择算子包括适应度比例方法、最佳个体保存方法、排序选择、排挤方法、确定性采样、期望值方法、无回放余数随机采样、随机竞标赛方法等。下面介绍 3 种常见的选择算子。

（1）适应度比例方法

适应度比例方法（Fitness Proportional Method）是最常用的选择方法。其基本思想如下：个体的选择概率和其适应度值成正比关系，即个体的适应度越高，被选中的机会越大。具体地，对于包含 N 个个体的种群，第 i 个个体的比例选择策略可以表示为：

$$p_i = \frac{f(i)}{\sum_{j=1}^{N} f(j)} \tag{2-6}$$

式中，p_i 表示个体 i 被选中的概率；$f(i)$ 表示个体 i 的适应度；$\sum_{j=1}^{N} f(j)$ 为种群中所有个体的适应度之和。

适应度比例方法的优点是简单直观，它能够确保比较优秀的个体存活的机会更高。然而，比例选择容易导致种群快速失去多样性，增加了早熟收敛（过早陷入局部最优解）的风险。为了缓解这些问题，研究者们提出了多种改进的适应度比例方法，如轮盘赌选择（Roulette Wheel Selection）等。轮盘赌选择是比例选择的一个随机变种，它在保持种群多样性的同时，能够给予适应度高的个体更多被选择的机会。其基本流程如下：

1）计算种群中个体适应度值的总和。
2）计算个体适应度占总适应度的比例，获得单个个体的选择概率。
3）每个个体根据其选择概率获得其在轮盘上的扇面角份额。
4）模拟轮盘操作，通过指针指向的扇面来确定哪个个体被选中。

例如，考虑含有 5 个个体的种群，其适应度与选择概率见表 2-1。首先，利用第 2 行的数值，通过计算可得个体的总适应度为 24.13；然后，根据个体的适应度占总适应度的比例即可依次计算出这些个体的选择概率；最后，从第 1 个个体开始，依次可得对应个体的累计概率，所有个体的累计概率为 1。

表 2-1 个体的适应度与选择概率

个体	1	2	3	4	5
适应度	8.97	2.18	4.24	3.01	5.73
选择概率	0.37	0.09	0.18	0.12	0.24
累计概率	0.37	0.46	0.64	0.76	1

轮盘赌选择方法如图 2-4 所示，个体所占的扇形大小根据其选择概率确定。轮盘赌选择方法首先设定一个带指针的选择点，每次轮盘转动停止后指针所指的个体即为这次被选中的个体。基础的轮盘赌选择每次只能选择一个个体，而后来衍生的随机遍历选择法（Stochastic Universal Sampling）则通过设置等距的 n 个指针一次同时选择 n 个个体。

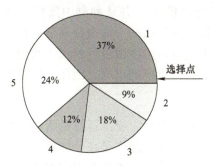

图 2-4 轮盘赌选择方法

（2）最佳个体保存方法

遗传算法选择个体后还需要通过交叉、变异等操作，然而，这些遗传操作存在随机性，有可能破坏优良个体中的基因。因此，人们希望在选择过程中尽可能地避免优良个体的损失。最佳个体保存方法可以有效解决这一问题。该方法的思想是将种群中适应度最高的个体保留，不让其参与交叉、变异操作，直接将其复制到下一代中，并替换适应度最低的个体。

最佳个体保存方法的步骤如下：首先，计算当前种群中每个个体的适应度，选择适应度值最高与最低的个体；其次，若当前种群中最高适应度个体的适应度大于所有历史时刻种群中最佳个体的适应度，用当前种群最高适应度的个体替代历史最佳个体；最后，用历史最佳个体替换当前种群中适应度最低的个体。

最优个体保存方法的优点是能够保留优化历史中的最优个体，使其不受交叉、变异等操作的影响。其缺点是会使得某些局部最优个体不易被淘汰，陷入局部最优而影响算法的全局搜索能力。

(3) 排序选择

在上述排序方法中，选择操作依赖于个体具体的适应度值，因而在实际进行个体选择操作时，需要对个体的适应度值进行一定的预处理，例如，保证每个个体的适应度取值为非负。与此不同，排序选择（Rank-based Selection）不依赖于适应度的具体数值，仅关注适应度值的排序关系。其基本思想是对种群中的个体按照适应度值进行排序，并按照该排序来确定个体被选中的概率。

排序选择的基本步骤如下：首先，将种群中所有的个体按照适应度大小进行排序，如降序；其次，设计适合求解问题的概率分配表，依次为每一个个体分配一个概率值；最后，利用这些概率值，设计比例选择方法，选择用于生成下一代种群的个体。在这个过程中，概率值的计算是排序选择的关键。Baker 提出了一种线性排序算法，通过如下公式计算个体 i 的选择概率：

$$p_i = \frac{1}{N}\left[\eta^- + (\eta^+ - \eta^-) \cdot \frac{i-1}{N-1}\right], 1 \leq \eta^- \leq 2, \eta^+ = 2 - \eta^- \tag{2-7}$$

式中，η^-/N 是最差个体的选择概率；η^+/N 为最优个体的选择概率。由于选择概率仅仅与排序关系有关，即使两个个体的适应度值相同，其顺序不同也会导致选择概率不同。

随机联赛选择（Stochastic Tournament Selection）也是一种基于排序的选择方法，其基本思想是：首先，确定联赛规模 N_S，并从种群中随机选择 N_S 个个体；随后，对 N_S 个个体进行适应度大小排序，将适应度高的个体遗传到下一代。

基于排序方法的优点是无须对适应度值进行处理。然而，该类方法在选择时仍依赖于选择概率，概率分配过程决定选择概率的求取，因此，排序选择容易产生较大的误差。

4. 交叉算子

交叉算子是产生新个体的主要手段。交叉运算是指将一对染色体以特定的方式交换部分基因，形成两个新个体的过程。交叉操作是在个体的染色体编码上进行的，具体设计与待求问题相关：一方面要求交叉操作不能破坏编码中的优良模式，另一方面要求产生的新个体具有较好的遗传性质。下面介绍适合二进制编码与浮点数编码的几种交叉运算。

(1) 二值交叉

二进制编码的交叉操作主要包含单点交叉、两点交叉、多点交叉等。

单点交叉（One-point Crossover）：单点交叉是最基本的交叉算子。其过程如下：首先，将种群中的个体进行配对；随后，对于任意一对个体，设置某基因座后的位置为交叉点；最后，按照交叉概率 p_c 在交叉点后交换两个个体的染色体片段，产生新的个体。图 2-5 给出了单点交叉的示例，交叉点在染色体的第 k–1 个基因和第 k 个基因之间。

				交叉点				
父代染色体1:	x_1	…	x_{k-1}	x_k	x_{k+1}	x_{k+2}	…	x_L
父代染色体2:	y_1	…	y_{k-1}	y_k	y_{k+1}	y_{k+2}	…	y_L
			交叉操作(↓)					
子代染色体1:	x_1	…	x_{k-1}	y_k	y_{k+1}	y_{k+2}	…	y_L
子代染色体2:	y_1	…	y_{k-1}	x_k	x_{k+1}	x_{k+2}	…	x_L

图 2-5　单点交叉算子

例如，假设两个个体 $\boldsymbol{x}$ 和 $\boldsymbol{y}$ 各包含 8 个基因，其中，$\boldsymbol{x}$：10111 111，$\boldsymbol{y}$：01001 000。将交叉点设置在第 5 与第 6 个基因座之间，则单点交叉运算将 $\boldsymbol{x}$：10111 111，$\boldsymbol{y}$：01001 000 中的下划线部分的基因进行交换，得到的两个新个体分别为 $\boldsymbol{x}'$：10111 000，$\boldsymbol{y}'$：01001 111。

两点交叉（Two-point Crossover）：两点交叉在设置交叉点时选择两个交叉点位置，将交叉点之间覆盖的染色体片段进行互换，产生两个新个体。两点交叉的过程如图 2-6 所示，交叉点 1 与交叉点 2 分别选在第 k 个基因之后与第 k+2 个基因之前，这个范围内的基因进行交换，产生新的个体。

					交叉点1		交叉点2		
父代染色体1:	x_1	x_2	…	x_k	x_k	x_{k+1}	x_{k+2}	…	x_L
父代染色体2:	y_1	y_2	…	y_{k-1}	y_k	y_{k+1}	y_{k+2}	…	y_L
				交叉操作 ↓					
子代染色体1:	x_1	x_2	…	x_k	y_k	y_{k+1}	x_{k+2}	…	x_L
子代染色体2:	y_1	y_2	…	y_{k-1}	x_k	x_{k+1}	y_{k+2}	…	y_L

图 2-6　两点交叉算子

多点交叉（Multi-point Crossover）操作与两点交叉类似，先设定多个交叉点，然后再执行交叉操作。均匀交叉（Uniform Crossover）是多点交叉的一个特例，它将两个个体中每个基因座上的基因都按同一方式进行交换。实际执行时会通过一个与染色体长度相等的掩码向量来实现，该掩码向量的每一个元素均为随机采样产生的二进制值。其中，掩码向量元素取值为 0 时，两个个体对应基因座上的基因维持不变；掩码向量元素取值为 1 时，两个个体对应基因座上的基因进行交换。一般来说，多点交叉中交叉点的增加会破坏基因的一些固有模式，不利于生成优良个体，因此，实际操作时交叉点不宜过多。

（2）浮点数交叉

对于浮点数编码，遗传算法采用算数交叉的方式获得新的个体。一般地，算数交叉采用父代个体的线性组合生成子代个体。给定第 t 代种群中的一对个体 $\boldsymbol{x}^{(t)}$ 与 $\boldsymbol{y}^{(t)}$，其子代 $\boldsymbol{x}^{(t+1)}$ 与 $\boldsymbol{y}^{(t+1)}$ 的计算方式如下：

$$\begin{cases} x^{(t+1)} = \alpha y^{(t)} + (1-\alpha)x^{(t)} \\ y^{(t+1)} = \alpha x^{(t)} + (1-\alpha)y^{(t)} \end{cases} \qquad (2\text{-}8)$$

式中，α 为超参数，可以取常数或者可调节的变量。

5. 变异算子

变异算子通过模拟生物进化的变异现象产生新的个体。在遗传算法中，变异算子是指将染色体中一些基因座上的基因用其等位基因进行替换，从而产生新个体的运算操作。对于二值编码，变异操作或者将原先为 1 的基因值替换为 0，或者将原先为 0 的基因值替换为 1。变异操作具有两个重要的目的：其一，变异能够促使遗传算法进一步搜索交叉算子无法触及的区域，实现增强遗传算法的局部搜索能力的目的；其二，变异能够通过改变基因值增加个体的多样性，防止早熟现象。下面将介绍几种常见的变异算子。

（1）基本变异算子

基本变异（Simple Mutation）是指按变异概率对基因进行随机变化。其基本过程如下：首先，对于染色体中的每一个基因，依据变异概率 p_m 判断该基因是否会发生变异；随后，将变异点上的基因值替换为其等位基因，产生一个新的个体。

例如，对于 8 位二进制编码的个体 x：1 1 0 1 0 1 0 1，若变异点为第 5 个基因座，则 x：1 1 0 1 0 1 0 1 中变异点的基因值 0 变为其等位基因 1，基本变异后生成的新个体为 x'：1 1 0 1 1 1 0 1。可见，二值编码中的变异是对变异点基因进行取反操作。

（2）逆转变异算子

逆转变异是指从个体的染色体中随机选择多个基因变异点，通过交换这些点上的基因来生成新个体的过程。

例如，对于 8 位二进制编码的个体 x：1 1 0 1 0 1 0 1，逆转变异点分别为第 5 与第 8 个基因座，因此，逆转变异后生成的新个体为 x'：1 1 0 1 1 1 0 0。

（3）均匀变异算子

均匀变异（Uniform Mutation）是指以很小的概率将各个基因座上的基因值用某范围内均匀分布的随机数替代。其过程如下：首先，将染色体中所有基因座上的基因依次指定为变异目标；随后，对于每一个变异点，以变异概率 p_m 将基因座上的基因值替换为随机数。

例如，令第 i 个基因座上的基因 $x_i \in [R_L^i, R_U^i]$ 为变异点，则该点的新基因值为：

$$x_i' = R_L^i + \gamma(R_U^i - R_L^i) \qquad (2\text{-}9)$$

式中，γ 为 [0，1] 之间均匀分布的随机数。

2.1.3 典型问题求解案例

例题 2-1 利用遗传算法求下列非线性函数的极大值

$$y(x) = x + 8\sin(5x) + 7\cos(4x), 0 \leq x \leq 10$$

解：函数的曲线与通过遗传算法求得的最大值如图 2-7 所示。遗传算法中目标函数的收敛曲线如图 2-8 所示。下面详细列出求解过程。

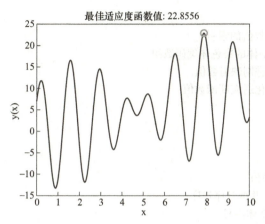

图 2-7　目标函数曲线和求得的函数最大值　　　图 2-8　目标函数的收敛曲线

由下述命令生成样本：

\>\> x=0：0.01：10；
\>\> y=x+8*sin（5*x）+7*cos（4*x）；

1）利用 MATLAB 工具箱，初始化种群并确定进化和迭代的相关参数。

```
NP = 50；% 种群数量
L = 20；% 二进制位串长度
Pc = 0.8；% 交叉率
Pm = 0.1；% 变异率
G = 100；% 最大遗传代数
Xs = 10；% 上限
Xx = 0；% 下限
f = randi（[0，1］，NP，L）；% 随机获得初始种群（二维数组）
function result=func1（x）% 定义适应度函数
    fit=x+8*sin（5*x）+7*cos（4*x）；
    result=fit；
end
```

2）利用 MATLAB 工具箱，实现算法的进化与遗传操作，完成种群更新。下面为每一代进化的实现过程。

```
% 将二进制表示解码为定义域范围内的十进制表示
for i=1：NP % 对种群中每个个体
    U=f（i，：）；% 求种群中每个个体的染色体二进制编码数组
    m=0；
    for j=1：L % 遍历个体的每一维
        m=U（j）*2^（j-1）+m；% 求出该个体二进制编码的十进制数
    end
    x（i）=Xx+m*（Xs-Xx）/（2^L-1）；% 映射到自变量区间内
    Fit（i）=func1（x（i））；% 调用适应度函数
```

```
end
maxFit = max（Fit）；% 定义适应度中的最大值
minFit = min（Fit）；% 定义适应度中的最小值
Rr = find（Fit==maxFit）；% 返回最大适应度函数值的索引
fBest = f（rr（1，1），:）；% 得到第 k 代最优个体的染色体编码数组
xBest = x（rr（1，1））；% 得到最优个体对应十进制映射数值
Fit =（Fit-minFit）/（maxFit-minFit）；% 归一化适应度函数值
```

① 基于轮盘赌的选择算子：

```
sum_Fit=sum（Fit）；% 定义适应度函数值总和
fitvalue=Fit./sum_Fit；% 求个体被选择的概率
fitvalue=cumsum（fitvalue）；% 计算各行的累加值
ms=sort（rand（NP，1））；% 生成随机数向量，并按升序排序
fiti=1；% 计数变量，表示原种群中用于比较的个体序号
newi=1；% 计数变量，表示选择进入下一代的个体序号
while newi <= NP
    if（ms（newi））< fitvalue（fiti）
        % 执行个体选择操作，生成子代种群 nf 第 newi 个个体
        nf（newi，:）= f（fiti，:）;
        newi = newi + 1；% 下一代个体数加 1
    else
        fiti = fiti + 1；% 否则，该个体不被选择，进入下一个个体的判断
    end
end
```

② 交叉算子：

```
for i = 1：2：NP % 步长为 2
    p = rand；% 生成 [0，1] 范围内的随机数
    if p < Pc % 若 p 小于交叉概率
        q = randi（[0，1]，1，L）；% 生成一条（0，1）分布的二进制数串
        for j = 1：L
            % 如果第 j 位上的值为 1，则对第 i 组个体的第 j 位进行交叉操作
            if q（j）== 1
                temp = nf（i+1，j）;
                nf（i+1，j）= nf（i，j）;
                nf（i，j）= temp；
            end
        end
    end
end
```

③ 变异算子：

```
i = 1
while i<=round（NP*Pm）
    h = randi（[1，NP]，1，1）；% 随机选取一条需要变异的个体
```

```
        for j = 1：round（L*Pm）% 对需要变异的个体共进行 L*Pm 个基因变异
            g = randi（[1, L], 1, 1）; % 随机选取需要变异的基因
            nf（h, g）= ~ nf（h, g）; % 取反完成变异
        end
        i = i+1;
end
f = nf;
f（1, :）= fBest; % 将最优个体保留在新种群中
trace（k）= maxFit; % 把第 k 代最优适应度保存到数组 trace 中
```

3）利用 MATLAB 工具箱，绘制目标函数曲线、函数最大值和目标函数收敛曲线。

```
objective_function = @（x）x+8*sin（5*x）+7*cos（4*x）;
figure; % 创建图形窗口
plot（x, y, 'b-', 'LineWidth', 2）; % 绘制目标函数曲线
xlabel（'x'）; % 设置横坐标标签
ylabel（'y（x）'）; % 设置纵坐标标签
yBest = objective_function（xBest）; % 计算最优解对应的目标函数值
plot（xBest, yBest, 'go', 'MarkerSize', 10, 'LineWidth', 2）; % 绘制最优解
% 设置图形标题
title（sprintf（"最佳适应度函数值：%.4f", yBest））;
figure; % 创建图形窗口
plot（trace, 'b-', 'LineWidth', 2）; % 绘制目标函数收敛曲线
xlabel（'迭代次数'）;
ylabel（'目标函数值'）;
```

2.1.4 前沿进展

近年来，遗传算法的研究主要集中在衍生算法的设计、遗传算法与其他优化算法的融合、遗传算法的应用等方面。下面简要介绍遗传算法的一些研究进展。

1. 衍生算法方面

尽管遗传算法是一种全局搜索算法，但受求解问题和资源限制，有时会陷入局部最优。因此，许多学者尝试引入其他机制来提升其求解能力。例如，小生境遗传算法（Niche Generic Algorithm）通过模拟不同类别生物的不同生存环境，有针对性地为不同个体构造出不同的进化环境，帮助遗传算法找到更好的解。该方法能够保持解的多样性，提高全局搜索能力。基于排挤机制的小生境算法在选择过程中引入竞争策略，让生物在有限的生存空间中，竞争有限的资源。该方法随机选择若干个体，组成一个排挤集合。随后，算法计算新产生的个体与排挤集合中个体的相似性来移除相似性高的个体。

2. 算法融合方面

考虑到遗传算法的局部搜索能力不足，人们在遗传算法中融入其他局部寻优能力更强的算法，形成混合遗传算法，以提高其运行效率与求解质量。模拟退火（Simulated Annealing）算法是一种受金属退火过程启发的搜索。模拟退火算法通过模拟该过程来寻

找问题的最优解。算法起始，随机选择一个解，并允许以一定概率接受一个较差解，该设置能够避免算法陷入局部最优解。随着算法的进行，接受较差解的概率会逐渐降低。遗传算法与模拟退火算法融合形成了遗传退火算法，在遗传算法的一般流程中，首先通过交叉、变异等遗传操作获得新的个体，再单独对每个生成的个体执行模拟退火操作，将其结果送入下一代种群中。通过上述过程的不断迭代，最终得到最优个体。

3. 应用方面

近年来，许多新兴领域都融合了遗传算法的应用。在计算机视觉领域，参考文献 [11] 提出了一种基于遗传算法的深度卷积神经网络架构设计方法，用于图像分类。该方法利用遗传算法的搜索过程自动确定神经网络的结构，避免了手动设计神经网络架构，具有灵活、高效等特点。在交通流量预测领域，参考文献 [12] 提出了一种融合遗传算法与神经网络的预测方法。针对传统遗传算法容易陷入局部最优以及早熟等缺陷，提出了一种自适应的遗传算法，用于优化神经网络的初始权值，进而能够在短时交通流量预测中取得一定的效果。

2.2 差分进化算法

差分进化算法（Differential Evolution Algorithm，DEA）是由 Storn 和 Price 于 1995 年提出的一种元启发式搜索方法。随后，Price 和 Storn 于 1996 年和 1997 年发表了两篇关于差分进化的论文，提出了新的差分进化策略。在 1996 年国际进化优化计算竞赛（International Contests on Evolutionary Optimization）中，差分进化算法取得了第三名的成绩，证明了其优异的求解性能。差分进化算法具有较强的全局收敛能力和鲁棒性，适合求解一些复杂的优化问题，目前已经在运筹学、生物信息学、图像处理等领域取得了丰硕的研究成果。

2.2.1 算法原理

差分进化算法是一种基于种群的随机全局搜索方法，包含变异、交叉以及选择等基本操作。相较于其他进化算法，差分进化算法采用实值参数编码策略，利用差分变异算子生成新个体，这些特点成就了差分进化算法优异的求解性能。下面将分别介绍差分进化中的个体编码、差分操作、算法流程、关键参数设计等内容。

1. 个体编码

差分进化算法采用实数编码的形式。因此，算法过程中不需要进行数制转换。在差分进化算法中，种群可以表示为 $\boldsymbol{X}=(\boldsymbol{x}_1,\boldsymbol{x}_2,\cdots,\boldsymbol{x}_N)^\mathrm{T}$，$N$ 表示种群中个体的数目，第 i 个个体表示为向量 $\boldsymbol{x}_i=(x_{i,1},x_{i,2},\cdots,x_{i,L})^\mathrm{T}$，$L$ 为维度，$x_{i,j}$ 为实数。

在设定初始种群时，实数编码方法根据问题的需求确定变量 $x_{i,j}$ 的取值范围，并在此范围内生成初始种群。例如，第 j 个决策变量的取值范围为 $R_L^j < x_j < R_U^j$，则第 i 个个体该分量的取值为 $x_{i,j}=\gamma(R_U^j - R_L^j)+R_L^j$，其中，$\gamma$ 表示在 [0，1] 之间的均匀随机数。

2. 差分操作

差分进化算法的基本思想是：首先，对当前种群中的个体进行变异和交叉操作，产生新一代个体；然后，基于贪婪策略，利用当前个体和新一代个体构建新一代种群，选择过程采用一对一的生存准则。差分操作依赖于适应度函数，适应度函数的设计方法与遗传算法类似，有时可以直接将待求优化问题的目标函数设置为适应度函数。

差分进化算法使用向量描述个体与个体之间的差异，并设计特殊的变异、交叉、选择算子。下面将重点介绍变异、交叉、选择这三个关键的差分算子。

（1）变异算子

差分进化的变异算子是生成下一代个体的核心，其基本思想是通过组合当前种群中的若干个体来生成一个变异向量（Mutation Vector），利用种群中个体之间的差异来引导搜索过程。变异算子的基本过程可以表示为：DE/Ψ/N_D，其中，Ψ代表选择方法，N_D表示选择的随机差分向量个数。最简单的差分变异算子为DE/rand/1，其具体步骤如下：

1）随机选择基向量：从当前种群中随机选择的个体称为基向量x_{r0}^t。

2）随机选择两个差向量：再从种群中随机选择另外两个不同的个体，分别表示为差向量x_{r1}^t和x_{r2}^t。

3）计算差分向量：通过两个差向量计算差分向量，即$x_{r1}^t - x_{r2}^t$，用于描述个体差异。

4）生成变异向量：将差分向量乘以一个用于缩放的变异因子F，然后加到基向量上，生成变异向量：

$$v_i^{t+1} = x_{r0}^t + F \times (x_{r1}^t - x_{r2}^t) \tag{2-10}$$

式中，t与$t+1$代表当前代和下一代；$F \in [0,2]$为实值常数，用于控制偏差范围。

图2-9展示了2维空间中的一个变异操作，基向量为x_{r0}，两个差向量生成的差分向量为d，变异向量由基向量与差分向量生成。

差分变异算子的设计十分灵活，对于目标个体x_i^t，由于差向量的个数和基向量的选取方式不同，变异个体v_i^{t+1}的生成方式存在多种变体。常见的变体包含以下几种：

DE/best/1，基向量选取当前种群中适应度最好的个体x_{best}^t：

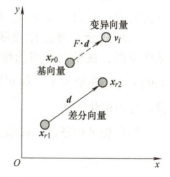

图2-9　差分进化算法的变异算子

$$v_i^{t+1} = x_{best}^t + F \times (x_{r1}^t - x_{r2}^t) \tag{2-11}$$

DE/rand/2，随机选择2对个体来生成变异向量：

$$v_i^{t+1} = x_{r0}^t + F \times \left[(x_{r1}^t - x_{r2}^t) + (x_{r3}^t - x_{r4}^t) \right] \tag{2-12}$$

DE/current-to-best/1，结合当前个体与种群中最优个体的信息：

$$v_i^{t+1} = x_{r0}^t + F_1 \times (x_{\text{best}}^t - x_{r0}^t) + F_2 \times (x_{r1}^t - x_{r2}^t) \tag{2-13}$$

式中，$r0$，$r1$，$r2$，$r3$，$r4$ 是从 [1, N] 之间随机产生的互不相同、不等于 i 的自然数。上述变异方式可以进一步自由结合，产生若干新的变异策略。

值得注意的是，在差分变异过程中，变异产生的新个体可能会不符合决策变量取值边界约束条件，这将对差分进化算法产生较大的影响。为处理边界条件，一般采用如下方法：将不符合边界约束的变量值用可行域内随机产生的变量值进行替代，或者将不符合边界约束的变量值映射到可行域内。例如，变量 $x \in [0,1]$，若变异得到的 x 值超出该范围，则可以设计函数 $x = 1/\left[1+((1-x)/x)^2\right]$ 将其映射到 [0, 1] 范围内。

（2）交叉算子

差分进化算法中的交叉算子是指将变异向量与当前的目标向量结合，形成试验向量的过程，试验向量将作为新的候选解。该交叉过程不仅保留了原有个体的信息，还包含了变异个体的信息。具体地，目标个体采用目标向量 x_i^t 表示，差分变异生成的包含个体差异的变异向量为 v_i^{t+1}，交叉操作生成的试验个体（候选解）表示为试验向量 u_i^{t+1}。通常，差分变异的交叉操作包含二项式交叉（Binomial Crossover）和指数交叉（Exponential Crossover）两种方式。

二项式交叉采用如下公式生成试验向量 u_i^{t+1} 中第 j 维的值：

$$u_{i,j}^{t+1} = \begin{cases} v_{i,j}^{t+1}, & \text{rand}_j \leq p_c \text{ 或 } j = \text{rand}[1,L] \\ x_{i,j}^t, & \text{其他} \end{cases} \tag{2-14}$$

式中，rand_j 为针对第 j 维生成的随机数，范围为 [0, 1]；$\text{rand}[1, L]$ 为 [1, L] 之间的随机自然数；p_c 为交叉概率，取值范围为 [0, 1]。

二项式交叉通过比较随机数与交叉概率的大小来生成试验向量，当随机数小于交叉概率时，试验向量当前维度的值由变异向量提供，反之则由目标向量提供。另一条件 $\text{rand}[1, L]$ 则是为了确保 $u_{i,j}^{t+1}$ 至少能够从 $v_{i,j}^{t+1}$ 获得一个参数，防止所有维度均来自目标向量，导致进化失败。

指数交叉更新试验向量 u_i^{t+1} 中第 j 维的策略如下：

$$u_{i,j}^{t+1} = \begin{cases} v_{i,j}^{t+1}, & j = m|_L, (m+1)|_L, \cdots, (m+l-1)|_L \\ x_{i,j}^t, & \text{其他} \end{cases} \tag{2-15}$$

式中，$|_L$ 代表以向量维度 L 为模的取模操作；m 为随机产生的维度索引，它代表交叉操作的起始位置；l 为交叉的长度，由交叉概率与 [0, 1] 之间的随机数共同产生，产生过程如下：初始时令 $l=0$，如果 $\text{rand}[0, 1] < p_c$ 且 $l \leq L$，则 $l = l+1$，否则，输出 l。

在指数交叉过程中，从起始点 m 到 $m+l-1$ 之间的数值由变异向量提供，其他维度由目标向量提供。指数交叉操作的特点是从随机起始点连续地引入变异向量的特征，保持了变异向量的局部连续性。

图 2-10 给出了二项式交叉与指数交叉的实例。在图 2-10a 的二项式交叉中，交叉位置是离散的。试验向量 u_i 中每个位置的值由交叉概率来决定是源自目标向量 x_i 还是变异向量 v_i。在图 2-10b 的指数交叉中，交叉位置是连续的。在试验向量 u_i 中，一段长度为 l 的向量均来自变异向量 v_i，其余位置来自目标向量 x_i，其中，长度 l 由交叉概率来确定。

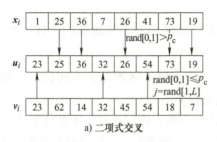
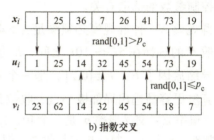

a) 二项式交叉　　　　　　　　　　b) 指数交叉

图 2-10　二项式交叉与指数交叉示例

（3）选择算子

差分进化算法的选择操作采用"贪婪选择"策略，通过比较当前个体（目标向量）和其对应试验个体（试验向量）的适应度值，选择适应度更优的个体进入下一代。其基本步骤如下：

1）计算适应度：计算目标向量和试验向量的适应度值。

2）比较适应度：比较目标向量和试验向量的适应度。

3）一对一选择优胜者：将适应度较优的个体保留到下一代。对于目标向量 x_i^t 和试验向量 u_i^{t+1}，产生下一代个体 x_i^{t+1} 的方法如下：

$$x_i^{t+1} = \begin{cases} u_i^{t+1}, & f(u_i^{t+1}) > f(x_i^t) \\ x_i^t, & \text{其他} \end{cases} \tag{2-16}$$

式中，f 表示适应度函数。式（2-16）针对的是最大化问题，若目标是最小化问题，则选择试验个体作为下一代个体的条件为：$f(u_i^{t+1}) < f(x_i^t)$。

3. 算法流程

差分进化算法的设计流程如图 2-11 所示，其主要步骤如下：

步骤 1：确定需要优化的目标函数。

步骤 2：确定参数。设置算法的关键参数，包括种群规模、变异缩放因子 F、交叉概率、最大迭代次数。

步骤 3：种群初始化。随机生成 N 个个体，每个个体都是一个 L 维向量。

步骤 4：变异。结合种群内多个个体来生成变异向量。

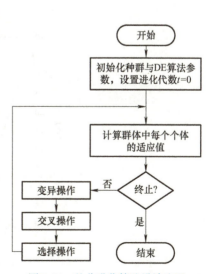

图 2-11　差分进化算法设计流程

步骤 5：交叉。采用二项式交叉或指数交叉生成试验向量。
步骤 6：选择。采用一对一生存准则，通过适应度值选择下一代个体。
步骤 7：终止条件。达到最大迭代次数或目标函数值达到预定阈值，算法结束。

4. 关键参数设计

差分进化算法的搜索性能取决于其对全局勘探和局部利用能力之间的平衡，这与算法中关键控制参数的选取有关。

种群规模 N：种群规模必须满足 $N \geqslant 4$，以确保算法能够选用足够的个体产生变异个体，一般 N 的选择在 $5L \sim 10L$ 之间，L 为空间的维度。

变异缩放因子 F：$F \in [0,2]$，是一个常实数，决定偏差向量的放大比例。一般地，F 越大，算法更容易逃出局部极小点、收敛到全局最优点。

交叉概率 p_c：交叉概率 p_c 是一个 $[0, 1]$ 范围内的实数，控制试验个体来自变异个体的概率。通常地，p_c 越大，算法更容易收敛，但也容易发生早熟现象。p_c 的选择经验值是 0.3。

终止条件：除最大进化代数可作为差分进化的终止条件外，有时还需要采用其他判定准则，比如最优解适应度值的变化小于阈值时程序终止。

2.2.2 典型问题求解案例

例题 2-2 利用差分进化算法求下列非线性函数的极小值

$$y(x) = x^2 + 10\sin(x) + 5\cos(x), -5 \leqslant x \leqslant 5$$

解：目标函数曲线与通过差分进化算法得到的极小值如图 2-12 所示。差分进化算法中目标函数的收敛曲线如图 2-13 所示。下面详细列出求解过程。

共选取 100 个样本，由以下命令生成：

```
>> x = linspace（-5，5，100）；% 生成横坐标值
>> y = x.^2 + 10*sin（x）+ 5*cos（x）；% 计算纵坐标值
```

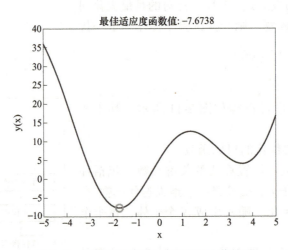

图 2-12　目标函数曲线和求得的极小值结果

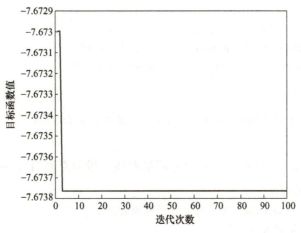

图 2-13　目标函数的收敛曲线

1）利用 MATLAB 工具箱，定义目标函数和参数并初始化种群和最优解。

% 定义目标函数
objective_function = @（x）x.^2 + 10*sin（x）+ 5*cos（x）;
population_size = 50；% 定义种群大小
num_iterations = 100；% 定义迭代次数
F = 0.5；% 定义变异缩放因子
CR = 0.9；% 定义交叉率
population = rand（population_size，1）* 10 – 5；% 种群随机初始化
fitness = objective_function（population）；% 计算初始适应度
best_solution = 0；% 最优解初始化
best_fitness = min（fitness）；% 最优适应度初始化

2）利用 MATLAB 工具箱，实现算法的迭代更新过程。

convergence = zeros（num_iterations，1）；% 初始化记录收敛过程的数组
for iter = 1：num_iterations % 迭代生成试验解
　　trial_population = zeros（population_size，1）；% 初始化试验解数组
　　for i = 1：population_size
　　　　idx = randperm（population_size，3）；% 随机排列种群索引
　　　　% 计算变异向量
　　　　mutant=population（idx（1））+F*（population（idx（2））–population（idx（3）））;
　　　　mask = rand（population_size，1）< CR；% 生成交叉掩码
　　　　% 生成试验解
　　　　trial_population（i）=mutant.*mask（i）+population（i）.*～mask（i）;
　　end
　　% 计算试验解的适应度
　　trial_fitness = objective_function（trial_population）;
　　for i = 1：population_size % 更新种群
　　　　if trial_fitness（i）< fitness（i）
　　　　　　population（i）= trial_population（i）；% 更新种群个体
　　　　　　fitness（i）= trial_fitness（i）；% 更新适应度

```
            end
            if trial_fitness（i）< best_fitness
                best_solution = trial_population（i）；% 更新最优解
                best_fitness = trial_fitness（i）；% 更新最优适应度
            end
        end
        convergence（iter）= best_fitness；% 记录每次迭代的最优适应度
end
```

3）利用 MATLAB 工具箱，绘制目标函数曲线、极值点和目标函数收敛曲线。

```
figure；% 创建图形窗口
plot（x, y, 'b-', 'LineWidth', 2）；% 绘制目标函数曲线
xlabel（'x'）；% 设置横坐标标签
ylabel（'y（x）'）；% 设置纵坐标标签
hold on；
% 绘制最优解
plot（best_solution, best_fitness, 'go', 'MarkerSize', 10, 'LineWidth', 2）；
title（sprintf（'最佳适应度函数值：%.4f', best_fitness））；% 设置图形标题
hold off；
% 绘制目标函数收敛曲线
figure；% 创建图形窗口
plot（1: num_iterations, convergence, 'b-', 'LineWidth', 2）；
xlabel（'迭代次数'）；% 设置横坐标标签
ylabel（'目标函数值'）；% 设置纵坐标标签
```

2.2.3　前沿进展

一般来说，差分进化算法的收敛速度要优于一般进化算法，但基础的差分进化算法易陷入局部最优，出现早熟收敛的现象。为此，学者们在后续研究中提出了许多改进的差分进化算法，以提高其性能和适应性。对于差分进化算法本身，人们重点关注对初始化、变异算子、交叉算子等操作的改进，以及对变异缩放因子、交叉概率等控制参数确定方法的改进。在应用层面，差分进化算法被广泛应用于大数据分析、生物信息学等领域。下面介绍差分进化算法的若干进展。

1. 差分进化机制的改进

种群初始化。种群初始化是差分进化中的主要步骤，它能够控制最终解的质量并影响算法的收敛速度。2007 年，Rahnamayan 等人提出了一种基于对立学习的种群初始化方法。该方法包含三个步骤：首先，利用均匀分布产生随机分布的种群 $P(N)$，N 为种群数量；其次，通过对立学习策略计算对立种群（Opposite Population）$P_o(N)$；最后，采用特定的评估策略从 $\{P(N), P_o(N)\}$ 选择 N 个个体，构成初始种群。2010 年，参考文献 [17] 提出了一种基于混沌初始化（Chaotic Initialization）的差分进化算法，该算法在收敛速度和鲁棒性方面表现突出。2015 年，参考文献 [18] 提出了一种基于聚类的种群初始化方法。

该方法利用 K-means 聚类将解分组成不同的解簇集合,并将所有簇中的最佳个体直接选入初始种群。2016 年,参考文献 [19] 提出了一种自适应的多种群差分进化算法,将种群划分为若干部落(Tribe),为不同部落设计不同的交叉与变异方案。

差分变异算子。2013 年,Gong 等人提出了基于排名的差分变异算子,其中,用于执行差分变异的个体由其在当前种群中的排名来确定,排名由适应度值的大小来确定。2015 年,参考文献 [21] 提出了一种基于离散突变控制参数的自适应差分进化算法,可以用于不同优化问题中勘探与利用的平衡。参考文献 [22] 提出了一种多种群差分平衡的集成变异方法,可以解决种群多样性较高的大规模优化问题。该方法将个体分为多个子群,并针对不同的子群设计差异化的变异策略,可以有效防止进化停滞。Hamza 等人提出了基于一致性约束的变异策略,并将其融入差分进化算法中,能够减少新解可能存在的约束冲突问题。2018 年,参考文献 [24] 提出了变异策略的通用数学框架,认为不同变异方法的差异仅在于差分向量的范围与方向,通过变异个体分布的期望向量与协方差矩阵来表示不同的变异方法。2020 年,受到人体止血过程的启发,参考文献 [25] 提出了一种适用于差分进化算法的止血算子,用于增强算法中种群的多样性,并防止出现过早收敛现象。

差分交叉算子。2014 年,参考文献 [26] 提出了一种基于特征向量的旋转不变交叉算子,能够更有效地求解带有旋转性适应度景观(Fitness Landscape)的优化问题。2015 年,蔡奕侨等人提出了一种混合链接交叉(Linkage Crossover)策略,该方法利用待求解问题中成对变量间的链接信息来引导搜索过程。2016 年,参考文献 [28] 提出了一种上位算数交叉(Epistatic Arithmetic Crossover)算子,与普通的算数交叉算子不同,上位算数交叉算子在进化计算的背景下考虑了上位基因(Epistatic Genes)的影响,子代个体的上位基因由其父代个体的下位基因(Hypostatic Genes)经过上位算数交叉得到。2019 年,参考文献 [29] 提出了一种基于方差的差分进化算法,通过可选交叉策略求解数据聚类问题。

2. 差分进化算法的应用

差分进化算法在实际工程问题和标准基准函数中有许多应用,主要集中在特定问题的参数搜索与优化问题的求解等方面。下面简要介绍一些重要的应用研究。在工业控制领域:参考文献 [30] 采用差分进化算法来识别动态模型的机械、电气和磁子系统参数;参考文献 [31] 提出了一种设计同轴磁性齿轮的新策略,将差分进化算法用于搜索磁性齿轮调控的最佳参数组合;参考文献 [32] 提出了一种基于多试验向量的差分进化算法,通过试验向量生成器来融合不同的搜索策略,适用于许多复杂的工程设计问题。在电气能源领域:参考文献 [33] 采用基于线性种群规模缩减的自适应差分进化算法来估计太阳能电池的参数。在图像处理领域:参考文献 [34] 提出了一种基于二维直方图的多级阈值方法来提高检测目标之间的分离程度,其中,差分进化算法被用于最大化 Tsallis 熵。在卫星导航领域中:参考文献 [35] 提出了一种基于案例学习的差分进化算法,用于星际飞行轨道设计问题。

2.3 生物地理学优化算法

生物地理学是研究自然界中生物地理分布的学科。早期的生物地理学研究主要关注定性分析。20 世纪 60 年代,MacArthur 和 Wilson 提出了生物地理分布的数学模型,在

1967 年出版了著作 The Theory of Island Biogeography，为生物地理学研究奠定了理论基础。随后，该方向开始受到人们的重视并逐渐发展起来。对自然现象的建模一直是智能优化算法的重要灵感来源，正如遗传学和生物神经元中的原理启发了遗传算法、人工神经网络的研究一样，生物地理中数学方程的建立与发展也推动了生物地理学在智能优化问题中的应用。受到物种地理分布中蕴含的优化模式启发，学者 Simon 在 2008 年提出了一种新的元启发式算法——生物地理学优化（Biogeography Based Optimizaton，BBO）算法。该算法的机制简单，原理易于理解，在许多优化问题中，取得了比遗传算法、粒子群算法等元启发式算法更优越的求解效果。下面将分别从算法原理、优化策略、典型问题求解案例等方面介绍生物地理学优化算法。

2.3.1 算法原理

生物地理学是生物地理学优化算法的基础，本节首先介绍生物地理学中的基础概念和数学模型。通常，自然界中生物种群的分布在地理上具有明显的区域边界，这些地理区域被称为栖息地（Habitat）。在每个栖息地中，决定物种的生存数量与生存质量的是适宜度指数（Habitat Suitability Index，HSI）。而栖息地中的气候、植被、地质、面积等因素的差异造就了不同的 HSI，这些影响因素被统称为适宜度变量（Suitability Index Variable，SIV）。

生物地理学的数学模型主要描述了物种的迁移、新物种的出现、物种的灭绝。具体地，物种在栖息地中的分布一般处于相对平衡状态，而在受到扰动后会呈现动态变化，这种动态变化可以通过迁出率（Emigration Rate）和迁入率（Immigration Rate）来描述。一般地，HSI 高的栖息地物种数量较多，而 HSI 低的栖息地物种数量较少。高 HSI 的栖息地是大量物种聚集的区域，通常物种数目趋于饱和，迁入率很低；另外，高 HSI 栖息地中，物种对内部资源的竞争十分激烈，很多物种倾向于迁出到其他栖息地，迁出率较高。高 HSI 的栖息地总体呈现出一种相对稳定和平衡的状态。相对应地，HSI 低的栖息地物种数目少、竞争较小，具有较低的迁出率和较高的迁入率。通常，新物种的迁入会提高栖息地的 HSI，若 HSI 无法达到一定水平，栖息地物种的生存难度会变大，最终可能导致某些物种灭绝。显然，相较于 HSI 高的栖息地，HSI 低的栖息地中物种的动态性要更为明显。

图 2-14 给出了一个栖息地物种多样性的简单数学模型，其中 λ 和 μ 分别表示迁入率和迁出率，S 表示栖息地的物种数目，迁入率和迁出率均是关于 S 的函数。对于迁入率曲线，当栖息地的物种数目 $S=0$ 时，物种的潜在迁入率最大，可以表示为 λ_{max}。随着物种的不断迁入，物种数目增加，栖息地内可生存的空间减少，能够成功迁入与生存的物种逐渐减少，造成迁入率不断降低。当物种数量达到栖息地可容纳的最大可能物种数目 S_{max} 时，迁入率 λ 为 0，此时不再有物种迁入。对于迁出率曲线，

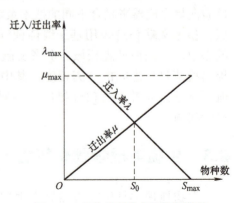

图 2-14 生物地理分布的数学模型

当栖息地物种数目为 0 时，迁出率 μ 为 0。随着物种数目增加，栖息地内的拥挤程度也随之增加，于是就有一些物种将迁出该栖息地，去寻找潜在的新居住地。此时，迁出率 μ 将不断增高。当物种数量达到最大值 S_{max} 时，物种的迁出率也将达到最大值 μ_{max}。

当物种的迁入率与迁出率相等时，称迁入和迁出达到平衡，此时，栖息地物种数目记为 S_0（迁入率曲线与迁出率曲线的交点位置）。根据图 2-14 可知迁入率和迁出率的表达式为：

$$\begin{cases} \lambda_s = \left(1 - \dfrac{S}{N}\right)\lambda_{max} \\ \mu_s = \dfrac{S}{N}\mu_{max} \end{cases} \tag{2-17}$$

图 2-14 仅能表示最简单的线性迁入迁出模式，实际的物种迁移通常包含复杂的非线性关系，线性模型存在局限性。参考文献 [37] 中介绍了两种非线性迁移率模型：二次函数迁移率模型与三角函数迁移率模型。二次函数迁移率模型源于岛屿生物地理学中的一个实验测试理论，其迁入率和迁出率采用如下公式计算：

$$\begin{cases} \lambda_s = \left(1 - \dfrac{S}{N}\right)^2 \lambda_{max} \\ \mu_s = \left(\dfrac{S}{N}\right)^2 \mu_{max} \end{cases} \tag{2-18}$$

此时，λ_s 与 μ_s 为 S 的二次函数。如果物种数量较小，迁入率从最大迁入率急剧减少，迁出率则从零开始缓慢增加。当物种数量趋近于饱和时，迁入率缓慢减小，迁出率急剧增大。

三角函数迁移率模型的迁入率和迁出率计算如下：

$$\begin{cases} \lambda_s = \dfrac{\lambda_{max}}{2}\left(\cos\dfrac{S\pi}{N} + 1\right) \\ \mu_s = \dfrac{\mu_{max}}{2}\left(-\cos\dfrac{S\pi}{N} + 1\right) \end{cases} \tag{2-19}$$

此时，λ_s 与 μ_s 为 S 的三角函数。三角函数更适合描述自然界中栖息地的变化情况，能够刻画物种的流动、进化、种群数目等重要因素。当栖息地物种数量较大或较小时，迁入率和迁出率均从各自的极值处开始缓慢改变；当栖息地物种数目为中等时，迁移率从平衡值开始急剧变化，该过程表示栖息地通常需要较长的时间来达到物种数目的平衡。

此外，自然灾害等突发情况也会导致物种的分布出现剧烈变动，影响迁入与迁出的变化规律。下面对生物地理学分布模型进行数学分析。

令 p_s 表示栖息地包含 S 个物种的概率，从时刻 t 到时刻 $t + \Delta t$，p_s 的变化情况表示为：

$$p_s(t + \Delta t) = p_s(t)(1 - \lambda_s \Delta t - \mu_s \Delta t) + p_{s-1}\lambda_{s-1}\Delta t + p_{s+1}\mu_{s+1}\Delta t \tag{2-20}$$

式中，λ_s 和 μ_s 表示物种数量为 S 时的迁入率和迁出率。式（2-20）表明，某栖息地若要在时刻 $t+\Delta t$ 容纳 S 个物种，必须满足以下三个条件之一（对应式中的三项）：

1）在时刻 t 栖息地含有 S 个物种，且时刻 t 到 $t+\Delta t$ 时刻期间物种无迁入和迁出。
2）在时刻 t 栖息地含有 $S-1$ 个物种，且仅有 1 个物种迁入。
3）在时刻 t 栖息地含有 $S+1$ 个物种，且仅有 1 个物种迁出。

这里假定 Δt 极小，多于 1 个物种的迁入可以忽略不计。对式（2-20）求导，令 $\Delta t \to 0$ 可以得到：

$$\tilde{p}_s = -(\lambda_s + \mu_s)p_s + \lambda_{s-1}p_{s-1} + \mu_{s+1}p_{s+1}, 0 < S < S_{\max} \tag{2-21}$$

当 $S=0$ 时，迁移后 $\tilde{p}_s = -(\lambda_s + \mu_s)p_s + \mu_{s+1}p_{s+1}$，当 $S=S_{\max}$ 时，$\tilde{p}_s = -(\lambda_s + \mu_s)p_s + \lambda_{s-1}p_{s-1}$。

上述过程客观地描述了栖息地的动态变化过程，关于该过程的更多细节可以参阅参考文献 [36] 与参考文献 [37]。

生物地理学优化算法正是受生物地理学相关理论启发产生的一种元启发式算法。与其他元启发式算法类似，生物地理学优化是一种基于种群的算法，它将问题的每个解都视为一个栖息地，将解的适应度视为栖息地的适宜度指数，解的每个分量则是一个适宜度变量。种群的演化是通过物种在地理上的迁移和变异等优化策略来完成的，通过种群的这种演化过程实现优化问题的求解。

2.3.2 优化策略

在生物地理学优化算法中，定义栖息地 $x_i \in \mathbb{R}^L$ 为特定优化问题的一个可行解。向量的每一个维度代表一个适宜度变量（SIV），例如，x_i 中的第 j 个 SIV 为 $x_{i,j}$，其取值由问题的约束条件来决定，如 SIV $\in C$。适宜度指数（HSI）是衡量可行解优劣的指标，即 HSI：$x_i \to \mathbb{R}^L$，对应于其他优化算法中的适应度。假设一个生态系统内包含 N 个栖息地 $X \in \mathbb{R}^{N \times L}$，生物地理学优化算法通过不断修改栖息地 X 实现种群的更新。栖息地进化的核心是迁移操作和变异操作，下面将分别介绍这两个操作的具体过程。

1. 迁移操作

生物地理学优化算法中，优化问题的解为一个栖息地，解的适应度反映了栖息地的物种数目：适应度高的栖息地内物种越多，此栖息地的迁出率高、迁入率低；适应度低的栖息地内物种越少，此栖息地的迁出率低、迁入率高。

（1）基本迁移操作

迁移操作旨在通过物种迁移在不同的栖息地之间共享信息。在问题求解过程中，迁移对应于在不同的解之间共享信息，使得较好的解能够把信息分享给其他解，较差的解能够从其他解中接收信息。迁移操作的实现过程如下：在每次迭代中，设种群中每个解 x_i 的迁入率和迁出率分别为 λ_i 和 μ_i，对其每个分量执行迁入操作，即以 λ_i 的概率将该分量的值修改为其他值。如果满足迁入条件，则以迁出率 μ_j 的概率从种群中选择一个迁出解 x_j，用 x_j 对应位置的分量替换 x_i 的当前分量。上述过程重复进行，当遍历 x_i 的所有分量后，

产生一个新的解 x_i'。此时，分别计算 x_i 与 x_i' 的 HSI，将 HSI 更高的解保留在种群中。基于迁出率 μ_j 从种群中选出其他栖息地 x_j 的方法较为灵活，例如可以通过轮盘赌的方法来实现。

（2）其他迁移操作

参考文献 [38] 提出了一种混合型生物地理学优化算法，用于求解有约束的优化问题。在迁移步骤中，该算法将原始的迁移操作修改为一种混合迁移操作。具体地，对于解 x_i，其迁移操作表示为：

$$x_{i,j}' = \alpha x_{i,j} + (1-\alpha)x_{k,j} \tag{2-22}$$

式中，$\alpha \in [0,1]$，当 $\alpha = 0$ 时，混合迁移操作退化为原始的迁移操作。混合迁移操作将当前解自身的特征与迁出解的特征进行线性组合，可以在迁移操作中实现信息交互，促使较差解通过吸收较优解的特征来提高解的质量。此外，混合迁移操作还能避免较优解受迁移影响而导致质量下降的现象。

2. 变异操作

在自然界，灾难性事件（疾病、自然灾害等）可以极大地改变自然栖息地的 HSI，使得物种的数目偏离生态系统的稳定值。生物地理学优化算法将这种变化建模为 SIV 突变，并使用物种数量的概率来确定突变率。通过观察图 2-14 可以发现，低物种数目和高物种数目的概率都较低。中等物种数目更接近于平衡点，其概率较高。

在变异操作之前，生物地理学优化算法为种群中的每个个体（解）x_i 赋予一个概率，用来表示将该个体作为最优解的可能性。高 HSI 与低 HSI 解的概率较小，中等 HSI 解的概率较大。若解 S 的概率 p_s 很低，将其作为问题的最优解不合理，那么它变异为其他解的概率较高；反之，若解 S 的概率 p_s 很高，则它突变为其他解的概率就比较低。因此，生物地理学优化算法将突变过程中解的变异率设置为与解的概率成反比：

$$\omega_s = \omega_{\max}\left(\frac{1-p_s}{p_{\max}}\right) \tag{2-23}$$

式中，ω_s 表示变异率；$\omega_{\max}$ 为人为设定的超参数。

值得注意的是，生物地理学优化算法中的变异操作能够增加种群的多样性。如果没有变异过程，高概率的解将在种群中占据主导地位。一方面，变异过程让适应度较高的解发生变异，从而避免其持续占据主导而导致早熟收敛；另一方面，适应度较低的解发生变异能够使其有机会提高适应度，产生效果更好的解。同时，为了避免变异对最优解的破坏，可以在优化过程中对最优解的栖息地特征进行备份，以便在需要的时候进行恢复。

3. 算法流程

结合迁移与变异操作，生物地理学优化算法的算法流程如图 2-15 所示，其核心步骤如下：

步骤1：随机生成待求解问题的一组解，构成初始种群。
步骤2：计算种群中各个解的适应度指标。
步骤3：计算解的迁入率 λ、迁出率 μ，基于迁入率与迁出率，执行迁移操作。
步骤4：计算变异率 ω，基于变异率，执行变异操作。
步骤5：更新当前已找到的最优解 x^*，若 x^* 不在当前种群中，则将其加入种群。
步骤6：计算种群中各个解的适应度指标。
步骤7：若不满足终止条件，转步骤3；若满足终止条件，算法结束，返回最优解 x^*。

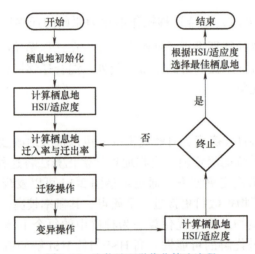

图 2-15　生物地理学优化算法流程

除上述基本流程外，学者们在生物地理学优化算法中进一步融入了精英策略，即通过迁移操作直接生成新的解，并将较优的一个解保留在种群中，而非仅对现有解进行修改。具体地，栖息地 x_s 迁入率和迁出率的公式变为如下形式：

$$\begin{cases} \lambda_s = \dfrac{f_{\max} - f(x_s)}{f_{\max} - f_{\min}} \lambda_{\max} \\ \mu_s = \dfrac{f(x_s) - f_{\min}}{f_{\max} - f_{\min}} \mu_{\max} \end{cases} \quad (2\text{-}24)$$

式中，$f_{\max}$ 与 $f_{\min}$ 分别表示当前种群中适应度的最大值和最小值。

在实际运用生物地理学优化算法进行求解时，建议的参数设置如下：种群大小 $N=50$，最大迁移率 $\mu_{\max} = \lambda_{\max} = 1$，最大变异率 $\omega_{\max} = 0.01$。当然，具体问题中最适合的参数还需通过实验来进一步调整得到。

4. 生态地理学优化

生物地理学优化算法是一种基于全局拓扑结构的优化算法，它假定任意两个栖息地之间均可能存在物种的迁移。然而，这一假设容易让算法陷入局部最优，从而影响求解效果。有学者尝试引入局部拓扑结构来改进生物地理学优化算法。图 2-16 给出了全局拓扑结构与局部拓扑结构的差异：将每个栖息地视为一个节点，潜在的迁移路线视为边，全局拓扑结构中的目标栖息地能够收到来自其他所有栖息地的信息，而局部拓扑结构中的目标栖息地仅能收到其相邻栖息地的信息。常见的局部结构包括矩阵结构、环形结构、随机结构等。下面介绍一种融合了全局与局部拓扑信息的生态地理学优化（Ecogeography Based Optimization，EBO）算法。

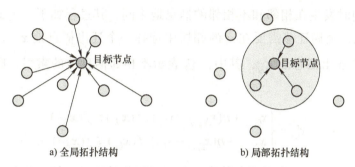

图 2-16　生物地理学中的全局拓扑结构与局部拓扑结构

该算法认为物种的迁移不仅取决于栖息地内部物种的多样性，还取决于外部的生态阻隔。迁移的成功与否不仅取决于迁入物种，还取决于栖息地原有生态系统对迁入物种的阻抗。该算法根据生态地理学的研究，将栖息地之间潜在的迁移路线依据阻隔程度分为以下三类：

1）廊道（Corridor）：代表平原等极易迁移的路线，迁移过程畅通，几乎不会受到阻隔；

2）滤道（Filter Bridge）：代表山川等有一定难度的迁移路线，有一部分生物能够通过并完成迁移。

3）险道（Sweepstakes Route）：代表海峡等极难的迁移路线，仅有极少的生物才能顺利通过。

阻隔程度的差异影响了迁移路线所连栖息地的物种相似性。廊道连接的栖息地之间物种相似性极高，滤道连接栖息地之间的物种相似性中等，而险道连接的栖息地之间物种相似性极低。当物种迁移到一个新的栖息地时，若该栖息地的生态系统不成熟，同时物种对该栖息地的适应度高，则物种将会快速繁衍。而如果该栖息地的生态系统成熟，则栖息地的原有物种会与迁入物种展开竞争，为物种的迁入带来一定的阻抗。最后，原物种与迁入物种将呈现共存状态，或某物种竞争失败而趋于灭绝。

基于上述思想，生态地理学优化算法定义了两种不同的迁移方式：局部迁移和全局迁移，既允许相邻栖息地之间的迁移，也允许不相邻栖息地之间的迁移。然而，局部迁移与全局迁移之间的难度不同，因此，相邻栖息地之间的迁移路径被建模为廊道，而不相邻栖息地之间的迁移路径则被视为滤道或险道。

局部迁移仅发生在相邻的栖息地之间，其过程如下：令 x_i 为迁入的栖息地，对于第 j 维，在 x_i 的邻居中按迁出率选择一个迁出栖息地 $x_{\mathcal{N}_k}$，其中，$\mathcal{N}_k$ 代表邻居栖息地的索引。则迁移过程表示如下：

$$x'_{i,j} = x_{i,j} + \alpha(x_{\mathcal{N}_k,j} - x_{i,j}) \tag{2-25}$$

式中，$\alpha \in [0,1]$ 为进化动力系数；$x_{\mathcal{N}_k,j} - x_{i,j}$ 描述了两个栖息地之间的生态差异，可以用它来代表两个栖息地之间的物种竞争。α 和 $x_{\mathcal{N}_k,j} - x_{i,j}$ 越大，邻居栖息地 $x_{\mathcal{N}_k}$ 对目标栖息地 x_i 影响越大。$\alpha = 0$ 时，迁移对物种更新无影响；$\alpha = 1$ 时，此时不考虑生态差异的局部迁移操作。

全局迁移同时发生在相邻和不相邻的栖息地之间，其过程如下：令 x_i 为迁入的栖息地，对于第 j 维，全局迁移需要在 x_i 的邻居中选择一个迁出栖息地 $x_{\mathcal{N}_k}$，在不相邻的栖息地中选择一个迁出栖息地 $x_{\mathcal{G}_k}$，其中，$\mathcal{G}_k$ 表示不相邻栖息地的索引，则迁移过程表示如下：

$$x'_{i,j} = \begin{cases} x_{\mathcal{G}_k,j} + \eta(x_{\mathcal{N}_k,j} - x_{i,j}), f(x_{\mathcal{G}_k}) > f(x_{\mathcal{N}_k}) \\ x_{\mathcal{N}_k,j} + \eta(x_{\mathcal{G}_k,j} - x_{i,j}), f(x_{\mathcal{G}_k}) \leq f(x_{\mathcal{N}_k}) \end{cases} \tag{2-26}$$

式中，f 为适应度函数；η 表示不成熟度。全局迁移依赖于两个栖息地的协作，从中选择一个栖息地作为主要迁入栖息地，剩余的为次要迁入栖息地，选择的准则为栖息地的适应度值。主要栖息地在迁移过程中占据主导，次要栖息地要与原栖息地之间进行物种竞争。

在每一次迁移中，选择局部迁移还是全局迁移是通过不成熟度 η 来进行控制的。具体地，单次迁移有 η 的概率执行全局迁移，有 $1-\eta$ 的概率执行局部迁移。η 值能够在算法进行的过程中进行动态调整。算法初始阶段，生态系统的成熟度较低，全局迁移占据主导地位。将 η 值设置为随算法进行而逐渐递减，符合进化算法在早期倾向于全局探索，而在后期倾向于局部探索的原则。

结合局部与全局迁移策略，生态地理学优化算法的主要步骤如下：

步骤 1：随机生成问题的初始解，计算其适应度，初始化不成熟度 η。

步骤 2：计算每个解的迁入率 λ 和迁出率 μ。

步骤 3：对于单个解 x_i，执行如下操作。

  步骤 3.1：复制 x_i，记为 x'_i。

  步骤 3.2：对 x_i 的单一维度 $x_{i,j}$，执行如下操作。

    步骤 3.2.1：生成一个随机数，若 $\text{rand}[0,1] < \lambda_i$，按迁出率选择相邻栖息地 $x_{\mathcal{N}_k}$。

    步骤 3.2.2：生成一个随机数，若 $\text{rand}[0,1] > \eta$，执行局部迁移操作。

    步骤 3.2.3：否则，按迁出率选择不相邻的栖息地 $x_{\mathcal{G}_k}$，执行全局迁移操作。

  步骤 3.3：计算迁移后 x'_i 的适应度，比较 x'_i 与 x_i 的适应度值，将较优的保留在种群中。

步骤 4：更新 η 值。

步骤 5：如果满足终止条件，算法结束，返回当前最优解；否则，转步骤 2。

2.3.3 典型问题求解案例

例题 2-3 利用生物地理学优化算法求下列非线性函数的极小值

$$y(x) = x - 5\sin(x) + 20\cos(x), -6 \leqslant x \leqslant 6$$

解：目标函数曲线与通过生物地理学优化算法得到的极小值如图 2-17 所示。生物地理学优化算法中目标函数的收敛曲线如图 2-18 所示。下面详细列出求解过程。

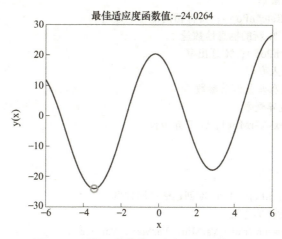

图 2-17 目标函数曲线和求得的极小值结果

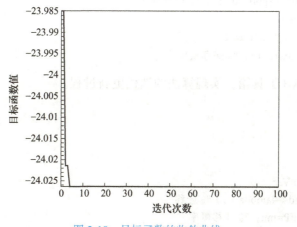

图 2-18 目标函数的收敛曲线

共选取 100 个样本，由下述命令生成：

>> x = linspace（-6，6，100）；% 生成横坐标值
>> y = x – 5 * sin（x）+ 20 * cos（x）；% 计算纵坐标值

1）利用 MATLAB 工具箱，实现生物地理学优化（BBO）算法的参数初始化。

```
CostFunction=@(x)x-5*sin(x)+20*cos(x); % 成本函数
nVar=1; % 决策变量数量
VarSize=[1 nVar]; % 决策变量矩阵大小
VarMin=-6; % 决策变量下界
VarMax=6; % 决策变量上界
%% BBO 参数
MaxIt=100; % 最大迭代次数
nPop=50; % 栖息地数量（种群大小）
KeepRate=0.2; % 保留率
nKeep=round(KeepRate*nPop); % 保留的栖息地数量
nNew=nPop-nKeep; % 新的栖息地数量
mu=linspace(1,0,nPop); % 迁出率
lambda=1-mu; % 迁入率
alpha=0.9; % 定义迁移步长调节参数
pMutation=0.1; % 变异概率
sigma=0.02*(VarMax-VarMin); % 变异步长
%% 初始化
habitat.Position=[];
habitat.Cost=[];
pop=repmat(habitat,nPop,1); % 创建栖息地数组
for i=1:nPop % 初始化栖息地
    pop(i).Position=unifrnd(VarMin,VarMax,VarSize);
    pop(i).Cost=CostFunction(pop(i).Position);
end
[~,SortOrder]=sort([pop.Cost]); % 种群排序
pop=pop(SortOrder);
BestSol=pop(1); % 初始化最佳解
BestCost=zeros(MaxIt,1); % 保存最优代价
```

2）利用 MATLAB 工具箱，实现算法的迭代更新过程。

```
%% BBO 主循环
for it=1:MaxIt
    newpop=pop;
    for i=1:nPop
        for k=1:nVar
            if rand<=lambda(i) % 迁移
                EP=mu; % 迁移概率
                EP(i)=0;
                EP=EP/sum(EP); % 归一化迁移概率
                j=RouletteWheelSelection(EP); % 选择源栖息地
                % 迁移
                newpop(i).Position(k)=pop(i).Position(k)...
                    +alpha*(pop(j).Position(k)-pop(i).Position(k));
            end
            if rand<=pMutation % 变异
```

```
            newpop(i).Position(k)=newpop(i).Position(k)+sigma*randn;
        end
    end
    % 应用下界限制
    newpop(i).Position = max(newpop(i).Position, VarMin);
    % 应用上界限制
    newpop(i).Position = min(newpop(i).Position, VarMax);
    newpop(i).Cost=CostFunction(newpop(i).Position);  % 评估
end
[~, SortOrder]=sort([newpop.Cost]);  % 新种群排序
newpop=newpop(SortOrder);
pop=[pop(1: nKeep)
    newpop(1: nNew)];  % 选择下一代种群
[~, SortOrder]=sort([pop.Cost]);  % 排序种群
pop=pop(SortOrder);
BestSol=pop(1);  % 更新最优解
BestCost(it)=BestSol.Cost;  % 保存最优代价
end
```

3) 利用 MATLAB 工具箱，绘制函数曲线、极值点和适应度进化曲线。

```
figure;  % 创建图形窗口
plot(x, y, 'b-', 'LineWidth', 2);  % 绘制目标函数曲线
xlabel('x');          % 设置 x 轴标签
ylabel('y(x)');       % 设置 y 轴标签
% 绘制最优解
plot(BestSol.Position, BestSol.Cost, 'go', 'MarkerSize', 10, 'LineWidth', 2);
title(sprintf('最佳适应度函数值：%.4f', Bestcol.Cost));  % 设置图形标题
figure;  % 创建图形窗口
semilogy(BestSol.Cost, 'b-', 'LineWidth', 2);  % 绘制目标函数收敛曲线
xlabel('迭代次数');
ylabel('目标函数值');
```

2.3.4 前沿进展

近年来，生物地理学优化算法被成功应用于各类优化问题的求解。在组合优化问题求解中：参考文献[41]将量子计算的概念引入生物地理学优化算法中，用于求解背包问题。该方法基于多个量子概率模型，采用生物地理学算法中的迁移、变异等进化机制实现量子概率模型的更新，以获得更优异的解。参考文献[42]提出了对立生物地理学优化算法，利用两种不同的对立学习（Opposition Learning）方法来解决图着色问题与旅行商问题。在多目标优化问题求解中：参考文献[43]将生物地理学优化算法扩展到多目标优化场景中，该方法利用岛屿的自然聚类属性对问题进行分解，利用非支配排序方法提升算法的收敛性。在噪声优化问题求解中：参考文献[44]将生物地理学算法应用于适应度函数受随机噪声影响的优化问题。该算法采用马尔可夫模型分析了随机噪声的影响，随后引入

适应度重采样策略，多次评估每个候选解的适应度，并对结果进行平均，从而减少了噪声的影响。

生物地理学优化算法在工程实际问题中也取得了一定的进展。在图像分割领域：参考文献 [45] 针对模糊聚类方法在处理图像分割问题时存在的搜索能力不足、搜索效率低等缺点，提出了一种多种群的生物地理学优化算法。该方法将种群划分为三个不同的子种群（高水平、中水平和低水平），并针对每个子种群设计特定的进化策略。通过将多种群生物地理学优化与模糊聚类融合，能够有效地提升图像分割的性能。在生态环境领域：在含重金属的废水处理研究中，参考文献 [46] 利用生物地理学优化研究重金属去除效率和去除能耗的最佳条件，提出了一种融合人工神经网络与非支配排序生物地理优化估计方法。该方法将去除效率和去除能耗作为神经网络模型的输出，指导神经网络模型的训练，使用多目标生物地理优化算法估计去除效率和去除能耗这两个操作参数的最优值。

本章小结

本章介绍了三种基于进化规律的典型智能优化算法：遗传算法、差分进化算法、生物地理学优化算法。这三种算法都以种群为研究对象，利用种群的进化来实现优化问题的求解。

遗传算法是一种经典的元启发式算法。编码过程是遗传算法的基础，它决定了问题解的表示方式，也会影响遗传操作。常见的编码方式包括二进制编码与浮点数编码，编码方式的选择取决于问题的形式和实际需求。遗传操作的实现依赖于选择、交叉、变异这三个核心算子。选择算子用于从种群中选择适应度高的个体，直接复制到新种群，该过程主要基于适应度值来实现。交叉与变异算子用于产生新的个体，交叉过程通过交换两个个体的部分基因来产生新个体，而变异算子可直接修改个体特定位置的基因来产生新个体。遗传算法经历了长期的发展，产生了许多改进策略，例如，小生境算法为不同类别的生物引入多样化的生存环境，能够提高遗传算法的求解性能。此外，遗传算法与其他智能算法的结合也是该领域的主要研究方向之一。

差分进化算法是一种基于差分变异的元启发式算法，其基本过程与遗传算法相似，也采用变异、交叉、选择等过程。差分进化算法通常采用浮点数对个体进行编码，能够直接在表现型上进行后续的进化操作。在变异阶段，采用差分变量来产生变异向量，实现变异个体的生成。在交叉阶段，采用二项式交叉与指数交叉生成新个体。在选择阶段，采用"贪婪选择"策略，通过一对一的竞争来确定保留到下一代的个体。差分进化算法的近期研究集中在差分算子的改进、自适应参数选择策略的设计、算法并行化、新领域的应用等方面。

生物地理学优化算法是一种基于生物地理分布的优化算法，其核心操作是迁移与变异算子。迁移算子模拟了物种在不同栖息地之间的迁移，利用迁入率与迁出率来刻画物种数量的变化；变异算子则模拟了突发情况对物种数目的影响。迁移作为生物地理学优化算法的核心，许多后续算法在此基础上提出了改进策略。在生物地理学优化的基础上，生态地理学优化结合了局部结构与全局结构，进一步刻画了物种迁移的难度与物种之间的竞争，更符合自然界实际生态中物种的进化。

思考题与习题

2-1 简述种群、个体、适应度的概念。

2-2 简述二值编码与实值编码的区别,在遗传算法中它们适合什么类型的优化问题。

2-3 假设需要利用一个遗传算法来优化函数 $f(x)=x^2, x\in[0,63]$,试设计一个适应度函数来评估个体的适应度。

2-4 遗传算法中的选择、交叉和变异操作分别是如何实现的?

2-5 给定两个父代个体的染色体(用二进制表示):010101 和 100101,进行一次单点交叉和一次随机变异,试写出结果,假设交叉点在第三位,变异点在第二位。

2-6 遗传算法中的种群大小、交叉概率、变异概率等参数对算法的求解性能有何影响?

2-7 试采用遗传算法求解函数 $f(x)=x^2+1, -10\leqslant x\leqslant 10$ 的最小值,尝试多种编码方式和选择策略。

2-8 差分进化算法中的差分操作是如何实现的?它与遗传算法的交叉操作有何区别?

2-9 差分进化算法中的变异缩放因子和交叉概率各代表什么含义?它们对算法的性能有何影响?

2-10 差分进化中的二项式交叉与指数交叉有何异同?各自的优势是什么?

2-11 给定候选解向量 $x_1=(3, 9, 18, 27, 66)^T$,$x_2=(2, 4, 26, 32, 128)^T$,令交叉概率为 0.8,试通过二项式交叉计算新生成的解向量 x_{new},并描述其生成步骤。

2-12 试采用差分进化算法求解函数 $f(x)=x^2+3x-1$ 的最小值,假设种群大小为 20,变异缩放因子为 0.2,交叉概率为 0.8,最大迭代次数为 100。

1)描述差分进化算法求解的步骤。

2)描述根据以上参数设置执行一次差分进化算法迭代的过程。

2-13 简述生物地理学中的栖息地、适宜度的概念,与优化问题中哪些概念对应?

2-14 论述全局拓扑结构与局部拓扑结构下生物地理学优化算法的差异。

参考文献

[1] BAGLEY J D. The behavior of adaptive systems which employ genetic and correlation algorithms[D]. Ann Arbor:University of Michigan,1967.

[2] Holland J H. Adaptation in natural and artificial systems:an introductory analysis with applications to biology,control and artificial intelligence[M]. Ann Arbor:University of Michigan Press,1975.

[3] BOOKER L B,GOLDBERG D E,HOLLAND J H. Classifier systems and genetic algorithms[J]. Artificial Intelligence,1989,40(1-3):235-282.

[4] GOLDBERG,D E. Genetic algorithms in search, optimization and machine learning[M]. Boston:Addison-Wesley,1989.

[5] DAVIS L. Handbook of genetic algorithms[M]. London: Chapman and Hall, 1991.

[6] GOLDBERG D E, KORB B, DEB K. Messy genetic algorithms: motivation, analysis, and first results[J]. Complex Systems, 1989, 3(5): 493-530.

[7] DE JONG K A. An analysis of the behavior of a class of genetic adaptive systems[D]. Ann Arbor: University of Michigan, 1975.

[8] BACK T. The interaction of mutation rate, selection, and self-adaptation within a genetic algorithm[C]//The 2nd Conference of Parallel Problem Solving from Nature. Brussels: Elsevier Science Inc., 1992.

[9] BAKER, JAMES E. Reducing bias and inefficiency in the selection algorithm[C]// The 2nd International Conference on Genetic Algorithms and Their Applications (ICGA).Hillsdale: L. Erlbaum Associates, 1987.

[10] KIRKPATRICK S, GELATT JR C D, VECCHI M P. Optimization by simulated annealing[J]. Science, 1983, 220(4598): 671-680.

[11] SUN Y, XUE B, ZHANG M, et al. Automatically designing CNN architectures using the genetic algorithm for image classification[J]. IEEE Transactions on Cybernetics, 2020, 50(9): 3840-3854.

[12] WANG M Z, AI X H, QIN K H, et al. Traffic flow prediction model of BP neural network based on adaptive genetic algorithm optimization[J]. Advances in Applied Mathematics, 2020, 9(8): 1317-1326.

[13] STORN R, PRICE K. Differential evolution—a simple and efficient adaptive scheme for global optimization over continuous spaces[R]. Berkeley: International Computer Science Institute, 1995.

[14] PRICE K V. Differential evolution: a fast and simple numerical optimizer[C]//Proceedings of North American Fuzzy Information Processing.Berkeley: IEEE, 1996.

[15] STORN R, PRICE K. Differential evolution—a simple and efficient heuristic for global optimization over continuous spaces[J]. Journal of Global Optimization, 1997, 11: 341-359.

[16] RAHNAMAYAN S, TIZHOOSH H R, SALAMA M M A. A novel population initialization method for accelerating evolutionary algorithms[J]. Computers and Mathematics with Applications, 2007, 53(10): 1605-1614.

[17] OZER A B. CIDE: Chaotically initialized differential evolution[J]. Expert Systems with Applications, 2010, 37(6): 4632-4641.

[18] POIKOLAINEN I, NERI F, CARAFFINI F. Cluster-based population initialization for differential evolution frameworks[J]. Information Sciences, 2015, 297: 216-235.

[19] ALI M Z, AWAD N H, SUGANTHAN P N, REYNOLDS, R G. An adaptive multipopulation differential evolution with dynamic population reduction[J]. IEEE Transactions on Cybernetics, 2016, 47(9): 2768-2779.

[20] GONG W, CAI Z. Differential evolution with ranking-based mutation operators[J]. IEEE Transactions on Cybernetics, 2013, 43(6): 2066-2081.

[21] FAN Q, YAN X. Self-adaptive differential evolution algorithm with discrete mutation control parameters[J]. Expert Systems with Applications, 2015, 42(3): 1551-1572.

[22] ALI M Z, AWAD N H, SUGANTHAN P N. Multi-population differential evolution with balanced ensemble of mutation strategies for large-scale global optimization[J]. Applied Soft Computing, 2015, 33: 304-327.

[23] HAMZA N M, ESSAM D L, SARKER R A. Constraint consensus mutation-based differential evolution for constrained optimization[J]. IEEE Transactions on Evolutionary Computation, 2015, 20(3): 447-459.

[24] OPARA K, ARABAS J. Comparison of mutation strategies in differential evolution—a probabilistic perspective[J]. Swarm and Evolutionary Computation, 2018, 39: 53-69.

[25] PRABHA S, YADAV R. Differential evolution with biological-based mutation operator[J]. Engineering Science and Technology, an International Journal, 2020, 23 (2): 253-263.

[26] GUO S M, YANG C C. Enhancing differential evolution utilizing eigenvector-based crossover operator[J]. IEEE Transactions on Evolutionary Computation, 2014, 19 (1): 31-49.

[27] CAI Y, WANG J. Differential evolution with hybrid linkage crossover[J]. Information Sciences, 2015, 320: 244-287.

[28] FISTER I, TEPEH A, FISTER JR I. Epistatic arithmetic crossover based on Cartesian graph product in ensemble differential evolution[J]. Applied Mathematics and Computation, 2016, 283: 181-194.

[29] ALSWAITTI M, ALBUGHDADI M, ISA N A M. Variance-based differential evolution algorithm with an optional crossover for data clustering[J]. Applied Soft Computing, 2019, 80: 1-17.

[30] MARČIČ T, ŠTUMBERGER B, ŠTUMBERGER G. Differential-evolution-based parameter identification of a line-start IPM synchronous motor[J]. IEEE Transactions on Industrial Electronics, 2014, 61 (11): 5921-5929.

[31] WANG Y, FILIPPINI M, BACCO G, et al. Parametric design and optimization of mmagnetic gears with differential evolution method[J]. IEEE Transactions on Industry Applications, 2019, 55 (4): 3445-3452.

[32] NADIMI-SHAHRAKI M H, TAGHIAN S, MIRJALILI S, et al. MTDE: an effective multi-trial vector-based differential evolution algorithm and its applications for engineering design problems[J]. Applied Soft Computing, 2020, 97: 106761.

[33] BISWAS P P, SUGANTHAN P N, WU G, et al. Parameter estimation of solar cells using datasheet information with the application of an adaptive differential evolution algorithm[J]. Renewable Energy, 2019, 132: 425-438.

[34] SARKAR S, DAS S. Multilevel image thresholding based on 2D histogram and maximum Tsallis entropy—a differential evolution approach[J]. IEEE Transactions on Image Processing, 2013, 22 (12): 4788-4797.

[35] ZUO M, DAI G, PENG L, et al. A case learning-based differential evolution algorithm for global optimization of interplanetary trajectory design[J]. Applied Soft Computing, 2020, 94: 106451.

[36] SIMON D. Biogeography-based optimization[J]. IEEE Transactions on Evolutionary Computation, 2008, 12 (6): 702-713.

[37] MA H. An analysis of the equilibrium of migration models for biogeography-based optimization[J]. Information Sciences, 2010, 180 (18): 3444-3464.

[38] MA H, SIMON D. Blended biogeography-based optimization for constrained optimization[J]. Engineering Applications of Artificial Intelligence, 2011, 24 (3): 517-525.

[39] ZHENG Y J, LING H F, WU X B, et al. Localized biogeography-based optimization[J]. Soft Computing, 2014, 18: 2323-2334.

[40] ZHENG Y J, LING H F, XUE J Y. Ecogeography-based optimization: enhancing biogeography-based optimization with ecogeographic barriers and differentiations[J]. Computers and Operations Research, 2014, 50: 115-127.

[41] TAN L, GUO L. Quantum and biogeography based optimization for a class of combinatorial optimization[C]//Proceedings of the 1st ACM/SIGEVO Summit on Genetic and Evolutionary Computation. New York: ACM, 2009.

[42] ERGEZER M, SIMON D. Oppositional biogeography-based optimization for combinatorial

problems[C]//2011 IEEE Congress of Evolutionary Computation(CEC). New Orlearns: IEEE, 2011.

[43] MA H P, RUAN X Y, PAN Z X. Handling multiple objectives with biogeography-based optimization[J]. International Journal of Automation and Computing, 2012, 9(1): 30-36.

[44] MA H, FEI M, SIMON D, et al. Biogeography-based optimization in noisy environments[J]. Transactions of the Institute of Measurement and Control, 2015, 37(2): 190-204.

[45] ZHANG X, WEN S, WANG D. Multi-population biogeography-based optimization algorithm and its application to image segmentation[J]. Applied Soft Computing, 2022, 124: 109005.

[46] JAIN A, RAI S, SRINIVAS R, et al. Bioinspired modeling and biogeography-based optimization of electrocoagulation parameters for enhanced heavy metal removal[J]. Journal of Cleaner Production, 2022, 338: 130622.

第 3 章 基于物理原理的智能优化算法

导读

物理原理是人类通过长期观察、实验和理论推导得出的一些自然规律，它们不仅科学地描述了物体运动、能量转换、物质性质等过程和现象，而且为智能优化算法的诞生提供了丰富的灵感来源，促进了人工智能相关技术的进步和发展。本章从固体物质退火、万有引力和量子力学等物理原理出发，重点探讨三种具有代表性的智能优化算法：模拟退火算法、引力搜索算法和量子近似优化算法。其中，模拟退火算法借鉴了物质在熔化和冷却过程中遵循的热力学原理，通过模拟这一自然过程来寻找优化问题的最优解；引力搜索算法通过模拟天体之间的引力相互作用来完成在解空间中的全局搜索；量子近似优化算法将量子力学中的量子叠加和量子并行性等操作与解的优化相结合来实现对复杂问题的高效求解。本章首先从算法原理、优化策略、算法流程三方面分别对三种算法进行了深入解析，然后结合典型优化问题的求解分别给出了相应算法的一个求解案例，最后概述了三种算法近年来的前沿进展。

本章知识点

- 模拟退火算法
- 引力搜索算法
- 量子近似优化算法

3.1 模拟退火算法

模拟退火（Simulated Annealing，SA）是一种用于解决组合优化问题的元启发式算法，它的灵感来源于物理学中的退火过程。在冶金学中，退火是指将固体材料加热至一定温度后，再缓慢冷却至环境温度的过程，该过程有助于增加材料的延展性并减少硬度，从而提高材料的整体性能。模拟退火算法通过模拟该过程中的退火原理来解决优化问题。

模拟退火算法最早的思想是由 Metropolis 等人于 1953 年提出，基于固体物质的退火过程，他们提出了一种重要性采样方法，即以概率而不是完全确定的规则来接受新状态，这就是 Metropolis 准则，该准则奠定了模拟退火算法的理论基础。1983 年，Kirkpatrick

等人受其启发,首次将这一物理过程应用于解决旅行商问题,并提出了模拟退火算法。模拟退火算法因其简单而有效,应用领域不断拓展,成功应用于如旅行商问题、调度问题、集成电路设计、密码学中的优化问题、机器学习中的参数优化等问题求解中。本节将详细介绍模拟退火算法的基本原理、优化策略、算法流程以及典型问题求解案例。

3.1.1 算法原理

模拟退火算法的核心原理是模拟物理系统中的固体退火降温过程。物理退火是指将一个固体加热到高温熔化状态,使其粒子能够自由移动,然后再通过缓慢冷却使其凝固成规整晶体的热力学过程。如图 3-1 所示,退火包括三个基本步骤:加热过程、等温过程、冷却过程。

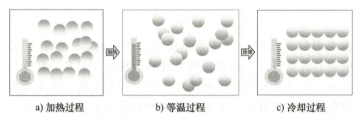

图 3-1 物理退火过程的三个阶段

1)加热过程:加热过程中,固体材料内部的粒子变得活跃,热运动不断增强,能量不断提高,粒子逐渐偏离平衡位置。当温度足够高时,固体将熔为液体,从而消除系统原先存在的非均匀状态。

2)等温过程:当温度升至熔解温度后,材料的所有部分均达到相同的高温状态,成为与周围环境交换热量而温度不变的封闭系统。系统状态的自发变化总是朝着自由能减少的方向进行,当自由能达到最小时,系统达到平衡状态。

3)冷却过程:在缓慢冷却过程中,粒子热运动减弱,逐渐失去能量,并在能量最低的状态下重新排列,形成规整的晶体结构,达到固体材料的低能稳定状态。

基于以上原理,模拟退火算法在解决优化问题时的关键要素与物理退火过程涉及的概念之间的关系见表 3-1。

表 3-1 模拟退火算法和物理退火过程的对应关系

模拟退火算法	物理退火过程
问题的解空间	物理系统的状态
问题的一个解	物理系统中的一个状态
目标函数	能量
解的代价(质量)	状态的能量
最优解	能量的最低状态
设定初值	加热过程
Metropolis 抽样过程	等温过程
控制参数的下降	冷却过程

（续）

模拟退火算法	物理退火过程
控制参数	温度
解在邻域的变化	状态的转移
解的接受概率	粒子的迁移率

例如，能量对应目标函数，加热过程相当于对算法设定初值，等温过程对应算法的 Metropolis 抽样过程，冷却过程对应控制参数的下降等。优化问题的求解目标是通过控制"温度"参数来逐步达到系统的最低能量状态，即问题的最优解。

接下来，将详细介绍模拟退火算法中的目标函数、初始状态与温度设定、邻域搜索与新解生成、接受概率等关键要素。

1. 目标函数

一般的优化问题都需要定义一个目标函数 $f(x)$，该函数用于评估优化过程中候选解 x 的质量。目标函数的具体形式取决于待解决的具体问题，不同类型的问题具有不同的目标函数定义。例如，对于旅行商问题，目标函数通常表示为路径的总长度；对于图着色问题，目标函数通常表示为图的染色方案的质量。

在物理退火过程中，系统的能量状态是决定系统稳定性的关键因素，低能量状态通常意味着系统更加稳定。模拟退火算法中的目标函数 $f(x)$ 对应于物理系统的能量状态变化，用于评价当前解 x 的优劣。也就是说，目标函数的值表示系统所处的能量状态，优化目标是找到使目标函数 $f(x)$ 最小化（或最大化）的解。通过逐步调整解 x，模拟退火算法使得 $f(x)$ 趋于最小或最大，从而找到最优解或近似最优解（对应能量最低的状态）。

2. 初始状态与温度设定

在给定的目标函数下，模拟退火算法从一个具有较高温度的初始解开始进行优化，该部分对应于物理退火的加热过程。

1）初始解 x_0 代表问题的初始状态，可以随机生成，也可以通过其他元启发式方法得到。一般来说，初始解的好坏会影响算法的收敛速度和最终结果的质量。选择初始解时应避免算法过早收敛到局部最优。

2）初始温度 T_0 应设置得足够高，使得算法在初始阶段能够接受较大的解变动，从而避免陷入局部最优。针对具体问题，通常初始温度需要经过调试，调整至适当的高温，从而保证算法的有效性。

3. 邻域搜索与新解生成

邻域搜索是指在每个温度下，通过在当前解的邻域中随机选择一个新解来探索其解空间，该部分对应于物理退火的冷却过程。

1）针对具体问题定义解的邻域，例如在旅行商问题中，邻域可以定义为交换两个城市位置后的新解。邻域范围应足够大，以保证对解空间的充分探索，但也不宜过大，否则计算开销过大会影响算法的效率。比较合理的方式是在搜索初期使用较大的邻域范围，随着迭代的进行，逐渐减小邻域范围，从而平衡勘探和利用。

2）通过随机选择或者扰动方式生成新解。随机选择即在当前解 x 的邻域中随机选择一个新解 x'。扰动方式则根据问题特性设计合理的扰动方式，以跳出局部最优解并探索更广阔的解空间。

4. 接受概率

新解的接受与否由接受概率决定，接受概率基于 Metropolis 准则，该准则允许在一定概率下接受较差的解，以便逃离局部最优，该部分对应于物理退火的等温过程。接受概率为：

$$P = \exp\left(\frac{f(x) - f(x')}{T}\right) \tag{3-1}$$

式中，$f(x)$ 和 $f(x')$ 分别是当前解和新解的目标函数值；T 是当前温度；exp 为指数函数。在求解函数极小值问题中，若 $f(x') < f(x)$，则无条件接受新解；若 $f(x') \geq f(x)$，则以概率 P 接受新解。

5. 最优化过程展示

图 3-2 展示了模拟退火算法解决函数极小值优化问题的过程。假设从 A 点开始进行贪心算法搜索，到达 B 点时陷入了局部最优。模拟退火算法在搜索到局部最小值 B 后，会以一定的概率向右试探搜索。经过多次接受非局部最优的搜索后会越过 B 和 C 之间的峰点，从而跳出局部最小值 B，并通过进一步的优化最终到达全局最小值 C。

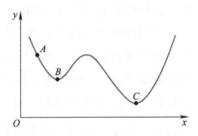

图 3-2　模拟退火算法优化过程示意图

3.1.2　优化策略

模拟退火算法简单有效，能够用于求解复杂的非线性优化问题。但是，也存在收敛速度慢、算法性能受初始值影响大、参数难以控制等问题，这在一定程度上影响了算法的精确性和可靠性。因此，通常需要做进一步的降温策略、接受准则等优化。

1. 降温策略

在模拟退火算法中，温度参数是控制算法搜索过程中随机性程度的关键因素，其优化策略对算法的性能有着决定性作用。合适的降温策略能够有效地平衡勘探和利用，避免算法陷入局部最优，同时促进算法收敛到全局最优解。以下是一些常见的降温策略。

（1）线性降温

线性降温是最直观的降温方式，它将温度以固定的量逐步降低。通常情况下，初始温度设定较高，以便算法在早期阶段能充分探索解空间，随着迭代的进行，温度逐渐降低，减小接受较差解的概率，使算法逐步聚焦于当前解的局部区域，进行精细搜索。

典型的线性降温形式为：

$$T_{k+1} = T_k - \alpha \tag{3-2}$$

式中，k 代表迭代次数；T_k 代表第 k 次迭代时的温度；α 为固定的衰减步长。步长 α 应该根据问题的特性和解空间的大小来选择。较小的步长意味着温度降低得更缓慢，搜索过程更加细致，但可能需要更多的迭代次数。

线性降温的优点是实现简单，只需要设置一个固定的降温速率，且能够保证温度均匀地降低；缺点是固定的降温速率可能不适应所有问题，对于一些复杂问题，可能需要更灵活的降温策略来适应不同的搜索阶段，如果降温过快可能导致错过最优解，降温过慢则可能导致算法计算效率低下。

（2）指数降温

指数降温通过每次将温度乘以一个固定比例（小于 1 的常数）来降低温度，这种方式可以让温度在初始阶段较快地降低，而在后期则保证温度不会过快地降到零，从而允许算法有更多的机会进行局部探索。

典型的指数降温形式为：

$$T_{k+1} = \alpha T_k \tag{3-3}$$

式中，$\alpha \in (0,1)$ 为衰减系数，通常在 0.8～0.99 之间选择。

指数降温的优点是降温速度平滑，适应性强；缺点是算法的最终结果很大程度上依赖于衰减系数的合理选择，如果降温过快，可能导致算法过早收敛到局部最优解，而降温过慢，则会延长搜索时间，降低效率。

（3）对数降温

对数降温使温度按照对数方式递减，旨在提供一种温度在初期快速下降但很快稳定下来的降温方式，这种方式特别适合于那些需要在达到一定迭代次数后仍旧保持一定程度全局探索能力的优化问题。

典型的对数降温形式为：

$$T_{k+1} = T_k / \log(k+1) \tag{3-4}$$

式中，k 为迭代次数。这种方式在初期衰减较快，后期逐渐减慢，有利于稳定收敛。

对数降温的优点是在迭代的后期可以保持较高的温度，允许算法从局部最优解中逃逸，并且，温度降低初期快后期慢，适合复杂问题求解；缺点是对数函数的选择和参数设置复杂，需要根据具体问题合理调整。

总的来说，选择哪种降温策略应根据具体问题的性质和需求来定。通常，指数降温因其灵活性和效率被广泛使用。对于特别复杂或需要在优化过程后期维持探索能力的问题，对数降温是较好的选择。在实际应用中，经常需要通过试验来调整降温参数，以达到最好的优化效果。

2. 接受准则优化策略

模拟退火算法的接受准则采用 Metropolis 准则，即如果新解的能量（目标函数值）低于当前解，则总是被接受；如果新解的能量高于当前解，则以一定的概率被接受，概率 P 见式（3-1）。这种准则允许算法在一定概率下接受劣解，且这个概率随着温度的降低和解的劣化程度而降低。即在初期（温度较高时）允许算法有较大的自由度探索解空间，以避免陷入局部最优；随着温度的降低，算法逐渐减少接受劣解的概率，进行趋于稳定的精细搜索。

虽然基本的 Metropolis 准则已经相当有效，但根据不同的应用需求，接受准则可以进一步优化，常用的三种优化策略如下：

1）自适应接受准则：根据算法的迭代进度动态调整接受准则，比如在迭代初期设置一个较高的初始接受概率，随着迭代的进行逐渐降低这个概率。

2）扩展 Metropolis 准则：引入一个额外的调节参数 β（通常与温度 T 相关），使准则变为 $P = \exp(\beta(f(x) - f(x'))/T)$。通过调整 β，可以更精细地控制劣解的接受概率。

3）阈值接受准则：设置一个阈值 Δ_{max}，只有当 $f(x') - f(x) < \Delta_{max}$ 时才考虑接受劣解。这个阈值可以随着温度或迭代次数的变化而动态调整，用于更精确地控制搜索过程。

综上，模拟退火算法的接受准则是算法设计中的核心部分，合理设计接受准则能够显著提高算法的全局搜索能力和效率，更好地解决优化问题。在不同的应用场景中，根据具体问题特性调整接受准则，可以达到更优的搜索效果。

3.1.3 算法流程

以求目标函数极小值为例，给出模拟退火算法的基本流程如图 3-3 所示，它包含了以下几个关键步骤：

步骤 1：输入和评估初始解。初始解可以随机生成或者基于某种启发式算法得到。评估初始解是指计算初始解的目标函数值，确定其质量。

步骤 2：估计初始温度。初始温度可以通过调试确定，以确保系统有一定概率接受较差的解。

步骤 3：生成并评估新解。通过当前解的随机扰动生成新的解，并计算新解的目标函数值进行评估。

步骤 4：判断是否接受新解。如果新解比当前解好（即目标函数值更低），则总是接受新解。如果新解较差，则根据接受准则以一定的概率接受新解。

步骤 5：更新存储值。如果新解被接受，更新当前解及其目标函数值；如果有必要，还可以更新最优解及其目标函数值。

步骤 6：调整温度。在每次迭代或一定数量的迭代后，温度会降低，根据降温策略进行冷却。

步骤 7：判断算法是否满足停止条件。停止条件可以是达到了最小温度，或者在一定数量的迭代后性能没有提升，或者运行时间达到设定值。

步骤 8：输出最优解。如果满足停止条件，则算法终止，输出当前最优解。不满足停止条件，则回到步骤 3 进行迭代。

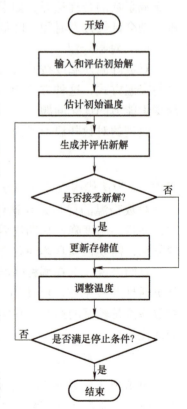

图 3-3 模拟退火算法流程图

3.1.4 典型问题求解案例

例题 3-1 一旅行商从 20 个城市中的某一城市出发，不重复地走完其余城市并回到原出发点，在所有可能的路径中求出路径长度最短的一条。20 个城市的坐标分别为：

[（60，200），（180，200），（80，180），（140，180），（20，160），（100，160），（200，160），（140，140），（40，120），（100，120），（180，100），（60，80），（120，80），（180，60），（20，40），（100，40），（200，40），（20，20），（60，20），（160，20）]

请用模拟退火算法求解该旅行商的最短路径。

解：

1）初始化温度、结束温度、冷却率、最大拒绝次数和最大迭代次数，生成一个随机的初始路径，通过多次迭代计算最优解。

```
% 城市坐标
cities = [60, 200; 180, 200; 80, 180; 140, 180; 20, 160; 100, 160;
          200, 160; 140, 140; 40, 120; 100, 120; 180, 100; 60, 80;
          120, 80; 180, 60; 20, 40; 100, 40; 200, 40; 20, 20; 60, 20;    160, 20];
num_cities = size（cities，1）;
dist_matrix = squareform（pdist（cities））;
% 模拟退火参数
T_init = 30;     % 初始温度
T_min = 1e-3;   % 结束温度
alpha = 0.99;  % 冷却率
max_rej = 100;  % 最大拒绝次数
max_iter = 5000;  % 单个温度的最大迭代次数
initial_sol = randperm（num_cities）; % 初始解（随机路径）
% 模拟退火算法主体
[best_sol, best_cost] = simulated_annealing（dist_matrix, T_init, T_min, alpha, max_rej, max_iter, initial_sol, cities）;
```

2）定义模拟退火算法主体函数。

```
function [best_sol, best_cost] = simulated_annealing（dist_matrix, T, T_min, alpha, max_rej, max_iter, current_sol, cities）
    % 计算当前解的成本
    idx = [current_sol, current_sol（1）];    % 将路径首尾相连形成闭环
    current_cost = sum（dist_matrix（sub2ind（size（dist_matrix）, idx（1: end-1）, idx（2: end））））;
    best_sol = current_sol;
    best_cost = current_cost;
    while T > T_min   % 当温度高于最小温度时
        iter = 0;
        rej = 0;
        while iter < max_iter && rej < max_rej    % 当迭代次数小于最大迭代次数且拒绝次数小于最大拒绝次数时
```

```
            % 生成新解
            new_sol = current_sol;
            n = length(current_sol);
            i = randi(n-1);          % 随机选择第一个交换点
            j = randi([i+1, n]);     % 随机选择第二个交换点
            new_sol(i: j) = current_sol(j: -1: i);   % 反转子路径
            % 计算新解总成本
            idx = [new_sol, new_sol(1)];    % 将路径首尾相连形成闭环
            new_cost = sum(dist_matrix(sub2ind(size(dist_matrix), idx(1: end-1), idx(2: end))));
            if new_cost < current_cost || rand() < exp((current_cost - new_cost) / T)    % 接受新解的条件
                current_sol = new_sol;
                current_cost = new_cost;
                if new_cost < best_cost
                    best_cost = new_cost;
                    best_sol = current_sol;
                    % 动态更新可视化
                    visualize_solution(best_sol, cities, best_cost);
                end
            else
                rej = rej + 1;
            end
            iter = iter + 1;
        end
        T = T * alpha;      % 冷却
    end
end
```

3) 对结果进行动态可视化，结果如图 3-4 所示。

```
function visualize_solution(best_sol, cities, best_cost)
    clf;
    plot(cities(:, 1), cities(:, 2), 'ro'); % 绘制城市
    hold on;
    for i = 1: size(cities, 1)
        text(cities(i, 1), cities(i, 2), num2str(i), 'Color', 'blue'); % 标注城市编号
    end
    best_sol = [best_sol best_sol(1)]; % 绘制闭环
    plot(cities(best_sol, 1), cities(best_sol, 2), 'b-'); % 绘制最优路径
    title(sprintf('最优解代价: %.2f', best_cost)); % 显示最优解成本
    xlabel('X');
    ylabel('Y');
    grid on;
    drawnow;
end
```

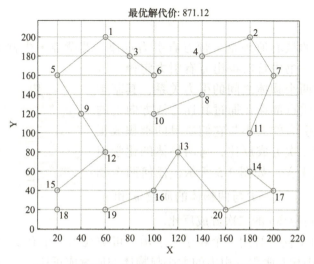

图 3-4 模拟退火算法解决旅行商问题可视化结果

3.1.5 前沿进展

自模拟退火算法提出以来，衍生出许多改进算法，并在各个领域得到了广泛的应用。1987 年，Szu 等人提出了一种快速模拟退火算法，该算法通过加快冷却过程在较短的时间内找到最优解。1994 年，Finnila 等人提出量子退火算法，利用量子隧穿效应来加速搜索过程，并解决多元函数的最小值问题。2001 年，Gong 等人提出了一种自适应模拟退火算法，根据搜索过程中的反馈动态调整算法参数，如温度降低率或邻域搜索策略，以适应当前的搜索状态。2020 年，参考文献 [6] 基于非均匀气体输运理论和弛豫方程，建立了弛豫时间模型，通过描述系统状态从一个稳定点转移到另一个稳定点所需的时间，更精确地调节模拟退火算法的参数，从而提高算法的效率和质量。2021 年，参考文献 [7] 提出了一种基于模拟退火粒子群算法的图像重建方法，将模拟退火算法和粒子群算法进行组合，通过广义交叉准则构建目标函数，并进行正则化多参数寻优，提高了图像重建的稳定性和抗噪性能。2023 年，Shyam 等人提出模拟退火辅助的遗传算法，将模拟退火算法作为遗传算法中的局部搜索策略，用于微阵列数据基因选择，增强了遗传算法的全局搜索能力和解的质量。这些衍生算法在不同的应用场景下展现出了各自的优势，研究者们也在不断探索新的理论和技术，以期进一步提升模拟退火算法的性能。

3.2 引力搜索算法

引力搜索算法（Gravitational Search Algorithm，GSA）由 Rashedi 等人于 2009 年提出，它依据万有引力定律和牛顿运动定律来引导搜索过程，并寻找优化问题的最优解。在 GSA 中，每个粒子代表一个候选解，都被视为一个有质量的物体，它们受到其他粒子的引力作用而在解空间中移动。万有引力会促使物体朝着质量最大的物体移动，从而逐渐逼近优化问题的最优解。本节将详细介绍引力搜索算法的基本原理、优化策略、算法流程以及典型问题求解案例。

3.2.1 算法原理

引力搜索算法的核心原理是牛顿万有引力定律。艾萨克·牛顿于 1687 年在《自然哲学的数学原理》一书中首次提出万有引力定律。这个定律描述了任何两个物体之间的引力关系，其基本表述为：任何两个质点都存在通过其连心线方向上的相互吸引的力，该引力的大小与它们质量的乘积成正比，与它们距离的二次方成反比，与两物体的化学组成和其间介质种类无关。如图 3-5 所示，任何两个物体之间都存在引力，其大小 F 与两物体的质量 m_1 和 m_2 成正比，与两物体间距离 r 的二次方成反比。

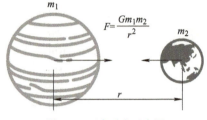

图 3-5　万有引力示意图

在 GSA 中，每个候选解用一个粒子来表示，可被视为一个有质量的物体，所有物体都依据其质量的大小相互吸引。引力的大小与物体的质量成正比，与它们之间的距离的二次方成反比。物体的质量与其适应度值（在优化问题中是目标函数值）直接相关。通常，适应度值高的物体质量大，对其他物体的吸引力也更强。物体之间的引力导致它们发生移动，从而不断更新它们的位置，即解向量。万有引力会促使物体朝着质量最大的物体移动，从而逐渐逼近优化问题的最优解。

引力搜索算法的基本计算单元有质量计算、引力计算、加速度计算、速度和位置等。假设一个解空间包含 N 个物体，第 i 个物体的位置为 x_i，相关计算公式如下。

1）质量计算：

$$m_i(t) = \frac{f_i(t) - \text{worst}(t)}{\text{best}(t) - \text{worst}(t)} \tag{3-5}$$

式中，$m_i(t)$ 是第 i 个物体在时刻 t 的质量；$f_i(t)$ 是其适应度；t 通常也代表迭代次数；物体的集合可视为一个种群，best(t) 和 worst(t) 分别是当前种群中的最好和最差适应度值。对于最小化问题，best(t) 和 worst(t) 定义如下：

$$\begin{cases} \text{best}(t) = \min f_i(t) \\ \text{worst}(t) = \max f_i(t) \end{cases} \tag{3-6}$$

2）引力计算：

$$F_{ij}(t) = G(t) \frac{m_i(t) \times m_j(t)}{d_{ij}(t) + \varepsilon} (x_j(t) - x_i(t)) \tag{3-7}$$

式中，$F_{ij}(t)$ 是 t 时刻物体 i 和 j 之间的引力；$G(t)$ 是引力常数（会随时间减小）；$d_{ij}(t)$ 是两物体间的距离；ε 是一个很小的常数（防止分母为零）；$x_i(t)$ 与 $x_j(t)$ 为解空间中物体 i 和 j 在 t 时刻的位置。

3）加速度计算：

牛顿第二定律表明，当一个力 F 施加到粒子上时，其加速度 a 仅取决于力及其质

量 m：

$$a_i(t) = \frac{F_i(t)}{m_i(t)} \tag{3-8}$$

式中，$a_i(t)$ 是物体 i 的加速度；$F_i(t)$ 是作用于物体 i 上的总引力。

4）速度和位置

$$v_i(t+1) = \text{rand}(t) \times v_i(t) + a_i(t) \tag{3-9}$$

$$x_i(t+1) = x_i(t) + v_i(t+1) \tag{3-10}$$

式中，$v_i(t)$ 为物体 i 在 t 时刻的速度；$\text{rand}(t)$ 是一个 [0，1] 之间的随机数，用于引入随机性以避免局部最优。

引力搜索算法的主要特点是利用物理定律，自然地将搜索过程中的全局勘探搜索过程（通过引力作用找到适应度高的区域）和局部利用搜索过程（通过个体间的相对运动进行精细调整）结合起来，完成在解空间中的全面搜索。这种算法的主要优势在于其简单性和对初值不敏感的特性，能够有效地避免陷入局部最优解。该优势使得其在许多优化问题上，特别是在连续空间的函数优化问题上表现出良好的效果。引力搜索算法目前已经被广泛应用于工程设计优化、神经网络训练、经济负荷调度和其他科学和工程优化问题中。

3.2.2 优化策略

虽然 GSA 在多种优化问题上表现出了良好的性能，但也面临着一些挑战。例如，如何克服早熟收敛、如何避免陷入局部最优解、如何平衡全局勘探和局部利用等。为了提高算法的效率和解的质量，研究者们提出了多种优化策略来增强其性能。以下是一些主要的优化策略。

1. 引力常数调优

引力常数 $G(t)$ 通常随时间（迭代次数）变化，通常采用以下策略调优：

1）线性递减策略：

$$G(t) = G_0 \times \left(1 - \frac{t}{T}\right) \tag{3-11}$$

式中，G_0 是初始引力常数；t 是当前迭代次数；T 是最大迭代次数。

2）指数递减策略：

$$G(t) = G_0 \times \exp(-\alpha t / T) \tag{3-12}$$

式中，α 是衰减系数，用于控制递减速率。

2. 质量更新策略

个体的质量决定了其对其他个体的吸引力，可以通过以下两种方法优化：

1）线性归一化，式（3-5）即为个体的质量根据其适应度的值进行线性归一化。

2）非线性归一化，采用非线性函数，例如指数函数，对个体质量进行归一化：

$$m_i(t) = \exp\left(\beta \frac{f_i(t) - f_{\min}(t)}{f_{\max}(t) - f_{\min}(t)}\right) \tag{3-13}$$

式中，β 是非线性调节参数，用于控制质量差异的幅度。

3. 引力更新策略

为了避免算法陷入局部最优，可以为每个物体的引力计算引入随机性：

$$F_i(t) = \sum_{i=1, j \neq i}^{N} \text{rand}_j F_{ij}(t) \tag{3-14}$$

式中，rand_j 是一个 [0，1] 之间的随机数。

进一步地，为了平衡全局勘探和局部利用以提高 GSA 性能，可以通过引入时间函数 K_{best} 来控制种群中物体施加力的程度。算法在开始阶段使用全局搜索，迭代到一定程度后，减弱全局搜索，加强局部搜索。因此，从初值 K_0 开始，K_{best} 随着时间线性减小，开始时对所有粒子施加力，在结束时只有一个粒子向其他粒子施加力，通过这种方式对引力计算进一步优化。式（3-14）可以改为：

$$F_i(t) = \sum_{i \in K_{\text{best}}, j \neq i} \text{rand}_j F_{ij}(t) \tag{3-15}$$

式中，K_{best} 为具有最佳适应度值和最大质量的物体的集合。

3.2.3 算法流程

引力搜索算法的基本流程如图 3-6 所示，主要包含以下几个步骤：

步骤 1：生成初始种群。算法开始时，随机生成一组候选解，这些候选解称为粒子或物体，构成了初始种群。每个粒子代表解空间中的一个点。

步骤 2：评估每个物体的适应度。对初始种群中的每个粒子进行适应度评估。适应度函数根据要解决的优化问题来定义，它衡量每个粒子作为问题解的质量。

步骤 3：更新引力常数 G、最优和最差适应度值。引力常数 G 是一个随着迭代而衰减的控制参数，影响粒子间的引力作用强度。在每次迭代中，确定当前种群的最优解和最差解，即最优和最差适应度值，这些值用于计算个体粒子的质量。

步骤 4：为每个物体计算质量 m 和加速度 a。质量 m 是基于适应度评分计算的，通常最优解具有最大质量，而最差解具有最小质量。质量影响粒子间的引力和加速度。加速度 a 由粒子之间的引力计算得出，是粒子速度更新的一个关键因素。

步骤 5：更新速度和位置。每个粒子的速度根据它们之间的引力作用而更新，新速度是旧速度、当前加速度和一个随机因子的组合。根据新的速度更新粒子的位置，反映了每个粒子在解空间中的移动，并代表了对问题解的探索。

步骤6：判断算法是否满足终止条件，终止条件可以是达到预设的最大迭代次数，或者解的质量已经满足要求等。

步骤7：返回最优解。一旦满足终止条件，算法结束并返回当前找到的最优解，否则返回到步骤2进行迭代。

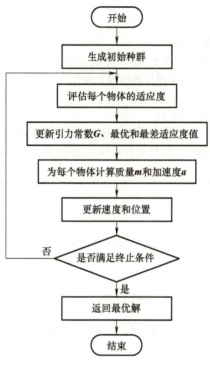

图 3-6 引力搜索算法流程图

运行 GSA 是一个不断迭代的过程，在每一代种群中，通过模拟物理引力和行星运动的方式来逐步优化解。引力常数 G 的逐渐衰减及引力计算的优化策略使得算法在初期主要进行全局搜索，在后期主要进行局部搜索，从而平衡勘探和利用。通过这种方式，GSA 能够有效地搜寻整个解空间，并有可能找到全局最优解。

3.2.4 典型问题求解案例

例题 3-2　有20个物品和一个容量为50的背包。物品的质量分别是 [2，3，4，5，9，7，6，8，6，10，3，5，7，8，2，1，4，5，6，9]，对应的价值分别是 [3，4，8，8，10，7，5，11，8，14，6，5，13，8，4，3，7，6，12，15]。现在需要选择一些物品放入背包，总质量不能超过背包容量，请用引力搜索算法求解背包中物品的最大总价值。

解：

1）参数定义和初始化。

```
% 定义物品的质量
weights = [2, 3, 4, 5, 9, 7, 6, 8, 6, 10, 3, 5, 7, 8, 2, 1, 4, 5, 6, 9];
% 定义物品的价值
values = [3, 4, 8, 8, 10, 7, 5, 11, 8, 14, 6, 5, 13, 8, 4, 3, 7, 6, 12, 15];
```

```matlab
maxWeight = 50; % 背包的最大质量
n = length(weights); % 物品的数量
numAgents = 50; % 代理个数
maxIter = 100; % 最大迭代次数
Rpower = 2; % 距离指数
G0 = 100; % 初始引力常数
alpha = 20; % 引力衰减系数
eps = 1e-6; % 用于防止计算中分母为 0
start_per = 50; % 在开始一轮迭代中使用的代理数量百分比
final_per = 2; % 在最后一轮迭代中使用的代理数量百分比
% 随机生成初始种群
agents = rand(numAgents, n) > 0.5;
V = zeros(numAgents, n); % 种群中所有代理的速度,初始化为 0
bestValues = zeros(1, maxIter); % 用于存储每次迭代的最优解价值
```

2) 引力搜索算法主循环。

```matlab
for iter = 1: maxIter
    % 计算每个代理的适应度
    fitness = arrayfun(@(i) sum(values .* agents(i, :)) * (sum(weights .* agents
        (i, :)) <= maxWeight), 1: numAgents);
    % 根据适应度更新质量
    m = (fitness - min(fitness)) / (max(fitness) - min(fitness)); % 归一化
    M = m / sum(m);
    G = G0 * exp(-alpha * iter / maxIter); % 计算当前的引力常数

    % 仅用前 k 个最好的代理进行引力计算
    kbest = final_per + (1 - iter/maxIter) * (start_per - final_per);
    kbest = round(numAgents * kbest/100);
    [Ms, ds]=sort(M, 'descend');

    % 计算代理间的引力及加速度,更新代理的速度及位置
    for i = 1: numAgents
        force = zeros(1, n);
        for ii = 1: kbest
            j = ds(ii);
            if i ~= j   % 计算代理间的引力
                % 计算代理间的欧氏距离
                R = norm(agents(j, :) - agents(i, :));
                % 分别计算分力
                f = (agents(j, :) - agents(i, :)) * G * M(i) * M(j) / (eps + R^Rpower);
                force = force + rand(1, n) .* f; % 计算合力
            end
        end
        acc = G * force ./ (M(i) + eps); % 计算加速度
        V(i, :) = rand(1, n) .* V(i, :) + acc; % 计算速度
```

```
            tempAgent = agents（i，：）+ V（i，：）> 0.5；% 将要更新的代理
            % 确保在不超重时才会更新位置
            if sum（weights .* tempAgent）<= maxWeight
                agents（i，：）= tempAgent；% 更新位置
            end
        end
        % 记录当前迭代的最优解价值
        bestValues（iter）= max（fitness）；
end
```

3）找到最终的最优解，可视化每次迭代的最优解价值，结果如图3-7所示。

```
% 找到最终的最优解
[ ~，bestIdx] = max（fitness）；
bestSolution = agents（bestIdx，：）；
disp（'最优解：'）；% 输出最优解
disp（bestSolution）；
% 可视化每次迭代的最优解价值
figure；
plot（1：maxIter，bestValues，'LineWidth'，2）；
xlabel（'迭代次数'）；
ylabel（'最优解价值'）；
title（'引力搜索算法解决背包问题的优化过程'）；
grid on；
```

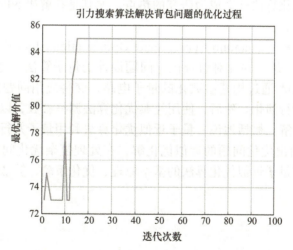

图 3-7　引力搜索算法解决背包问题的优化过程

3.2.5　前沿进展

引力搜索算法自 2009 年被提出后，已广泛应用于工程设计优化、图像识别、电力系统负荷控制与预测等多个领域，研究者们也陆续提出了多种基于 GSA 的衍生算法。2011年，参考文献 [10] 提出了基于权值的引力搜索算法，该算法在每一次迭代的过程中，都

对粒子的惯性质量进行加权，提升了引力搜索算法的性能。2013 年，参考文献 [11] 利用反向学习策略、精英策略和边界变异策略增强了全局搜索能力。2018 年，参考文献 [12] 将引力搜索算法引入到聚类算法中，以找到最优聚类中心，从而提高了医学图像分割效果。2021 年，Thiagarajan 等人利用分层集成学习和基于相关系数的 GSA 实现了卫星图像分类。同年，Kumar 等人在 GSA 基础上融合量子计算和深度神经网络，提高了图像识别分类的效率。2022 年，Chen 等人通过改进 GSA 优化模糊控制器参数，提升了电力控制系统的性能。2023 年，参考文献 [16] 提出了多策略融合的改进万有引力搜索算法。2024 年，参考文献 [17] 提出基于精英思想自适应改进万有引力搜索的新算法，通过用最优位置的粒子代替最差位置的粒子，引入精英思想，避免算法陷入局部最优。这些衍生算法的提出，进一步扩展了 GSA 的应用范围，并提升了其解决复杂问题的能力。

3.3 量子近似优化算法

量子优化算法是一类利用量子力学原理来解决优化问题的算法。其起源可以追溯到 20 世纪末，当时量子计算的概念刚开始受到关注。Shor 在 1999 年提出了一种能够以多项式时间分解整数的量子算法（Quantum Algorithm），展示了量子计算如何利用量子力学的特性来加速特定计算过程。量子优化算法的核心在于量子比特的使用，它们与经典比特不同，可以同时表示 0 和 1 的状态，这种性质称为量子叠加。此外，量子纠缠也是量子优化算法中的关键资源，它允许粒子间即使相隔很远也能瞬间影响彼此的状态。随着量子计算技术的发展，量子优化算法逐渐成为研究的热点，尤其是在解决 NP 难问题和组合优化问题上显示出巨大潜力。

量子近似优化算法（Quantum Approximate Optimization Algorithm，QAOA）由 Farhi 等人于 2014 年提出，是一种针对组合优化问题设计的量子算法，适用于求解如最大割、图着色等难题。QAOA 通过构建参数化的量子电路，交替应用问题的哈密顿量和混合哈密顿量，对量子态进行演化。然后，使用经典优化算法调整参数，以最小化期望值，从而找到优化问题的近似解。概括地说，量子近似优化算法利用量子并行性和叠加态特性，能够在多项式时间内给出优化问题的近似优化解，在处理复杂优化问题时比经典算法更高效。本节将详细介绍量子近似优化算法的基本原理、优化策略、算法流程以及典型问题求解案例。

3.3.1 算法原理

1. 量子计算的基本原理

（1）量子比特（Qubits）

量子比特是量子计算的基本信息单位，经典计算中的比特为 0、1，量子比特可以同时处于 0 和 1 的叠加状态，即它可以是 0、1，或者是 0 和 1 的量子叠加。在量子力学中使用狄拉克标记表示量子状态，即量子态可以用 $|0\rangle$ 和 $|1\rangle$ 表示，如图 3-8 所示。

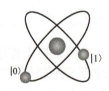

图 3-8　量子比特

(2)量子门(Quantum Gates)

量子门是作用在量子比特上的操作,类似于经典计算中的逻辑门,如图3-9所示。量子门用于改变量子比特的状态,是构建量子算法的基本工具。

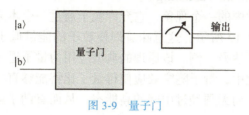

图3-9 量子门

在量子计算中,量子门是量子线路的基本组成部分,它分为单量子逻辑门和多量子逻辑门。常用到的单量子逻辑门有泡利算符和哈达玛门(Hadamard Gate),这些量子门都是一个二阶矩阵。泡利算符是一组幺正厄米复矩阵,分别是 X 门、Y 门、Z 门,符号表示为 σ_x、σ_y、σ_z,对应的矩阵为:

$$X = \begin{pmatrix} 0 & 1 \\ 1 & 0 \end{pmatrix}, Y = \begin{pmatrix} 0 & -i \\ i & 0 \end{pmatrix}, Z = \begin{pmatrix} 1 & 0 \\ 0 & -1 \end{pmatrix} \tag{3-16}$$

在量子近似优化算法中,常用泡利算符进行量子线路构建和量子态演化。

(3)量子叠加(Quantum Superposition)

量子叠加原理允许一个量子比特同时存在于多个状态,如图3-10所示。

量子比特可以是0和1的叠加状态,表达为 $|\Psi\rangle = \alpha|0\rangle + \beta|1\rangle$,其中 α 和 β 是一对复数,称为量子态的概率幅,它们的模二次方表示相应状态的出现概率。由于量子叠加,一个量子计算机可以同时处理多个计算路径,该原理可以被应用于并行计算。例如,在量子优化中,可以同时评估多个解的质量,极大提高搜索效率。

(4)量子纠缠(Quantum Entanglement)

量子纠缠用来刻画量子状态之间的一种非经典相关性。如图3-11所示,两个量子系统之间的距离无论有多远,其中一个量子系统的状态直接依赖于另一个系统的状态。

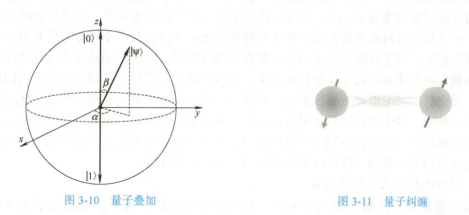

图3-10 量子叠加　　　　　　图3-11 量子纠缠

当两个或多个量子比特发生纠缠时,对其中一个量子比特的测量会瞬间影响到其他所有纠缠量子比特的状态。该原理的主要应用有量子通信和计算加速：利用纠缠状态进行量子隐形传态和量子密钥分发；在量子算法中，纠缠使得信息可以在量子网络中无损传输，为算法提供速度上的优势。

（5）量子隧穿（Quantum Tunneling）

量子隧穿是量子力学中的一个现象，它允许粒子通过一个本来按经典物理定律不可能通过的潜在能垒，如图3-12所示。这意味着即使粒子的能量低于某个能垒，它也有可能通过"隧道"穿过去，到达另一侧。该原理的典型应用为量子退火，即将量子优化用于模拟退火算法。在量子优化中，量子隧穿效应使得量子比特能够直接从一个局部最小值跳跃到另一个潜在的更优解，而无须经过中间的高能态，从而有助于避免模拟退火算法陷入局部最小值。

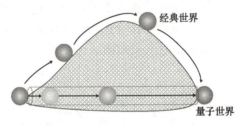

图3-12　量子隧穿

（6）哈密顿量与哈密顿算符（Hamiltonian）

哈密顿量是经典力学中的物理概念，是所有粒子的动能的总和加上与系统相关的粒子的势能。在量子力学中，经典力学的物理量变为相应的算符，哈密顿量对应的正是哈密顿算符。哈密顿算符 H 为一个可观测量，对应于系统的总能量。哈密顿算符的谱为测量系统总能时所有可能结果的集合。量子计算中，哈密顿量或哈密顿算符常常被用作问题的目标函数进行算法优化。

2. 量子近似优化算法的基本原理

量子近似优化算法是一种变分量子算法（Variational Quantum Algorithms，VQAs），该类算法通过特定的变分波函数拟设（ansatz）找到目标哈密顿量的基态近似值。QAOA是一种比较典型的量子–经典混合算法，通常从一个均匀叠加态开始。然后，在量子计算机上构造波函数的变分ansatz，通过交替应用两个量子操作来构建一个参数化的量子电路：其中一个操作与目标函数相关，用于调整量子态的相位；另一个操作与所有量子比特的混合操作相关，用于在解空间中引入随机性和混合效果。之后，通过经典优化器优化量子电路参数，寻找使成本最小化的目标对象，使得在测量后获得的比特字符串接近问题的最优解。优化后的量子电路被多次测量，并通过统计选出最优解，实现对组合优化问题的高效求解。其中，量子电路的概念可以通过类比来理解：经典机器学习算法模型通常是一个在经典计算机上运行的神经网络或其他模型；对于变分量子算法，其模型是一个在量子计算机上运行的量子电路。QAOA的具体定义及关键步骤如下。

（1）目标函数定义和初始设置

目标函数定义：以最大割问题为例，给定图 $G=(V,E)$，优化问题以量子比特字符串 z 作为决策变量来构造解空间，传统算法以 $C(z)$ 为目标函数，求解目标是找到使得

能量 $C(z)$ 最大的那一组 z。QAOA 的关键思想是将优化问题的目标函数编码为哈密顿量,即:

$$H_C = \sum_{ij} (I - \sigma_i^z \sigma_j^z) / 2 \quad (3\text{-}17)$$

式中,σ_i^z 为第 i 个量子比特的泡利 Z 算符;i 和 j 为一条边对应的两个顶点。每个两粒子哈密顿量表示这两个粒子在异或操作下的能量本征态和本征值,H_C 表示所有两粒子分组问题(即异或操作)的总和(整个系统)的能量本征值和本征态。因此,哈密顿量 H_C 实际上存储了一个连接图的结构。近似优化的目标是通过量子态的演化来最小化目标哈密顿量,从而找到近似的最优解。

初始量子态:选择所有可能解的均匀叠加作为初始态。初始量子态定义为:

$$|s\rangle = \frac{1}{\sqrt{2^n}} \sum_z |z\rangle \quad (3\text{-}18)$$

(2)构建量子操作与量子电路

QAOA 的量子部分负责构建量子电路 ansatz 来计算损失。首先,需要搭建的 ansatz 电路由目标函数操作和混合项操作两部分组成。其中,目标函数操作 $U_C(\gamma)$ 定义为:

$$U_C(\gamma) = e^{-i\gamma H_C} \quad (3\text{-}19)$$

式中,$\gamma \in [0, 2\pi]$ 是一个控制参数;H_C 是目标函数对应的哈密顿量。$U_C(\gamma)$ 为以目标哈密顿量为生成元制备的酉变换,该变换符合量子计算总的一个基本假设:对于一个封闭的量子系统来说,该系统可以通过酉变换来演化。

混合项操作 $U_B(\beta)$ 定义为:

$$U_B(\beta) = e^{-i\beta H_B} \quad (3\text{-}20)$$

式中,$\beta \in [0, \pi]$ 也是一个控制参数;$U_B(\beta)$ 为以混合哈密顿量为生成元制备的酉变换。H_B 为初始哈密顿量,通常根据泡利算符 X 对所有比特进行求和得到:

$$H_B = \sum_{j=1}^{n} \sigma_j^x \quad (3\text{-}21)$$

式中,σ_j^x 是作用于第 j 个量子比特的泡利算符 X。

然后,构建量子电路,从初始态 $|s\rangle$ 开始,依次应用 p 层的操作,每层包括目标函数操作和混合项操作:

$$|\gamma, \beta\rangle = U(H_B, \beta_p) U(H_C, \gamma_p) \cdots U(H_B, \beta_1) U(H_C, \gamma_1) |s\rangle \quad (3\text{-}22)$$

式中,层数 p 决定了量子电路的深度和复杂度。

简而言之，构建量子电路就是依次作用系统哈密顿量和横场哈密顿量到量子态上，以时间为优化参数，希望最后能演化到目标经典哈密顿基态。

(3) 计算期望值

定义目标函数在量子态 $|\gamma,\beta\rangle$ 上的期望值：

$$F_p(\gamma,\beta) = \langle\gamma,\beta|H_C|\gamma,\beta\rangle \tag{3-23}$$

(4) 参数优化

优化目标为找到一组最优的参数 γ 和 β，使得 $F_p(\gamma,\beta)$ 最大化。可以采用经典优化算法（如梯度下降、随机搜索等）来寻找最优参数。由于期望值函数 F_p 是一个平滑函数，可以通过在参数空间的网格搜索或利用经典优化子程序来进行优化。

(5) 测量和获取解

在找到最优参数后，构建量子态 $|\gamma,\beta\rangle$ 并进行测量，测量结果为一个比特字符串 z。为了提高结果的可靠性和精度，需要重复测量多次，每次测量都会得到一个新的比特字符串 z'。

(6) 评估近似最优解

通过对多次测量结果进行统计分析，评估每个比特字符串的目标函数值 $C(z)$。最终选择最大的比特字符串作为近似最优解。

3.3.2 优化策略

量子近似优化算法的核心思想是构建一个由参数化的量子门组成的量子电路，通过优化这些参数来最小化一个代表问题成本函数的哈密顿量。这个过程涉及量子计算和经典计算的结合，其中量子部分用于生成和操作量子状态，经典部分用于参数优化和数据处理。随着 QAOA 电路的深度和复杂性的增加，优化策略也更为重要。以下主要介绍参数初始化策略和参数优化策略。

1. 参数初始化策略

(1) 启发式策略

使用启发式策略，如插值方法和傅里叶变换方法来初始化参数，通过利用已有的优化结果或数学工具来预测和选择更好的初始参数，有利于找到更好的初始点并加速收敛。

插值方法通过在已知的参数点之间进行插值来估计新的参数值。这种方法可以利用已有的参数优化结果，通过插值来预测在这些已知点之间的参数值，从而为 QAOA 提供更好的初始参数。这种方法特别适用于参数空间较大且需要在多个参数之间进行选择的情况。通过插值，可以快速获得一个接近最优的参数初始值，从而减少优化过程中的计算量。

傅里叶变换是一种数学工具，可以将信号从时域转换到频域，从而揭示信号的频率成分。在 QAOA 的参数优化中，这种方法可能用于分析参数随时间的变化规律，并找到最优的参数配置。通过傅里叶变换，可以识别出在不同频率下参数的变化趋势，从而为参数优化提供指导。这种方法可能在处理具有周期性或频率特征的优化问题时特别有效。

以一个 p 层 QAOA 为例,启发式初始化能够在 $O[\text{poly}(p)]$ 时间内找到近似最优参数,相比之下,随机初始化需要 $2^{O(p)}$ 次优化运行才能达到类似的性能。因此,随着 p 值的增大,该策略优势也更为显著。

(2)逐层优化方法

逐层优化方法使用前一层的最优参数初始化 QAOA 电路,即在前一层的基础上添加新的参数值进行当前层的初始化及优化,从而为每一层找到最佳参数。该方法通过逐步增加电路深度来逐层优化参数:

$$\theta_{p+1} = \theta_p - \eta \nabla C(\theta_p) \tag{3-24}$$

式中,θ 代表 γ 和 β 参数集合;p 表示层数;∇ 为梯度;η 为学习率。

(3)基于图神经网络的初始化方法

当优化问题可以表示为图结构时,图神经网络(Graph Neural Network,GNN)可以用来预测初始参数。这种方法建立在预热启动技术的基础上,旨在使初始化过程更接近目标参数。GNN 方法可以泛化到不同的图实例,并增加图的大小,加快推理时间。

(4)基于实例的参数转移方法

由于最优 QAOA 参数会围绕特定值收敛,并且它们在不同 QAOA 实例之间的可转移性可以根据组成原始图的子图的局部特征来预测。因此,可通过子图在不同 QAOA 实例间传递参数。

2. 参数优化策略

选择合适的优化算法对于提高 QAOA 的性能至关重要。这些优化方法可以分为三大类:无梯度、基于梯度和基于机器学习的参数优化方法。

(1)无梯度参数优化

无梯度优化器,也称为启发式优化器或元启发式优化器,是一种不依赖于目标函数梯度信息的优化方法。在优化算法中,无梯度方法由于具有较高的计算效率而广受关注。但随着 QAOA 层数的增加,参数优化的难度也随之增大。无梯度参数优化方法通常采用已有算法进行优化,如模拟退火、遗传算法等。其中遗传算法使用自然选择和遗传机制进行优化。选择:选择适应度高的个体。交叉:通过交叉生成新的个体。变异:随机变异个体以增加多样性。遗传算法是一种反映自然选择过程的搜索启发式算法,其中最适合繁殖的个体被选择以产生下一代的后代。这种基于群体的启发式算法可以更有效地处理 QAOA 电路的候选解,并收敛到一个最优参数集。

(2)基于梯度的参数优化

梯度法是一种一阶优化算法,它利用目标函数相对于参数的梯度来更新参数值。梯度本身是一个向量,指向函数增长最快的方向。

1)基于张量网络的梯度优化。在处理大型量子系统时,参数的数量可能会变得非常大,导致直接计算梯度变得不可行。张量网络提供了一种压缩表示,可以有效地近似量子态,从而减少计算资源的需求。通过张量网络,可以计算出近似的梯度,并用于参数的优化。

2）基于量子上下文的随机梯度下降。量子上下文（Quantum Contextuality）指的是量子态依赖于测量的上下文。在该策略中，随机梯度下降被用来优化参数，其中每次更新只使用一部分数据（即量子态的样本）来估计梯度：

$$\theta_{t+1} = \theta_t - \eta \cdot \nabla C_i(\theta_t) \tag{3-25}$$

式中，$\nabla C_i(\theta_t)$ 是小批量数据（第 i 批）上的目标函数梯度，t 为迭代次数。在每次优化中用估计的偏导数替换精确的偏导数，可以减少计算量，并且有助于避免陷入局部最小值，特别是在参数空间很大的情况下。

3）基于代理模型的优化。代理模型是一种用于近似复杂目标函数的方法。在优化过程中，直接在原始目标函数上进行操作可能非常耗时或不可行，因此可以使用代理模型来近似目标函数。例如，使用高斯过程来近似目标函数并进行优化，鲁棒性较好，并且对噪声具有良好的容忍度。

4）基于策略梯度的算法。原始的 QAOA 随机选择初始参数并通过基于梯度的方法进行优化，这在含噪声的中等规模量子（Noisy Intermediate-Scale Quantum，NISQ）设备中直接应用可能非常昂贵，并且容易受到噪声的影响，从而阻碍优化过程。策略梯度算法是强化学习中的一种算法，它通过直接对策略（行为）的参数进行梯度上升来优化。基于策略梯度的算法不需要显式地计算导数，而是通过估计梯度来指导参数更新，具有抵抗扰动和噪声的优势。

（3）基于机器学习的参数优化

除了梯度和无梯度参数优化，机器学习方法也可以作为一种优化器，用于为 QAOA 找到最优参数。传统方法中的高斯过程回归、线性回归、回归树和支持向量机回归，以及近年来的图神经网络、强化学习等都可以用来学习或预测 QAOA 参数。这些方法不仅可以独立使用，还可以与其他优化技术（如梯度下降）结合使用，形成混合优化策略。通过机器学习模型的预测和指导，可以显著提高量子近似优化算法的效率和效果，尤其是在处理高维参数空间和复杂目标函数时。随着量子硬件的发展和机器学习技术的进步，这些方法在量子计算中的应用前景非常广阔。

3.3.3 算法流程

图 3-13 为量子近似优化算法的基本流程，主要包含以下几个步骤：

步骤 1：初始化参数。首先，为量子近似优化算法设置初始参数，通常包括量子门操作所需的时间和次数等。

步骤 2：准备量子比特的初始状态。通常情况下，量子比特被初始化为一个均匀的叠加态，这意味着每个量子比特都有相同的概率为 0 或 1。

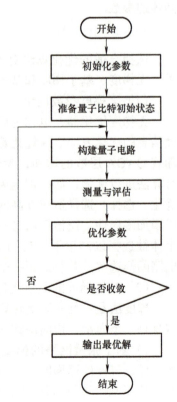

图 3-13　量子近似优化算法流程图

步骤 3：构建量子电路。这个电路根据前面初始化的参数以及待优化的问题进行特定的量子门操作构建量子电路。通常通过交替应用目标函数和混合项的酉变换来构建参数化的量子电路。

步骤 4：测量与评估。在运行完量子电路后，需要对量子比特进行测量。测量量子态每一个子项的期望，并计算当前参数对应的总的期望值。测量的结果会给出一些候选解，然后对这些候选解进行评估，计算它们在待优化问题上的表现（比如，总的路径长度、能量值等）。

步骤 5：优化参数。基于前面的评估结果，调整初始设置的参数，使得在下次运行量子电路时能够得到更好的结果。这一步通常将当前参数及其对应的期望值传入经典优化算法进行优化得到一组新的参数，从而进行参数调整。

步骤 6：检查当前的优化结果是否已经足够好，即判断当前的解是否已经是一个可接受的、接近最优的解。如果结果还不够好，则返回步骤 3，继续调整参数并重复以上步骤。

步骤 7：输出最优解。一旦确定结果收敛，即找到一个足够好的解，输出这个解作为算法的最终结果。

3.3.4 典型问题求解案例

例题 3-3 给定一个无向图 $G = (V, E)$，其中，$V = \{1,2,3,4,5,6\}$ 是所有顶点的集合，$E = \{1\,2; 1\,3; 2\,3; 2\,4; 3\,5; 4\,5; 4\,6; 5\,6\}$ 是它的边的集合，$W = \{3,1,2,4,2,1,3,2\}$ 为每条边的权重。请用量子近似优化算法，将图中的顶点分成两个互不相交的子集，使得连接这两个子集的边的权重之和最大。

解：
1）定义图的顶点和边。

```
V = 6; % 顶点数
E = [1 2; 1 3; 2 3; 2 4; 3 5; 4 5; 4 6; 5 6]; % 每行代表一条边的顶点对
weights = [3, 1, 2, 4, 2, 1, 3, 2]; % 每条边的权重 W
G = graph（E（:, 1), E（:, 2), weights, V);
```

2）定义函数用于创建 QAOA 量子电路。

```
function circuit = qaoaCircuit（G, params, r）
    params = reshape（params, [2 r]);
    N = numnodes（G);
    edges = G.Edges.EndNodes;
    target1 = edges（:, 1);
    target2 = edges（:, 2);
    gates = []; % 量子门
    for ii = 1: r
        % 加入具有指定 gamma 角度的成本门，执行目标函数操作
        gates = [gates; rzzGate（target1, target2, params（1, ii））];
        % 加入具有指定 beta 角度的混合门，执行混合项操作
```

```
            gates = [gates; rxGate（1：N, 2*params（2, ii））];
        end
        circuit = quantumCircuit（[hGate（1：N）; gates]）;
end
```

3）定义优化目标函数。

```
function expVal = expectedObjectiveValue（theta, G, numLayers, numShots）
    % 创建并模拟 QAOA 量子电路
    circuit = qaoaCircuit（G, theta, numLayers）;
    sv = simulate（circuit）;
    % 测量 QAOA 量子电路
    meas = randsample（sv, numShots）;
    % 将测量状态转化为布尔矩阵
    x = char（meas.MeasuredStates）== '1';
    % 计算所有测量状态的切割边权值之和
    [i, j] = findedge（G）;
    weights = reshape（G.Edges.Weight, [1, length（E）]）;
    weightedCuts = sum（weights .* xor（x（：, i）, x（：, j））, 2）;
    % 计算带权值最大割的期望值
    expVal = sum（meas.Counts .* weightedCuts）/ numShots;
end
```

4）定义量子电路及目标函数，优化过程如图3-14所示，并计算最大割结果。

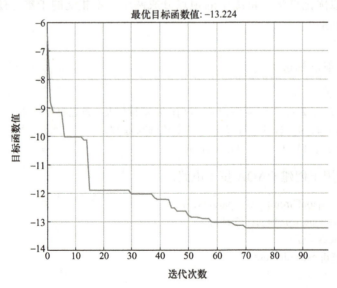

图3-14　量子近似优化算法迭代优化过程

```
numLayers = 2; % QAOA 量子电路的层数
numShots = 1000; % 测量的次数
% surrogateopt 函数默认进行最小化，所以将目标函数取负
objFcn = @（theta）- expectedObjectiveValue（theta, G, numLayers, numShots）;
```

```
bound = repmat（pi，2*numLayers，1）；% 参数的取值范围
x0Theta = rand（2，numLayers）；% θ 代表 γ 和 β 参数集合
% 使用代理模型近似目标函数并进行优化，获取最优参数及目标函数期望值
options = optimoptions（"surrogateopt"，InitialPoints=x0Theta，MaxFunctionEvaluations=100）；
[angles，bestfval] = surrogateopt（objFcn，-bound，bound，options）；
% 使用最优参数构建量子电路并进行模拟
optimizedCircuit = qaoaCircuit（G，angles，numLayers）；
simResult = simulate（optimizedCircuit）；
% 选取概率最高的状态作为最大割结果
[～，maxIdx] = max（simResult.Amplitudes）；
best_state = char（simResult.BasisStates（maxIdx））== '1'；
% 计算最大割的值
[i，j] = findedge（G）；
max_cut_value = sum（weights .* xor（best_state（i），best_state（j）））；
```

5）对最大割问题进行可视化，结果如图 3-15 所示。

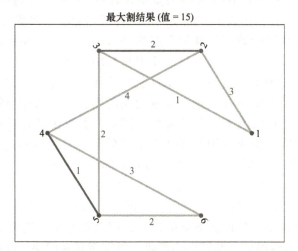

图 3-15　量子近似优化算法解决最大割问题的可视化结果

```
% 可视化最大割图形
figure；
G = graph（E（：，1），E（：，2））；
h = plot（G，'Layout'，'circle'）；
title（sprintf（'最大割结果（值 = %d）'，max_cut_value））；
% 为每个节点分配颜色
node_colors = repmat（[1 0 0]，V，1）；% 默认红色
for i = 1：V
    if best_state（i）== 1
        node_colors（i，：）= [0 0 1]；% 蓝色
    end
end
h.NodeColor = node_colors；
% 显示每条边的权重及其分割情况
```

```
for edge = 1：size（E，1）
    edge_color = 'k'；% 默认黑色
    if best_state（E（edge，1））~ = best_state（E（edge，2））
        edge_color = 'g'；% 分割的边用绿色表示
    end
    highlight（h，E（edge，1），E（edge，2），'EdgeColor'，edge_color，'LineWidth'，2）；
    mid_point =（h.XData（E（edge，1））+ h.XData（E（edge，2）））/ 2 + 1i *（h.YData（E（edge，1））+ h.YData（E（edge，2）））/ 2；
    text（real（mid_point），imag（mid_point），num2str（weights（edge）），'FontSize'，12，'Color'，'r'）；
end
```

3.3.5　前沿进展

近年来，量子近似优化算法在多个领域展现出了其解决组合优化问题的潜力。2018年，Marsh 等人深入研究了 QAOA 在解决多项式有界 NP 优化问题中寻找近似解的能力，设计了一种量子线路，并利用数值方法证明了这种线路能够有效解决具有约束的 NP 优化问题，同时分析了该线路的效率与其复杂度的关系。2019年，Matsumine 等人通过将经典信道解码问题转化为伊辛哈密顿模型，使用 QAOA 实现了线性二进制码的高效解码。2021年，Streif 等人将 QAOA 应用于汽车行业的二元喷漆车间问题，证明了在 NISQ 设备上 QAOA 的实验可行性，并指出随着问题规模的增长，算法性能的下降趋势，强调了开发降噪技术和自适应 QAOA 算法的重要性。同年，参考文献 [23] 对指挥控制组织中的任务规划问题进行研究，提出使用量子线路求解问题。首先将问题转化为现有的 NP 问题，将任务规划问题描述为精确覆盖问题，接着对问题构建哈密顿量表达式，并设计问题的量子线路。使用动量梯度下降法对问题进行仿真实验，得到结果要比多维动态列表规划算法和多优先级列表动态规划算法的时间复杂度小。这些研究表明，尽管 QAOA 在实际量子设备上实现时面临噪声和性能下降的挑战，但其在金融、物流等领域的应用前景广阔，未来研究需关注算法的发展和硬件的优化，以实现其在解决实际问题中的量子优势。

本章小结

本章深入探讨了基于物理原理的智能优化算法，包括模拟退火算法、引力搜索算法和量子近似优化算法。这些算法各自从自然界的不同物理现象中汲取灵感，将物理学的原理和概念应用于解决复杂的优化问题。模拟退火算法借鉴了冶金学中的退火过程，通过模拟物质冷却时的热力学原理，以概率性的方式逐步逼近问题的全局最优解。引力搜索算法则模仿天体间的引力相互作用，通过模拟粒子间的相互吸引和排斥，寻找问题的最优解。而量子近似优化算法利用量子计算的优势来近似解决经典计算难以处理的大规模优化问题。这些算法不仅丰富了优化问题的解决方法，也展示了物理原理对于智能优化算法发展的促进作用。尽管这些算法各有优势，但在实际应用中也面临着挑战，如参数调整复杂、算法收敛速度较慢和解的质量欠佳等。未来的研究需要继续探索更高效的算法变体，并结合实际问题发展算法优化机制。随着计算能力的不断提升和算法理论的深入研究，基于物理原理的智能优化算法将继续在解决现实复杂问题中发挥重要作用，并在未来的科技创新中占据重要地位。

思考题与习题

3-1　模拟退火算法参考的物理机制是什么？其基本原理是什么？

3-2　简要概述模拟退火算法的算法流程和基本步骤。

3-3　模拟退火算法中降温策略主要有哪些？

3-4　使用模拟退火算法求解一个具体的 0-1 背包问题。背包容量为 50，物品数量为 10，每件物品的质量和价值见表 3-2：

表 3-2　物品质量和价值

物品编号	质量 /g	价值 / 元
1	10	60
2	20	100
3	30	120
4	40	140
5	25	80
6	35	105
7	15	70
8	5	30
9	45	110
10	50	130

记录算法找到的最优解及其对应的总价值，并分析算法性能与初始温度和冷却速率的关系。

3-5　模拟退火算法的衍生算法有哪些？其基本原理是什么？

3-6　引力搜索算法的基本计算单元有哪些？

3-7　引力搜索算法中的引力常数调优策略有哪些？

3-8　阐述引力搜索算法中粒子位置更新的数学模型，并解释如何通过调整算法参数（如引力常数和逃逸概率）来影响搜索过程。优化问题：给定函数 $f(x) = (x-2)^2 + (x-5)^2$，使用引力搜索算法找到最大值，并讨论算法的收敛速度和解的质量。

3-9　选取模拟退火算法和引力搜索算法，分别求解函数 $f(x,y) = (x^2 + y^2 - 2x - 4y + 5)^2$ 的最大化问题。比较两种算法在解的质量、收敛速度和稳定性方面的表现，并讨论可能的原因。

3-10　选择一个实际应用问题，如物流配送问题，分析模拟退火算法或引力搜索算法如何应用于该问题，并讨论算法在实际应用中的潜在优势和局限性。

3-11　量子计算的基本原理是什么？主要参考了哪些物理现象？

3-12　量子近似优化算法的算法流程和关键步骤是什么？

3-13 描述量子近似优化算法的基本原理,并解释如何利用该算法来求解一个简单的周期性函数的最小值问题。针对一个周期性函数 $f(x)=\sin(2\pi x)$,其中 x 是介于 0 和 1 之间的实数,使用量子相位估计算法找到函数的最小值,并解释算法的步骤和量子态的演化过程。

3-14 量子优化算法领域还有哪些知名算法?其基本原理是什么?

3-15 除了本章所列算法,还有哪些基于物理原理的优化算法?其基本原理是什么?

参考文献

[1] METROPOLIS N, ROSENBLUTH A W, ROSENBLUTH M N, et al. Equation of state calculations by fast computing machines[J]. Journal of Chemical Physics, 1953, 21 (6):1087-1092.

[2] KIRKPATRICK S, GELATT C D, VECCHI M P. Optimization by simulated annealing[J]. Science, 1983, 220 (4598):671-680.

[3] SZU H, HARTLEY R. Fast simulated annealing[J]. Physics Letters A, 1987, 122 (3-4):157-162.

[4] FINNILA A B, GOMEZ M A, SEBENIK C, et al. Quantum annealing: a new method for minimizing multidimensional functions[J]. Chemical Physics Letters, 1994, 219 (5):343-348.

[5] GONG G, LIU Y, QIAN M. An adaptive simulated annealing algorithm[J]. Stochastic Processes and their Applications, 2001, 93 (1):77-94.

[6] 李元香,项正龙,张伟艳.模拟退火算法的弛豫模型与时间复杂性分析[J].计算机学报,2020,43 (5):108-118.

[7] 杨丹,芦甜,郭文欣,等.基于模拟退火粒子群算法的 MIT 图像重建方法[J].东北大学学报(自然科学版),2021,42 (4):531-537.

[8] SHYAM S K, TIWARI R, MISRA A K. Simulated annealing aided genetic algorithm for gene selection from microarray data[J]. Computers in Biology and Medicine, 2023, 158:106854.

[9] RASHEDI E, NEZAMABADI-POUR H, SARYAZDI S. GSA: A gravitational search algorithm[J]. Information Sciences, 2009, 179 (15):2232-2248.

[10] 徐遥,王士同.引力搜索算法的改进[J].计算机工程与应用,2011,47 (35):188-192.

[11] 张维平,任雪飞,李国强,等.改进的万有引力搜索算法在函数优化中的应用[J].计算机应用,2013,33 (5):1317-1320.

[12] 冯飞,刘培学,李丽,等.FCM 融合改进的 GSA 算法在医学图像分割中的研究[J].计算机科学,2018,45 (6A):252-254.

[13] THIAGARAJAN K, MANAPAKKAM ANANDAN M, STATECZNY A, et al. Satellite image classification using a hierarchical ensemble learning and correlation coefficient-based gravitational search algorithm[J]. Remote Sensing, 2021, 13 (21):4351.

[14] KUMAR Y, VERMA S K, SHARMA S. An ensemble approach of improved quantum-inspired gravitational search algorithm and hybrid deep neural networks for computational optimization[J]. International Journal of Modern Physics C, 2021, 32 (8):2150100.

[15] CHEN G, QIN F, LONG H, et al. Fuzzy PID controller optimized by improved gravitational search algorithm for load frequency control in multi-area power system[J]. IAENG International Journal of Computer Science, 2022, 49 (1):125-139.

[16] 樊康生,杨光永,吴大飞,等.多策略融合的改进万有引力搜索算法[J].计算机应用研究,2023,40 (12):3592-3598.

[17] 刘诗琪,潘大志.基于精英思想自适应改进万有引力搜索算法[J].智能计算机与应用,2024,14

(1): 16-21.

[18] SHOR P W. Polynomial-time algorithms for prime factorization and discrete logarithms on a quantum computer[J]. SIAM Review, 1999, 41 (2): 303-332.

[19] FARHI E, GOLDSTONE J, GUTMANN S. A quantum approximate optimization algorithm[J]. arXiv preprint arXiv: 1411.4028, 2014.

[20] MARSH S, WANG J B. A quantum walk-assisted approximate algorithm for bounded NP optimisationproblems[J]. Quantum Information Processing, 2019, 18 (3): 1-18.

[21] MATSUMINE T, KOIKE-AKINO T, WANG Y. Channel decoding with quantum approximate optimization algorithm[C]//2019 IEEE International Symposium on Information Theory. Paris: IEEE, 2019.

[22] STREIF M, Y ARKONI S, SKOLIK A, et al. Beating classical heuristics for the binary paint shop problem with the quantum approximate optimization algorithm[J]. Physical Review A, 2021, 104 (1): 012403.

[23] 张毅军, 慕晓冬, 刘潇文, 等. 量子近似优化算法在指挥控制组织任务规划中的应用[J]. 物理学报, 2021, 70 (23): 7.

第 4 章 基于化学原理的智能优化算法

导读

基于化学原理的智能优化算法通过模拟化学过程中的规律，如分子相互作用、化学反应、材料生成等，来求解优化问题。它们被应用于组合优化、连续函数优化以及工程优化等多种问题。这类算法作为智能优化算法的一个重要分支，对于解决复杂优化问题具有重要的理论和实践意义。本章将重点介绍三种基于化学原理的智能优化算法：化学反应优化算法、人工化学反应优化算法和材料生成算法。

尽管基于化学原理的智能优化算法起步较晚，且算法数量不多，但它们在某些问题求解上已经展现出卓越的性能。这些算法的发展不仅丰富了优化算法的类型，也为解决更复杂的优化问题提供了新的途径和思路。

本章知识点

- 化学反应优化算法
- 人工化学反应优化算法
- 材料生成算法

4.1 化学反应优化算法

在日常生活、研究与工程设计中，经常会遇到优化问题。其中一些问题的求解非常困难，以至于常常需要使用元启发式算法来获取问题的近似最优解。然而，优化问题的种类非常多，通用而有效的优化算法有限，这就使我们不得不探索更多的元启发式方法。2009 年，Lam 等人提出了化学反应优化（Chemical Reaction Optimization，CRO）算法，用于解决非确定性的优化问题。目前，CRO 算法已被广泛应用于求解组合优化问题，并且在许多基准测试函数中的性能表现也优于众多其他传统优化算法。

化学反应优化算法通过模拟化学反应中分子间各种反应所引起的分子间碰撞和能量转化过程来实现问题求解。具体地，该算法通过实现壁面无效碰撞、分解反应、分子间无效碰撞和合成反应 4 个基本操作来搜索最低势能，进而求解优化问题。接下来，本节将首先介绍化学反应优化算法的原理和基本思想。然后，介绍算法主要流程。最后，通过实际案例介绍其具体实现步骤。

4.1.1 算法原理

化学反应优化算法的基本原理是通过模拟化学反应中分子的相互作用和能量变化来实现问题求解。在化学反应中，系统自然地倾向于达到最小的自由能量状态。这意味着在化学反应过程中，系统需要不断释放能量，从而使生成物的能量低于反应物的能量。由于能量较低的物质更稳定，因此化学反应的生成物在能量和稳定性方面一般都优于反应物。这种能量最小化的趋势为优化问题提供了启示，即在优化过程中算法可以极力寻求全局能量最低的状态。

事实上，极小值优化问题与化学反应之间存在着直接的对应关系。两者都旨在寻找一个全局最低点——在化学反应中是能量最低的稳定状态，在极小值优化问题中则是目标函数值最小的解。此外，无论是化学反应还是优化过程，它们的演变都是逐步进行的，通过一系列的中间状态或迭代步骤，最终达到最优解或稳定状态。

4.1.2 算法描述

CRO 算法本质上是模拟容器中分子发生化学反应的过程。算法通过模拟化学反应中分子的碰撞、分解、合成等过程，来搜索解空间并寻找最优解。具体地，算法通过逐步引导分子（解）向能量更低、更稳定的状态演变，从而找到问题的最优解。CRO 算法是一种可变种群规模的元启发式算法，其种群规模可以根据分解和合成反应的结果而变化，即种群规模在算法执行过程中可能会发生变化。CRO 算法的核心在于化学反应中能量的重新分配和转换，以及通过中心能量缓冲区（Central Energy Buffer）实现的分子间隐式合作。

CRO 算法的主要组成部分为分子和基本反应。其中，分子包括分子结构、势能和动能，基本反应包括壁面无效碰撞、分解反应、分子间无效碰撞和合成反应。

1. 分子

分子由若干原子组成，其特征由原子类型、键长、键角和扭转角等决定。当两个分子包含不同的原子或不同数量的原子时，它们则为不同的分子。如果两个分子具有完全相同的原子组成，但分子属性（即键长、键角和扭转角）不同，则也将它们视为不同的分子。通常，使用分子结构（Molecular Structure，MS）这一术语来表达分子的组成及其属性。一个分子结构对应于优化问题的一个可行解。分子结构的改变相当于从一个可行解转换到另一个可行解。分子通常具有两种能量，即势能（Potential Energy，PE）和动能（Kinetic Energy，KE）。前者用于量化分子结构的能量，在优化问题求解中一般作为目标函数值。后者通常用作衡量分子转变为不太有利结构的容忍度。

在 CRO 算法中，分子是执行算法寻优操作的个体，每个分子的特征由三部分来刻画，分别为：分子结构、势能和动能。每个部分的具体含义如下。

（1）分子结构

分子结构通常用符号 ω 表示，指的是一个分子由哪些原子组成以及这些原子通过化学键相互连接的具体方式。这包括原子类型、键长、键角和扭转角等特性。一个分子结构通常代表优化问题中的一个解。

(2) 势能

势能通常用符号 PE_ω 表示,用来量化分子结构 ω 的能量。在连续函数优化问题中,一般通过计算目标函数的值 $f(\omega)$ 来量化势能,即 $PE_\omega = f(\omega)$。如果一个分子结构的势能低于另一个分子结构(即能量较低),分子将转变为能量更低的新结构。这种转变倾向于自然界中的物理过程,系统趋向于向能量更低、更加稳定的状态转变。因此,这种能量形式是评估分子在反应中状态转换的一个重要指标。

(3) 动能

动能通常用符号 KE_ω 表示,是分子结构 ω 的另一种能量形式,表示分子改变到不太有利结构的容忍度。如果一个分子的势能加上其动能总和大于或等于另一个分子结构的势能,那么分子有可能实现这一结构转变。动能使得分子有可能达到更高的势能状态,从而在未来有机会拥有更有利的结构。动能象征着分子逃离局部最低点(局部最小值)的能力。在能量守恒的原则下,动能和势能之间可以在分子内部或分子间进行转换。例如,分子试图从 ω 变为 ω',如果 $PE_\omega \geq PE_{\omega'}$,则这种变化可能发生。否则,仅在 $PE_\omega + KE_\omega \geq PE_{\omega'}$ 的情况下允许变化。因此,分子的动能越高,它拥有更高势能的新分子结构的可能性就越大。

2. 基本反应

在化学反应过程中,分子之间会发生一系列碰撞。分子可以彼此碰撞,也可以与容器的壁面发生碰撞。不同条件下的碰撞会引发不同的基本反应,每种反应都有其独特的方式来操纵涉及的分子能量。在 CRO 中实现了四种类型的基本反应(如图 4-1 所示)包括:壁面无效碰撞、分解反应、分子间无效碰撞和合成反应。

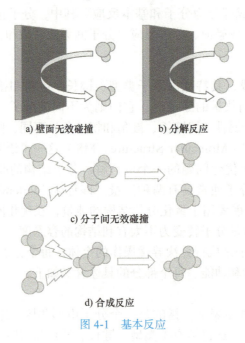

a) 壁面无效碰撞 b) 分解反应

c) 分子间无效碰撞

d) 合成反应

图 4-1 基本反应

接下来，将具体介绍 CRO 算法中的四种基本反应。

（1）壁面无效碰撞

当分子撞击壁面然后弹回时，发生壁面无效碰撞，如图 4-1a 所示。这种碰撞中，某些分子属性会发生变化，因此分子结构会有相应变化。幸运的是，碰撞不是非常剧烈，碰撞后的分子结构不会与原始分子结构有太大差异。假设当前分子结构为 ω 的分子在这次碰撞中，获得其邻域上的新结构 $\omega' = \mathrm{Neighbor}(\omega)$ 时，满足以下状态：

$$\mathrm{PE}_\omega + \mathrm{KE}_\omega \geq \mathrm{PE}_{\omega'} \tag{4-1}$$

分子将发生变化，得到

$$\mathrm{KE}_{\omega'} = (\mathrm{PE}_\omega + \mathrm{KE}_\omega - \mathrm{PE}_{\omega'}) \times q \tag{4-2}$$

式中，q 是能量损失率，它是一个系统参数，用来限制一次能量最大损失的百分比。损失的能量会被存储在中央能量缓冲区（buffer）中。如果不满足条件，变化被禁止，分子保留其原始的 ω、PE 和 KE。buffer 的更新方式如下：

$$\mathrm{buffer} = \mathrm{buffer} + (\mathrm{PE}_\omega + \mathrm{KE}_\omega - \mathrm{PE}_{\omega'}) \times (1-q) \tag{4-3}$$

（2）分解反应

分解反应的过程意味着一个分子撞击壁面后分解为两个或更多（本节假设分解为两个）部分，如图 4-1b 所示。这种碰撞非常激烈，导致分子断裂成两个部分，由此产生的分子结构应与原始分子截然不同。假设原始分子的结构为 ω，产生的新分子的结构为 ω_1' 和 ω_2'。如果原始分子拥有足够的能量（PE 和 KE）来赋予新分子的 PE，即

$$\mathrm{PE}_\omega + \mathrm{KE}_\omega \geq \mathrm{PE}_{\omega_1'} + \mathrm{PE}_{\omega_2'} \tag{4-4}$$

若

$$\mathrm{temp}_1 = \mathrm{PE}_\omega + \mathrm{KE}_\omega - \mathrm{PE}_{\omega_1'} + \mathrm{PE}_{\omega_2'} \tag{4-5}$$

可以得到

$$\mathrm{KE}_{\omega_1'} = \mathrm{temp}_1 \times k \tag{4-6}$$

$$\mathrm{KE}_{\omega_2'} = \mathrm{temp}_1 \times (1-k) \tag{4-7}$$

式中，k 是从 [0，1] 区间内均匀生成的随机数。然而，式（4-4）的成立并不常见。在正常情况下，PE_ω，$\mathrm{PE}_{\omega_1'}$ 和 $\mathrm{PE}_{\omega_2'}$ 的值相似（但比同一邻域中的值要大得多），式（4-4）仅在 KE_ω 足够大时成立。由于分子的 KE 往往会在一系列的壁面无效碰撞中逐渐减少，式（4-4）一般不成立。

为了鼓励尽可能产生分解反应，算法使用中央能量缓冲区 buffer 中储存的能量来维持 $\mathrm{PE}_{\omega_1'}$ 和 $\mathrm{PE}_{\omega_2'}$。换句话说，如果式（4-4）不成立，考虑

$$\mathrm{buffer} + \mathrm{PE}_\omega + \mathrm{KE}_\omega \geq \mathrm{PE}_{\omega_1'} + \mathrm{PE}_{\omega_2'} \tag{4-8}$$

当式（4-8）成立时，

$$KE_{\omega_1'} = (temp_1 + buffer) \times m_1 \times m_2 \qquad (4-9)$$

$$KE_{\omega_2'} = (temp_1 + buffer - KE_{\omega_1'}) \times m_3 \times m_4 \qquad (4-10)$$

式中，m_1，m_2，m_3 和 m_4 是从 [0，1] 区间内独立均匀生成的随机数。两个随机数的乘积确保分配给 $KE_{\omega_1'}$ 和 $KE_{\omega_2'}$ 的值不会过大，因为 buffer 通常很大。更新 buffer 的方式如下：

$$buffer = temp_1 + buffer - KE_{\omega_1'} + KE_{\omega_2'} \qquad (4-11)$$

若式（4-4）和式（4-8）都不成立，则分解失败，分子保留其原始的 ω、PE 和 KE。本节没有具体说明如何从 ω 生成 ω_1' 和 ω_2'。实际上，任何能产生与 ω 截然不同的 ω_1' 和 ω_2' 的机制都是合理的。

（3）分子间无效碰撞

分子间无效碰撞描述了当两个分子相互碰撞后弹开的情况，如图 4-1c 所示。这种基本反应涉及两个分子，并且没有动能被吸收到中央能量缓冲区中。假设原始分子结构为 ω_1 和 ω_2。从 ω_1 和 ω_2 的邻域获得两个新的分子结构 ω_1' 和 ω_2'，然后接受这些变化：

$$PE_{\omega_1} + PE_{\omega_2} + KE_{\omega_1} + KE_{\omega_2} \geq PE_{\omega_1'} + PE_{\omega_2'} \qquad (4-12)$$

若

$$temp_2 = (PE_{\omega_1} + PE_{\omega_1} + KE_{\omega_2} + KE_{\omega_2}) - (PE_{\omega_1'} + PE_{\omega_2'}) \qquad (4-13)$$

可以得到

$$KE_{\omega_1'} = temp_2 \times p \qquad (4-14)$$

$$KE_{\omega_2'} = temp_2 \times (1-p) \qquad (4-15)$$

式中，p 是从 [0，1] 区间内均匀生成的随机数。如果式（4-12）不成立，分子保持原有的 ω_1，ω_2，PE_{ω_1}，PE_{ω_2}，KE_{ω_1} 和 KE_{ω_2}。分子间无效碰撞允许分子结构发生较大变化，因为涉及两个分子，所以它们所持有的动能总和更大。

（4）合成反应

合成反应描绘了超过一个分子（假设为两个分子）相撞并结合在一起的过程，如图 4-1d 所示。假设这两个原始分子的结构分别为 ω_1 和 ω_2，它们生成一个具有新分子结构 ω 的新分子。由于合成过程非常激烈，ω 应与 ω_1 和 ω_2 有较大的差异。与分解过程类似，任何将 ω_1 和 ω_2 结合形成 ω 的机制都可以使用。然而，算法只在满足以下条件时接受新分子结构 ω：

$$PE_{\omega_1} + PE_{\omega_2} + KE_{\omega_1} + KE_{\omega_2} \geq PE_{\omega'} \qquad (4-16)$$

接着，可以得到

$$KE_{\omega'} = PE_{\omega_1} + PE_{\omega_2} + KE_{\omega_1} + KE_{\omega_2} - PE_{\omega'} \qquad (4-17)$$

如果式（4-16）条件不成立，保留 ω_1，ω_2，PE_{ω_1}，PE_{ω_2}，KE_{ω_1} 和 KE_{ω_2}，而不是 ω，PE_{ω} 和 KE_{ω}。有趣的是，与 KE_{ω_1} 或 KE_{ω_2} 相比，$KE_{\omega'}$ 通常很大，因为一般情况下，预期与 PE_{ω_1} 或 PE_{ω_2} 的值相近。通过这种方式，赋予新分子结构 ω 更高的动能，使其在后续的基本反应中能够有效逃离局部最小值。

此外，上述四种基本反应可以根据分子性质和分子结构变化的程度进行分类。从分子性质来看，壁面无效碰撞和分解反应是单分子反应，当分子撞击容器的壁时触发。而分子间无效碰撞和合成反应涉及多个分子，当分子彼此碰撞时发生。从分子结构变化的程度来看，壁面和分子间无效碰撞的反应活性远小于分解和合成。无效碰撞对应于分子在势能曲面（Potential Energy Surface，PES）的邻域内获得新的分子结构的情况（即它们选择接近原始结构的新解）。因此，产生的新分子的势能倾向于接近原始分子的势能。相反，分解和合成倾向于获得可能远离其在 PES 上的直接邻域的新分子结构，与无效碰撞相比，产生的新分子的势能变化往往更大。

优化算法通常会使用勘探机制和利用机制来增强优化算法的全局和局部搜索能力。在化学反应优化中，壁面无效碰撞和分子间无效碰撞属于强化搜索（利用机制），而分解和合成则属于多样化搜索（勘探机制）。具体地，对于每个在 PES 上的分子，强化搜索指的是算法利用已积累的搜索经验，集中在已发现的高质量候选解周围比较有前途的区域，进行仔细而密集搜索的策略（即利用机制）。当在一段时间内未能在该区域找到更低的能量状态时，多样化搜索允许跳转到相对较远的区域继续搜索（即勘探机制）。同时，算法试图通过不同方式将能量从一个分子转移到另一个分子，以重新分配分子间的能量。

4.1.3 算法流程

1. CRO 算法主要流程

CRO 算法有三个阶段：初始化、迭代和终止条件判断。计算机按照这三个阶段依次执行 CRO 算法。图 4-2 为 CRO 算法的流程图。在问题求解过程中，算法从初始化开始，执行一定数量的迭代，然后达到终止条件后结束。在初始化阶段，需要定义待求解的问题，并初始化算法的参数。CRO 算法是一种基于种群的元启发式算法，其保存的解的数量会根据分解和合成的效果而变化（即种群规模不固定）。具体地，算法首先在解空间中随机生成 PopSize 数量的初始解。在每次迭代中，算法将执行一次碰撞，此时需判断算法执行壁面碰撞还是分子间碰撞。为此，在 [0, 1] 区间内生成一个随机数 t。如果 t 大于分子碰撞率（MoleColl），则会发生壁面碰撞事件。否则，将发生分子间碰撞（当种群中只剩下一个分子时，则发生壁面碰撞，无法发生分子间碰撞）。然后根据所判断的碰撞类型从种群（Pop）中随机选择适当数量的分子。接下来，算法会判断是否执行分解或合成操作，并记录当前最优解。然后，算法将迭代重复进行上述步骤，直到满足算法设定的终止条件。算法设定的终止条件通常包括最大执行时间、执行的最大迭代次数、获得小于预定义阈值的目标函数值、未改进的最大迭代次数等。

CRO 算法的运行步骤总结如下：
步骤 1：初始化 CRO 算法的基本参数。
步骤 2：随机生成初始化种群。
步骤 3：决定执行分子间是否发生碰撞，壁面碰撞或分子间碰撞。
步骤 4：决定执行分解操作或合成操作。
步骤 5：分解或合成操作的结果保存最优解。
步骤 6：判断是否达到最大迭代次数，若达到，则输出最优解，否则重复步骤 2～6。

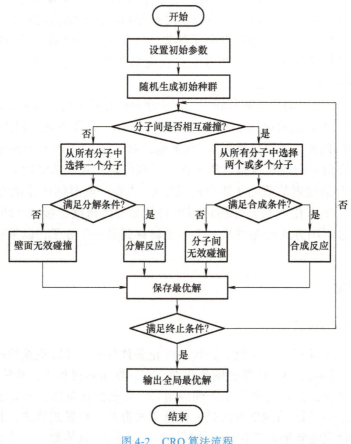

图 4-2　CRO 算法流程

2. CRO 算法特点

CRO 算法是一种元启发式搜索算法，算法执行过程中解的数量可能会随时间而变化，这主要是由于分解和合成操作引起的。具体来说，分解和合成操作会分别增加或减少容器中的分子数量——分解将一个分子分成两个或更多，而合成则将两个或更多的分子合并为一个。

CRO 算法主要依据能量守恒的思想，通过执行不同操作，使分子之间重新分配能量。具体地，壁面无效碰撞和分子间无效碰撞实现了局部搜索的效果。通过将分子的动能引入中央能量缓冲区（通过壁面无效碰撞）来减弱分子逃离局部最小值的能力。为了防止分子陷入局部最小值，分解和合成操作为分子提供了全局搜索。中央能量缓冲区和能量交换是 CRO 算法的重要组成部分，能够为分子提供发现新解的能力。

CRO 算法的基本单位是分子。在每次迭代中，一部分分子会执行四种基本反应。这些特点使得 CRO 算法特别适合用面向对象的编程语言实现，例如 C++ 和 Java。可以创建一个类来定义分子，类中的几个方法对应于基本反应类型。当创建或销毁一个分子时，可以简单地在主程序中添加或移除相应的对象。总的来说，CRO 算法可以被看作一个框架，能够用不同的元启发式组件来解决待求解的优化问题。其中，元启发式组件包括分解和合成的标准、在壁面无效碰撞和分子间无效碰撞中使用的邻域结构，以及在分解和合成中生成新解的机制。通过组件的组合和拓展，CRO 算法能够方便地扩展应用于更广泛的优化问题。

此外，读者可能会对 CRO 算法和上一章提到的模拟退火（SA）算法之间的相似性产生疑问。具体来说，两个算法的差异主要体现在三方面。

1）CRO 算法的灵感来自化学反应的"基本原理"，这与 SA 算法的"冶金退火"物理过程不同。CRO 算法从微观上考察事物，而 SA 算法模仿的是宏观系统。

2）CRO 算法主要关注的是在不同分子之间从 PE 到 KE 的能量重新分配问题。而 SA 算法的核心是 Metropolis 准则。

3）CRO 算法是一种特殊的元启发式算法，其获得的最优解数量可能不止一个，并且解能够根据优化问题进行变化。然而，SA 算法一次只保留一个最优解。

上述三点即是 CRO 算法与 SA 算法相比的独特之处。

4.1.4 典型问题求解案例

例题 4-1 假设有一个非线性函数 $f(x)=1+\dfrac{1}{4000}\sum_{i=1}^{n}x_i^2-\prod_{i=1}^{n}\cos\left(\dfrac{x_i}{\sqrt{i}}\right)$，即 Griewank 函数。利用化学反应优化算法求解该函数的最小值，并观察目标函数值与迭代次数之间变化的其收敛曲线。

解：

```
function [x_best, y_best, convergence_curve_cro] = cro_curve_fitting ( )
% 分解反应
function [M1, M2, Success] = decompose ( M, buffer )
    % 将分子 M 的一半值赋给 M1 和 M2
    M1 = M / 2;
    M2 = M / 2;
    Success = true; % 分解成功
end
% 壁面无效碰撞
function ineff_coll_on_wall ( M, buffer )
    % 将分子 M 的值减小一定比例
    M = M * ( 1 - buffer );
end
% 合成反应
```

```matlab
function [M, Success] = synthesis (M1, M2)
    M = M1 + M2; % 将两个分子 M1 和 M2 的值相加作为新的分子 M
    Success = true; % 合成成功
end
% 分子间无效碰撞
function inter_ineff_coll (M1, M2)
    % 将两个分子 M1 和 M2 的值减小一定比例
    M1 = M1 * 0.9;
    M2 = M2 * 0.9;
end
% 非线性函数（Griewank 函数）
f = @ (x) 1 + sum (x.^2) / 4000 - prod (arrayfun (@ (xi, i) cos (xi / sqrt (i)), x, 1: numel (x)));
% 参数设置
PopSize = 100;         % 种群规模
KELossRate = 0.2;      % 能量损失率
MoleColl = 0.6;        % 分子碰撞率
InitialKE = 5;         % 初始动能
% 初始化种群
Pop = -100 + rand (PopSize, 1) * 200;   % 在 [-100, 100] 范围内随机生成初始种群
% 迭代次数和目标函数值的记录
MaxIter = 100;         % 最大迭代次数
FitnessHistory = zeros (MaxIter, 1);   % 记录目标函数值
% CRO 算法主循环
for iter = 1: MaxIter
    % 计算每个分子的目标函数值
    Fitness = f (Pop);
    % 更新最佳目标函数值
    BestFitness = min (Fitness);
    FitnessHistory (iter) = BestFitness;
    % 化学反应
    buffer = 0;    % 中央能量缓冲区初始化为 0
    for i = 1: PopSize
        t = rand;
        if t > MoleColl
            if i <= length (Pop)
                % 碰撞
                if rand < 0.5
                    % 分解反应
                    [M1, M2, Success] = decompose (Pop (i), buffer);
                    if Success
                        Pop (i) = M1;
                        Pop (end+1) = M2;
                    else
                        ineff_coll_on_wall (Pop (i), buffer); % 壁面无效碰撞
```

```
                    end
                else
                    % 壁面无效碰撞
                    ineff_coll_on_wall（Pop（i），buffer）;
                end
            end
        else
            idx1 = randi（[1，PopSize]）; % 从 1 到 PopSize 中随机选择一个索引
            idx2 = randi（[1，PopSize]）; % 从 1 到 PopSize 中随机选择另一个索引
            if idx1 <= length（Pop）&& idx2 <= length（Pop）
                [M，Success] = synthesis（Pop（idx1），Pop（idx2））; % 合成反应
                if Success
                    Pop（idx1）= M;
                    Pop（idx2）= [];
                else
                    inter_ineff_coll（Pop（idx1），Pop（idx2））; % 分子间无效碰撞
                end
            end
        end
    end
end
% 绘制收敛曲线
figure;
plot（1：MaxIter，FitnessHistory，'LineWidth'，2）;
xlabel（'迭代次数'）;
ylabel（'目标函数值'）;
title（'CRO 算法收敛曲线'）;
grid on;
end
```

实验结果如图 4-3 所示。从收敛曲线可以看出，CRO 算法在迭代初期，目标函数值先增加，然后迅速降低，并在后续迭代中保持了较好的稳定性。

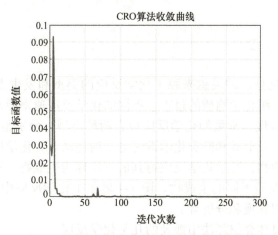

图 4-3　化学反应优化算法求解问题的收敛曲线

4.1.5 前沿进展

2014 年，参考文献 [5] 提出了一种用于多目标优化的化学反应优化算法，称为非支配排序化学反应优化（Nondominated Sorting Chemical Reaction Optimization，NSCRO），旨在利用非支配排序和化学反应优化来解决多目标优化问题。该方法设计了一种新的准线性平均时间复杂度的快速非支配排序算法，从而使得算法具有较高的计算效率。

2020 年，参考文献 [6] 提出了一种基于化学反应优化的动态船舶泊位分配算法，重点关注由于泊位和码头起重机不可用而导致的船舶在锚地等待时间问题。该算法是一个混合整数线性规划算法，考虑了与等待时间和停泊船舶操作时间相关的燃料成本，能够有效用于动态船舶泊位分配。

2021 年，参考文献 [7] 利用化学反应优化算法实现虚拟机到物理机的功耗高效映射。该方法使用了两种解的编码方式，即基于排列的编码和基于分组的编码，以此来作为 CRO 算法中的个体。对于每种编码方式，该方法设计了特有的操作算子来寻找满意解。

2023 年，参考文献 [8] 提出了一种基于化学反应优化的最大覆盖选址（Maximal Covering Location Problem，MCLP）算法。该算法通过重新设计 CRO 的四个基本反应来有效解决 MCLP 问题。此外，由于 CRO 算法的解有时会陷入局部最大值，因此还设计了一个额外的修复算子来帮助算法跳出局部极大值点，进而提升找到全局最优解的概率。

4.2 人工化学反应优化算法

2011 年，Alatas 等人通过细致考察化学反应类型和发生方式，发现化学反应中的对象、状态、过程和事件都可以整体设计为一种计算方法，进而提出了人工化学反应优化算法（Artificial Chemical Reaction Optimization Algorithm，ACROA）。该算法由于具有参数少、计算量小、计算时间短等优点，已经被广泛应用到求解连续函数优化问题等多个领域。接下来，本节将从化学反应的基本概念开始，逐步对算法的机制进行详细介绍。

4.2.1 基本概念与原理

人工化学反应优化算法的灵感来源于化学反应的类型和发生方式。化学反应是指一组化学物质转化为另一组化学物质的过程。不同的化学反应速率通常不同，有些反应速度快，而有些反应速度很慢。常见的化学反应包含两种类型，分别是连续反应和竞争反应。具体而言，化学反应涉及形成和断裂化学键时电子的运动。在化学反应中，最初参与化学反应的物质被称为反应物，通过化学反应得到的物质称为生成物。每个化学反应通常生成一个或多个与反应物性质不同的生成物，图 4-4 展示了化学反应中几种常见的基本过程，包括合成、单置换、双置换和分解等。

接下来，本节将具体介绍算法中涉及的几类化学反应。

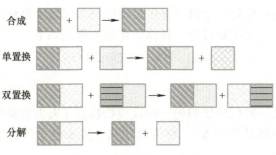

图 4-4 化学反应过程示意图

1. 合成反应

合成反应是两种或多种反应物结合产生单一生成物（元素）或化合物的反应。例如氢气和氧气生成水。常见的合成反应如下：

$$2H_2+O_2 \rightarrow 2H_2O（元素）$$

$$6CO_2+6H_2O \rightarrow C_6H_{12}O_6+6O_2（化合物）$$

2. 单置换反应

单置换反应通常是指一个元素与化合物中的另一个元素交换位置的过程。常见的单置换反应如下：

$$Cl_2+2KBr \rightarrow 2KCl+Br_2$$

3. 双置换反应

双置换反应是两种不同分子的阴离子和阳离子互换位置，形成两种完全不同的化合物。常见的双置换反应如下：

$$Na_2CO_3（aq）+BaCl_2（aq） \rightarrow 2NaCl（aq）+BaCO_3（s）\downarrow$$

式中，aq 是 aqueous 的缩写，表示该物质溶解在水中，即水溶液。常见的溶解在水中的物质包括盐、酸或碱等。s 是 solid 的缩写，表示该物质是固体。↓ 通常在化学方程式中用来表示沉淀物，它用来标示反应过程中形成的固体沉淀，这种沉淀能够从溶液中分离出来，如碳酸钡，碳酸钙等。

4. 分解反应

分解反应与合成反应相反。分解反应是指单一化合物分解成两种或更多元素或新化合物的过程。实际中，分解反应通常需要能量源，如热、光或电力，才能发生。常见的分解反应如下：

$$2H_2O \rightarrow 2H_2+O_2$$

$$2KClO_3 \rightarrow 2KCl+3O_2$$

5. 燃烧反应

燃烧反应是物质与氧气结合并释放能量的过程，通常以热和光的形式表现出来，并产生新的生成物。此类反应的一个例子是甲烷气体与氧气发生燃烧反应，生成二氧化碳和水。其中，甲烷是天然气的主要成分。具体的化学方程式如下：

$$CH_4 + 2O_2 \rightarrow CO_2 + 2H_2O$$

6. 氧化还原反应

氧化还原反应是从一种反应物向另一种反应物转移（失去或获得）电子的过程。获得电子的化学物被还原（降低其价态），称为氧化剂。失去电子的化学物被氧化（增加其价态），称为还原剂。例如：

$$Fe + Cu^{+2} \rightarrow Fe^{+2} + Cu$$

7. 可逆反应

在可逆反应中，生成物可以转化回反应物。因此，在适当条件下，生成物可以重新反应，恢复为反应物。换句话说，可逆反应可以既向前进行，也向后进行。这种反应也称为弹性反应。常见的可逆反应如下：

$$CaCO_3 \rightleftharpoons CaO + CO_2$$

化学反应类型也可以根据反应物分子在反应过程中不同转化方式进行分类，其中包括连续反应和竞争反应。在连续反应中，化学反应按照一定顺序进行。而在竞争反应中，根据特定条件可能产生不同的新反应物，一个反应的产物可能成为其他反应的反应物。

4.2.2 算法描述

在充满粘性流体的二维空间中，原子和分子不断移动和碰撞。原子是基本粒子，具有类型、质量、半径、电荷、方向、位置和速度。分子则是一组通过化学键连接的原子。化学反应通常可以理解为空间内原子之间的相互作用。

人工化学反应优化（ACROA）可以看作模拟容器中反应物发生化学反应的过程。假设一个固定体积的容器，包含许多种化学反应物（个体）。ACROA首先根据所需求解的问题，对反应物进行编码。通常来说，编码方式可以是二进制、实数、字符串等。在ACROA中，初始反应物根据化学反应规则，消耗反应物并产生新的反应物。此过程不断迭代，算法不断搜索具有更低熵的新反应物。其中，熵是与化学反应系统相关的总能量。当算法达到终止条件时，算法结束。

本节将介绍ACROA的主要机制。

1. 问题定义和算法参数初始化

在执行算法之前，首先需要明确要解决的问题，例如单目标优化或多目标优化问题。接下来，设定ACROA的唯一参数，即反应物数量（ReacNum）。

2. 设置初始反应物和评估

在此步骤中，初始反应物在可行解空间内均匀初始化。一般来说，空间中的所有解可以通过决策变量的线性组合获得。其中，决策变量指的是构成反应物的基本化学成分，如氧、碳等。如果决策变量中的一个成分缺失，则该成分对应的维度可能会消失。因此，根据化学反应的基本规则，初始反应物必须包含所有决策变量。ACROA中采用基于分割和生成范式的方法来生成初始反应物，以获得高质量的初始解。设置初始反应物的操作方式如下：

初始时，设定两个反应物 R_0 和 R_1，其中 $R_0 = (u_1, u_2, \cdots, u_n)^T$，$R_1 = (l_1, l_2, \cdots, l_n)^T$，$n$ 是反应物的长度。然后确定一个分割因子 k，初始反应物为完整待分割状态，即 $k=1$。接着，设 $k=2$，则可以从 R_0 和 R_1 产生两个额外的反应物 R_2 和 R_3：

$$R_2 = r \times (u_1, u_2, \cdots, u_{n/2}, l_{n/2+1}, l_{n/2+2}, \cdots, l_n)^T \tag{4-18}$$

$$R_3 = r \times (l_1, l_2, \cdots, l_{n/2}, u_{n/2+1}, u_{n/2+2}, \cdots, u_n)^T \tag{4-19}$$

式中，r 是一个随机数，其取值范围为 $0 \leq r < 1$。

假设种群规模为 $|P|$，生成的反应物集合 R 中的决策变量数量为 $|R|$。如果 $|R| < |P|$，则 k 的值增加 1，并且 R_0 和 R_1 被分成三部分，此时生成 6 个反应物，并且这些反应物不在 R 中。

以上是 ACROA 设置初始反应物的具体方法，接下来将介绍反应物通过应用化学反应，获得生成物的过程。

3. 应用化学反应

算法在执行应用化学反应过程中，首先会判断执行双分子反应还是单分子反应，这是两种不同的反应模式。接下来，本节将分别介绍双分子反应和单分子反应，并具体解释每种反应方式的二进制编码是如何实现的（实数编码方式将不再具体介绍，感兴趣的读者可查阅参考文献 [9]）。

（1）双分子反应

设 $R_1 = (r_1^1, \cdots, r_n^1)^T$ 和 $R_2 = (r_1^2, \cdots, r_n^2)^T$ 是将参与双分子反应的两个反应物，反应物可以通过以下几种反应方式进行双分子反应。

1) 合成反应：首先，确定两个反应物的不匹配位。然后，依次从第一个反应物的不匹配位和第二个反应物的不匹配位中选择一个位，以形成新的反应物。此操作的表示如图 4-5 所示。

反应物1	0	1	1	0	0	0	1	1
反应物2	1	0	1	1	1	0	0	1
未匹配到比特位置	*	*		*	*		*	
新反应物	0	0	1	0	1	1	1	1

图 4-5　合成反应的二进制编码

2) 置换反应：根据一个随机生成的掩码，类似于参考文献 [13] 中遗传算法使用的均匀交叉掩码，考虑两个反应物字符串的每个位位置进行信息交换。如果字符串中相应位位置的掩码值为 1，则反应物的位不交换。如果是 0，则交换相应位置如图 4-6 所示。

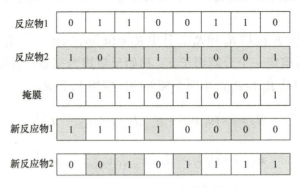

图 4-6　置换反应的二进制编码

3）氧化还原 2 反应：随机选择两点，并交换这两点之间反应物的位，类似于遗传算法中使用的两点交叉。图 4-7 展示了氧化还原 2 反应的二进制编码。

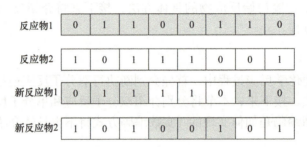

图 4-7　氧化还原 2 反应的二进制编码

(2) 单分子分解反应

1）分解反应：在反应物字符串中随机选择两个点，然后反转这两点之间的位。单分子分解反应示意如图 4-8 所示。

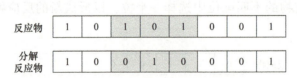

图 4-8　分解反应的二进制编码

2）氧化还原 1 反应：随机选择一个位，并将其从 0 变为 1 或从 1 变为 0，如图 4-9 所示。

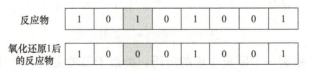

图 4-9　氧化还原 1 反应的二进制编码

双分子和单分子的反应考虑了算法局部利用和全局勘探的搜索平衡,具有一定跳出局部最优解的能力。

4. 反应物更新

如果新生成的反应物具有更低的焓,则将其加入最优解集。反之,执行可逆反应,还原初始具有更低焓的反应物。算法通过反应物更新过程,能够有效保留高质量解,进而获得满意解或最优解。

5. 判断终止条件

当算法满足终止条件(例如达到最大迭代次数)时,人工化学反应优化算法将终止。否则,将重复执行步骤 3 和 4。

4.2.3 算法流程

根据上述算法的具体过程,人工化学反应优化算法的流程图如图 4-10 所示,包括以下五个步骤:问题和算法参数初始化、设置初始反应物并进行评估、应用化学反应、反应物更新、终止条件检查。

其运行步骤总结如下:

步骤 1:初始化问题和算法参数。

步骤 2:设置初始反应物和评估。

步骤 3:应用化学反应,先判断单分子还是双分子反应,再判断化学反应类型。

步骤 4:反应物更新,判断焓是否降低。

步骤 5:判断终止条件,如果不满足则重复步骤 3 和步骤 4。

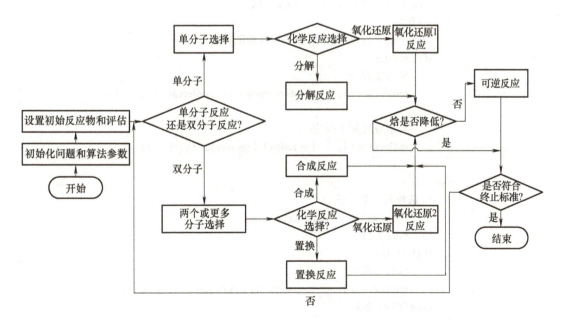

图 4-10 人工化学反应优化算法流程图

4.2.4 典型问题求解案例

例题 4-2 假设有一个非线性函数 $f(x)=1+\dfrac{1}{4000}\sum_{i=1}^{n}x_i^2-\prod_{i=1}^{n}\cos\left(\dfrac{x_i}{\sqrt{i}}\right)$。利用人工化学反应优化算法求解该函数的最小值,并观察目标函数值与相应迭代次数之间变化规律的收敛曲线。

解:

```
function [best_solution, best_fitness, convergence_curve] = ACROA ( )
    % 初始化反应物数量
    ReacNum = 100;
    obj_func = @ ( x ) 1 + sum ( x.^2 ) / 4000 - prod ( arrayfun ( @ ( xi, i ) cos ( xi / sqrt ( i )), x, 1: numel ( x ))); % 目标函数(Griewank 函数)
    % 初始化分子
    molecules = zeros ( ReacNum, ReacNum ); % 初始化分子矩阵
    enthalpies = zeros ( ReacNum, 1 ); % 初始化焓值向量
    for i = 1: ReacNum
        molecules ( i, : ) = rand ( 1, ReacNum ); % 随机创建分子
        enthalpies ( i ) = calculateEnthalpy ( molecules ( i, : )); % 计算焓值
    end
    % 追踪收敛曲线
    convergence_curve = zeros ( 1, ReacNum );
    % 优化过程主循环
    for iteration = 1: 50 % 迭代次数
        for i = 1: ReacNum
            r1 = rand ( ); % 用于选择反应的随机数
            if r1 <= 0.5
                r2 = rand ( ); % 用于选择子反应的随机数
                if r2 <= 0.5
                    % 分解反应
                    molecules ( i, : ) = decomposition ( molecules ( i, : ));
                else
                    % 氧化还原 1 反应
                    molecules ( i, : ) = redox1 ( molecules ( i, : ));
                end
            else
                % 选择另一个分子
                m_j = molecules ( randi ( ReacNum ), : );
                r3 = rand ( );
                if r3 <= 1/3
                    % 合成反应
                    molecules ( i, : ) = synthesis ( molecules ( i, : ), m_j );
                elseif r3 <= 2/3
                    % 置换反应
```

```matlab
                    molecules(i, :) = displacement(molecules(i, :), m_j);
                else
                    % 氧化还原2反应
                    molecules(i, :) = redox2(molecules(i, :), m_j);
                end
            end
            % 重新计算焓值
            enthalpies(i) = calculateEnthalpy(molecules(i, :));
        end
        % 更新收敛曲线
        convergence_curve(iteration) = min(enthalpies);
end
% 输出最小解和其目标函数值
[best_fitness, idx] = min(enthalpies);
best_solution = molecules(idx, :);
% 绘制收敛曲线
figure;
plot(1: iteration-1, convergence_curve(1: iteration-1), 'LineWidth', 2);
xlabel('迭代次数');
ylabel('目标函数值');
title('ACROA 收敛曲线');
% 计算分子的焓值
function enthalpy = calculateEnthalpy(molecule)
    % 计算分子的焓值
    enthalpy = obj_func(molecule);
end
% 分解反应
function new_molecule = decomposition(molecule)
    % 执行分解反应
    new_molecule = molecule;
end
% 氧化还原1反应
function new_molecule = redox1(molecule)
    % 执行氧化还原1反应
    new_molecule = molecule*0.9;
end
% 合成反应
function new_molecule = synthesis(molecule1, molecule2)
    % 执行合成反应
    new_molecule = (molecule1 + molecule2)/2;
end
% 置换反应
function new_molecule = displacement(molecule1, molecule2)
    % 执行置换反应
    new_molecule = molecule1-molecule2;
```

```
        end
    % 氧化还原 2 反应
    function new_molecule = redox2（molecule1，molecule2）
        % 执行氧化还原 2 反应
        new_molecule =（molecule1 + molecule2）/ 2；
    end
end
```

ACROA 收敛曲线如图 4-11 所示。从收敛曲线可以看出，ACROA 在迭代初期目标函数值就迅速降低了，并在后续迭代中保持了较好的稳定性。

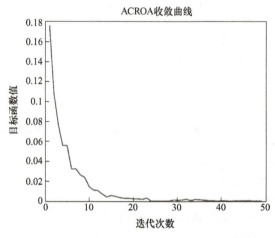

图 4-11　ACROA 收敛曲线

4.2.5　前沿进展

2020 年，参考文献 [14] 提出了一种混合人工化学反应优化算法，用于有效地求解 0-1 背包问题。该方法首先把化学反应分成单分子和双分子两种反应类型，并对这两种类型中的不同化学反应进行二进制编码。接着，该方法引入一个贪婪算子来修正反应过程的随机选择所产生的非可行解，并通过局部和全局搜索来获得问题的最优解。

2020 年，参考文献 [15] 提出了一种混合人工化学反应优化算法（Hybrid Artificial Chemical Reaction Optimization Algorithm）用于解决传统 ACROA 收敛速度较慢的问题。此外，该方法还使用了遗传算法的交叉和变异算子来平衡收敛速度与搜索范围。

2021 年，参考文献 [16] 提出了一种将 ACROA 与狼群算法相结合的特征选择算法。该方法先模拟狼群的群体智能行为，然后使用 ACROA 改变人工狼的位置，进而使算法快速找到最优解。

4.3　材料生成算法

材料生成算法（Material Generation Algorithm，MGA）是近年来提出的一种新的元启发式算法，通过模拟材料生成过程来解决工程优化问题。MGA 的灵感来源于材料化学，特别是化学化合物的配置和化学反应的过程。MGA 借鉴了化学材料生成过程中的元素配置、化学反应和稳定性等原理，使得算法能够在解空间中进行全面搜索，从而使其在处理复杂优化问题时，具有更高的效率和稳定性。

4.3.1 基本概念与原理

材料是由具有体积和质量的宇宙物质组成的多种物质的混合物。材料的生产过程涉及不同物质相互融合，以产生具有更高功能和能量水平的新材料。其中，元素是材料的基本组成部分，元素无法分解，也不能更改为其他元素。材料通常在原子、纳米、微观或宏观尺度上进行工程设计，以控制并提高材料的性能。

材料化学是材料研究领域中最重要的学科之一。材料工程师研究材料的配置，以改善材料的特性，开发更可持续且优于以前的新材料。材料的化学变化是通过各种化学物质的反应和组合来实现的。通常，不同材料的原子之间的电子转移或共享会改变化学性质，特别是材料之间形成的化学键会导致这种改变。材料化学主要包含三个主要概念，即化学化合物、化学反应和化学反应的稳定性。接下来，将逐一介绍这三个主要概念及其涉及的原理。

1. 化学化合物

宇宙中的大多数化学元素是通过与其他元素的组合产生的，少数化学元素在自然中自由存在。元素通过化学键及电子的转移或共享，来结合多种化学物质，形成化合物，其结果可能是以下之一：

1）当电子从一个元素的原子转移到另一个元素的原子时，会形成离子化合物。

2）当不同元素的原子之间共享电子时，形成共价化合物。离子化合物包含多个通过静电力（称为离子键）连接在一起的离子。虽然这些化合物在自然中是中性的，但它们由一些带负电和带正电的离子组成，分别称为阴离子和阳离子。离子的蒸发、沉淀或冷冻是产生离子化合物的主要因素。当一个原子或一小群原子开始失去或获得电子时，根据离子的情况形成离子化合物。

例如，氯化钠（也称为食盐）的形成如图 4-12 所示。在电子转化的过程中，钠（中性）失去一个电子时变成钠阳离子（Na^+）。此外，当氯获得一个电子时，它就变成了氯阴离子（Cl^-）。因此，食盐是 Na^+ 和 Cl^- 离子的固体集合体，它们由于相反的电荷而相互吸引。

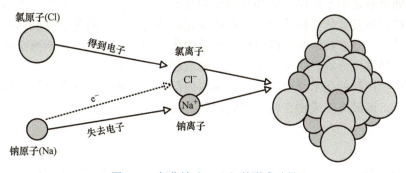

图 4-12　氯化钠（NaCl）的形成过程

当一种化学元素的一个原子与另一种元素的原子共享一个电子时，就会形成共价化合物，这种情况通常发生在非金属元素之间，形成电中性原子。

图4-13展示了两个原子形成共价化合物的过程。举个例子，假设两个氢原子开始相互靠近，一个原子的原子核强烈吸引另一个的电子。当原子核之间达到特定距离时，就会形成共价键，并且电子是平等共享的。

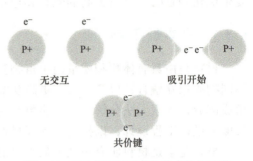

图4-13　两个原子形成共价化合物的过程

2. 化学反应

化学反应是将一种材料转化为另一种材料的过程，通常用化学方程式来表示化学反应，其中生成物与反应物一般情况下具有不同的性质。图4-14展示了一个化学反应的例子，其中镁丝（Mg）和氧气（O$_2$）发生化学反应生成氧化镁（MgO）。在反应发生之前，细小的镁丝被氧气包围。随着反应的进行，镁丝和氧气发生反应，生成粉末状的氧化镁。在这个反应中，热和光也作为中间产物产生，但本节中此过程暂不考虑。图4-14中所示化学反应的化学方程式如下：

$$2Mg(s) + O_2(g) \rightarrow 2MgO(s)$$

式中，s和g分别代表固体和气体。

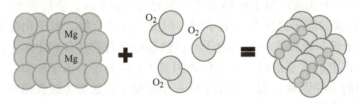

图4-14　镁丝（Mg）和氧气（O$_2$）产生氧化镁（MgO）的化学反应过程

3. 化学反应的稳定性

稳定性是现实世界应用中材料的重要属性之一。在生成具有不同特性的新材料时，考虑在不同情况下化学反应的稳定性非常重要。就化学稳定性而言，化学物质具有抵抗变化的特性。例如分解是由于内部因素和外部影响共同影响的，如热、空气、光和压力等。化学稳定性是材料在其他化学物质存在时抵抗变化的能力。稳定的化学生成物指的是在环境中没有特别反应，并在特定时间内保持其性质的生成物。相比之下，不稳定的化学材料在某些条件下容易发生分解、腐蚀、聚合、爆炸或燃烧等反应。

因此，在生产新的化学材料时，初始材料内部电子的转移或共享过程将以这样一种稳定的方式进行，即最终生成物在特定时间内具有稳定性。

4.3.2　算法描述

材料化学包含三个核心部分：化学化合物、化学反应和化学反应的稳定性。接下来，本节将具体介绍，材料生成算法如果将上述原理用于求解优化问题。MGA与其他许多自然演化算法一样，首先建立了一个初始的候选解集合，然后通过随机变化和选择进行演化，最终搜索并获得最优解。在这个算法中，一定数量的材料（Material，Mat）被视为候选解（Mat_n），这些材料由元素周期表（Periodic Table of the Elements，PTE）的一些元素组成，这些元素被表示为决策变量（PTE_i^j）。解的质量用目标函数值来度量，目标函数的表达式取决于具体的优化问题。

具体地，材料（候选解）的数学表示如下：

$$\mathbf{Mat} = \begin{pmatrix} \mathbf{Mat}_1 \\ \mathbf{Mat}_2 \\ \vdots \\ \mathbf{Mat}_i \\ \vdots \\ \mathbf{Mat}_n \end{pmatrix} = \begin{pmatrix} \text{PTE}_1^1 & \text{PTE}_1^2 & \cdots & \text{PTE}_1^j & \cdots & \text{PTE}_1^d \\ \text{PTE}_2^1 & \text{PTE}_2^2 & \cdots & \text{PTE}_2^j & \cdots & \text{PTE}_2^d \\ \vdots & \vdots & & \vdots & & \vdots \\ \text{PTE}_i^1 & \text{PTE}_i^2 & \cdots & \text{PTE}_i^j & \cdots & \text{PTE}_i^d \\ \vdots & \vdots & & \vdots & & \vdots \\ \text{PTE}_n^1 & \text{PTE}_n^2 & \cdots & \text{PTE}_n^j & \cdots & \text{PTE}_n^d \end{pmatrix}, \begin{cases} i = 1, 2, \cdots, n \\ j = 1, 2, \cdots, d \end{cases} \quad (4\text{-}20)$$

式中，d 是每种材料中的元素（决策变量）数量；n 是候选解的数量。

在优化过程的第一阶段，决策变量根据所考虑的问题而定义，PTE_i^j 随机确定。PTE 的初始位置在解空间中用如下方式随机确定：

$$\text{PTE}_i^j(0) = \text{PTE}_{i,\min}^j + \text{Uniform}(0,1) \times (\text{PTE}_{i,\max}^j - \text{PTE}_{i,\min}^j), \begin{cases} i = 1, 2, \cdots, n \\ j = 1, 2, \cdots, d \end{cases} \quad (4\text{-}21)$$

式中，$\text{PTE}_i^j(0)$ 确定第 i 种材料中第 j 个元素的初始值；$\text{PTE}_{i,\min}^j$ 和 $\text{PTE}_{i,\max}^j$ 分别是第 i 个候选解的第 j 个决策变量的最小值和最大值；Uniform（0，1）是区间 [0，1] 内的一个随机数。

1. 化学化合物

为了模拟化学化合物，所有 PTE 假设处于基态，可以通过磁场的外部激发、光子或光的能量吸收以及与不同的碰撞体或关于离子或其他单独电子的粒子的互动来激发。由于元素的不同稳定性，它们倾向于与其他 PTE 失去、获得或甚至共享电子，从而产生离子或共价化合物。为了模拟离子和共价化合物，使用式（4-20）对初始 **Mat** 随机选择 d 个 PTE。对于选定的 PTE，利用概率计算的方式，模拟失去、获得或共享电子的过程。为了实现这一目标，对每个 PTE 使用连续概率分布来配置化学化合物，一次获得新的 PTE，即：

$$\text{PTE}_{\text{new}}^k = \text{PTE}_{r_1}^{r_2} \pm e^-, k = 1, 2, \cdots, d \quad (4\text{-}22)$$

式中，r_1 和 r_2 分别是在区间 [1，n] 和 [1，d] 内均匀分布的随机整数；$\text{PTE}_{r_1}^{r_2}$ 是从 **Mat** 中随机选定的元素；e^- 是用于模拟失去、获得或共享电子过程的概率组成部分，通常用正态高斯分布表示；$\text{PTE}_{\text{new}}^k$ 是新元素。

接下来，使用新的 PTE 产生新材料（Mat_{new}），然后将其作为新的候选解添加到初始材料列表（**Mat**）中：

$$\text{Mat}_{\text{new}_1} = \left(\text{PTE}_{new}^1 \; \text{PTE}_{new}^2 \; \cdots \; \text{PTE}_{new}^k \; \cdots \; \text{PTE}_{new}^d\right)^T, k=1,2,\cdots,d \quad (4\text{-}23)$$

接着，全局候选解可以更新为：

$$\mathbf{Mat} = \begin{pmatrix} \text{Mat}_1 \\ \text{Mat}_2 \\ \vdots \\ \text{Mat}_i \\ \vdots \\ \text{Mat}_n \\ \text{Mat}_{\text{new}_1} \end{pmatrix} = \begin{pmatrix} \text{PTE}_1^1 & \text{PTE}_1^2 & \cdots & \text{PTE}_1^j & \cdots & \text{PTE}_1^d \\ \text{PTE}_2^1 & \text{PTE}_2^2 & \cdots & \text{PTE}_2^j & \cdots & \text{PTE}_2^d \\ \vdots & \vdots & & \vdots & & \vdots \\ \text{PTE}_i^1 & \text{PTE}_i^2 & \cdots & \text{PTE}_i^j & \cdots & \text{PTE}_i^d \\ \vdots & \vdots & & \vdots & & \vdots \\ \text{PTE}_n^1 & \text{PTE}_n^2 & \cdots & \text{PTE}_n^j & \cdots & \text{PTE}_n^d \\ \text{PTE}_{new}^1 & \text{PTE}_{new}^2 & \cdots & \text{PTE}_{new}^j & \cdots & \text{PTE}_{new}^d \end{pmatrix}, \begin{cases} i=1,2,\cdots,n \\ j=1,2,\cdots,d \\ k=1,2,\cdots,d \end{cases} \quad (4\text{-}24)$$

基于化合物（离子和共价）概念的新材料配置过程的示意图如图 4-15 所示。

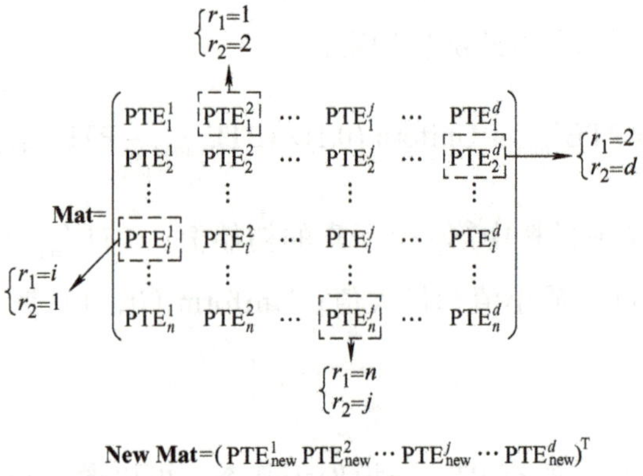

图 4-15 根据元素周期表随机选择元素生成新材料的示意图

式（4-22）中，确定 e^- 的概率方法可以通过正态高斯分布获得。根据随机选择的初始元素（$\text{PTE}_{r_1}^{r_2}$）产生得到新元素（PTE_{new}^k）的概率可以表示为：

$$f(\text{PTE}_{new}^k | \mu, \sigma^2) = \frac{1}{2\pi\sigma^2} \cdot e^{\frac{-(x-\mu)^2}{2\sigma^2}}, k=1,2,\cdots,d \quad (4\text{-}25)$$

式中，μ 是对应于所选随机 PTE（$\text{PTE}_{r_1}^{r_2}$）的分布的平均值、中值或期望值；σ 是标准偏差，通常设置为 1；σ^2 为方差；e 是自然对数的自然底或纳珀底。

2. 化学反应

化学反应模拟了新材料的生产过程，在此过程中，算法通过确定不同的化学变化，以产生与初始反应物不同性质的生成物。这种过程的示意图如图 4-16 所示，数学表示

如下:

$$\mathbf{Mat}_{new_2} = \frac{\sum_{m=1}^{l}(p_m \cdot \mathbf{Mat}_{mj})}{\sum_{m=1}^{l}(p_{mj})}, j=1,2,\cdots,l \qquad (4\text{-}26)$$

式中,$\mathbf{Mat}_m$ 是从初始 $\mathbf{Mat}$ 中随机选择的第 m 种材料;p_m 是第 m 个材料的正态高斯分布;$\mathbf{Mat}_{new_2}$ 是由化学反应产生的新材料。

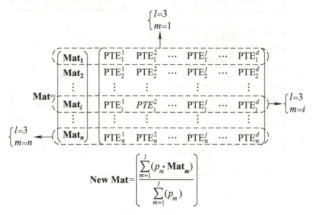

图 4-16 随机选择材料生成新材料过程示意图

3. 化学反应稳定性

材料稳定性通常通过解的质量来度量,即材料的稳定性对应于解的适应度值。具有最高稳定性水平的材料为具有最佳适应度值的候选解,而具有最低稳定性水平的材料则对应于具有最差适应度值得候选解。

然后,将全部候选解组合在一起,可以得到候选解集 $\mathbf{Mat}$ 如下所示:

$$\mathbf{Mat} = \begin{pmatrix} \mathbf{Mat}_1 \\ \mathbf{Mat}_2 \\ \vdots \\ \mathbf{Mat}_i \\ \vdots \\ \mathbf{Mat}_n \\ \mathbf{Mat}_{new1} \\ \mathbf{Mat}_{new2} \end{pmatrix} \qquad (4\text{-}27)$$

当产生新材料时,算法将考虑初始材料和新生产材料的稳定性水平,以决定新材料是否应包含在候选解集($\mathbf{Mat}$)中。具体地,算法将新产生材料的候选解的质量与初始材料进行比较,若新产生的材料稳定性更好,则其将代替初始材料候选解中适应度值最差的材料。

4.3.3 算法流程

材料生成算法流程图如图 4-17 所示。

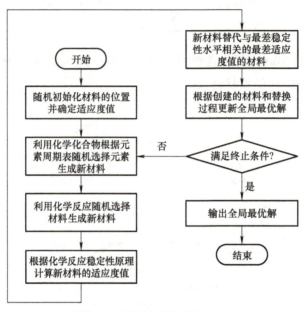

图 4-17　材料生成算法流程图

其步骤可以概括为：
步骤 1：随机初始化材料的位置并确定适应度值。
步骤 2：利用化学化合物根据元素周期表随机选择元素生成新材料。
步骤 3：利用化学反应随机选择材料生成新材料。
步骤 4：根据化学反应稳定性原理计算新材料的适应度值。
步骤 5：新材料替代最差适应度值的初始材料并更新全局最优解。
步骤 6：判断是否满足终止条件，若达到，则输出最优解，否则重复步骤 2～步骤 6。

4.3.4 典型问题求解案例

例题 4-3　假设有一个非线性函数 $f(x)=1+\dfrac{1}{4000}\sum\limits_{i=1}^{n}x_i^2-\prod\limits_{i=1}^{n}\cos\left(\dfrac{x_i}{\sqrt{i}}\right)$。通过材料生成算法求解该函数的最小值，并观察目标函数值与迭代次数之间变化规律的收敛曲线。

解：

```
%% 获取所需问题信息
ObjFuncName = @ ( x ) Sphere ( x );  % 定义目标函数
Var_Number = 10;  % 变量数量
VarMin = -600 * ones ( 1, Var_Number );    % 变量下界
VarMax = 600 * ones ( 1, Var_Number );     % 变量上界
```

```matlab
%% 获取所需算法参数
MaxIteration = 20000; % 最大迭代次数
NCompan = 100; % 初始化合物数量
Globalbest = 0;
%% 材料生成算法（MGA）
% 随机初始化材料位置
Compan.Position = unifrnd（repmat（VarMin, NCompan, 1）, repmat（VarMax, NCompan, 1））;
% 根据稳定性原理确定初始材料的适应度值
for ind = 1: NCompan
    Compan.Fun_Eval（ind）= feval（ObjFuncName, Compan.Position（ind, :））;
end
% 寻找迄今为止的最佳解
[value, Index1] = min（Compan.Fun_Eval）; % 找到最小目标函数值及其索引
BestSoFar.Fun_Eval（1）= value; % 记录迄今为止的最佳目标函数值
BestSoFar.Position（1, :）= Compan.Position（Index1, :）; % 记录迄今为止的最佳位置
% MGA 主循环
for Iter = 2: MaxIteration
    % 新材料 1
    Index = NCompan .*（0: Var_Number-1）+ randperm（NCompan, Var_Number）; % 随机选择材料
    CompnNew.Position（1, :）= Compan.Position（Index）+ unifrnd（-1, 1）.* randn（1, Var_Number）; % 利用化学反应随机生成新材料
    % 新材料 2
    Index = randperm（NCompan, 1）; % 随机选择材料
    Index2 = randperm（NCompan, Index）; % 随机选择材料
    CMs = randn（Index, 1）; % 生成随机权重
    CMs = CMs / sum（CMs）; % 归一化权重
    CompnNew.Position（2, :）= sum（CMs .* Compan.Position（Index2, :））; % 利用化学反应随机生成新材料
    % 应用上下限约束
    CompnNew.Position = max（CompnNew.Position, VarMin）; % 应用下限约束
    CompnNew.Position = min（CompnNew.Position, VarMax）; % 应用上限约束
    % 根据稳定性原理确定新材料的适应度值
    for ind3 = 1: size（CompnNew.Position, 1）
        CompnNew.Fun_Eval（ind3）= feval（ObjFuncName, CompnNew.Position（ind3, :））;
    end
    % 新材料替代与最差稳定性水平相关的最差适应度值的材料
    AllCompn.Position = [Compan.Position; CompnNew.Position];
    AllCompn.Fun_Eval = [Compan.Fun_Eval, CompnNew.Fun_Eval];
    [~, Index1] = sort（AllCompn.Fun_Eval）;
    Compan.Position = AllCompn.Position（Index1（1: NCompan）, :）;
    Compan.Fun_Eval = AllCompn.Fun_Eval（Index1（1: NCompan））;
```

```
        % 根据创建的材料和替换过程更新全局最优解
To_UpdateG = Compan.Fun_Eval（1）< BestSoFar.Fun_Eval（Iter-1）;
% 判断是否需要更新迄今为止的最佳解
        best =（1-To_UpdateG）.* BestSoFar.Position（Iter-1，：）+ To_UpdateG .* Compan.Position（1，：）;
        BestSoFar.Fun_Eval（Iter）=（1-To_UpdateG）.* BestSoFar.Fun_Eval（Iter-1）+ To_UpdateG .* Compan.Fun_Eval（1）;
        BestSoFar.Position（Iter，：）= best;
        % 判断是否满足终止条件
        if BestSoFar.Fun_Eval（Iter）< Globalbest
            break
        end
end
Conv_History_MGA = BestSoFar.Fun_Eval; % 保存 MGA 的收敛历史
%% 绘制结果
figure;
semilogy（Conv_History_MGA, 'LineWidth', 2）; % 绘制 MGA 的收敛历史
xlabel（'迭代次数'）; % x 轴标签
ylabel（'目标函数值'）; % y 轴标签
% grid on; % 显示网格
title（'MGA 收敛曲线'）; % 标题
%% 目标函数
function z=Sphere（x）
    n=length（x）;
    z= 1+sum（x.^2）/4000-prod（arrayfun（@（xi, i）cos（xi/sqrt（i）），x, 1: n））;
end
```

从图 4-18 中的收敛曲线可以看出，MGA 在迭代初期，目标函数值就开始迅速下降，并在后续迭代中保持了较好的稳定性。

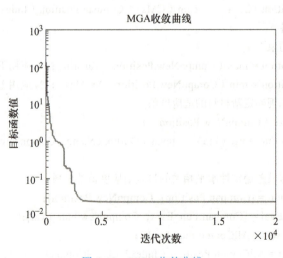

图 4-18　MGA 收敛曲线

本章小结

CRO 是一种受化学反应启发的元启发式算法。它模拟化学反应中分子的相互作用,并通过在分子间重新分配能量及将能量从一种形式转换为另一种形式,引导分子沿着势能表面(PES)向更稳定的状态转变。目前,CRO 算法已被广泛应用于求解非确定性的组合优化问题,并且在许多基准测试函数中的性能表现也优于众多其他传统优化算法。

ACROA 也是一种受化学反应启发的元启发式算法。它模拟化学反应中的单分子和双分子反应,使反应物具有更低的焓。该算法具备较好的全局搜索和局部搜索能力,且仅有初始反应物数量这一个参数。此外,ACROA 中可以在较短的时间内获得最优或满意解。

MGA 是一种新的元启发式算法,旨在解决工程优化问题。其灵感来源于材料化学,特别是化学化合物的配置和化学反应的过程。MGA 借鉴了化学材料生成过程中的元素配置、化学反应和稳定性等原理。该过程使得算法能够在解空间中进行全面搜索。此外,算法通过结合化学领域的概念,使其在处理复杂优化问题时具有更高的效率和稳定性。

思考题与习题

4-1 分子的组成部分有哪些?它们分别具有什么含义?

4-2 分子间有哪些基本反应?

4-3 简要概述化学反应算法的核心思想。

4-4 化学反应算法的一般步骤是什么?

4-5 讨论化学反应算法的优缺点有哪些?针对其缺点,可以有哪些改进措施?

4-6 化学反应都有哪些种类?

4-7 简要概述人工化学反应优化算法的核心思想。

4-8 人工化学反应优化算法的一般步骤是什么?

4-9 讨论人工化学反应优化算法的优缺点有哪些?针对其缺点,可以有哪些改进措施?

4-10 编程题。分别用化学优化算法和人工化学反应优化算法求解如下优化问题:

$$\min f(x) = \sum_{i=1}^{n} x_i^2$$

其中,$n=3$,变量 x_i($i=1, 2, 3$)的取值范围为 [-10, 10]。

4-11 简述材料生成算法的灵感来源及其基本原理。

4-12 描述材料生成算法在初始化阶段的步骤及其目的。

4-13 材料生成算法如何模拟化学化合物生成过程?

4-14 什么是材料生成算法中的"化学反应"步骤?其作用是什么?

4-15 材料生成算法如何评估每个个体的稳定性?

4-16 为什么材料生成算法可以在处理复杂优化问题时表现出更高的效率和稳定性?

4-17 材料生成算法的全局搜索和局部搜索能力是如何实现的?

4-18　材料生成算法在进行迭代更新时的停止条件是什么？

4-19　编程题。使用材料生成算法求解如下优化问题：

$$\min f(x) = \sum_{i=1}^{n} \left[x_i^2 - 10\cos(2\pi x_i) + 10 \right]$$

其中，$n = 3$，变量 x_i（$i=1$，2，3）的取值范围为 [−5.12, 5.12]。

参考文献

[1] LAM A Y S, LI V O K. Chemical-reaction-inspired metaheuristic for optimization[J]. IEEE Transactions on Evolutionary Computation, 2009, 14（3）：381-399.

[2] XU J, LAM A Y S, LI V O K. Chemical reaction optimization for task scheduling in grid computing[J]. IEEE Transactions on Parallel and Distributed Systems, 2011, 22（10）：1624-1631.

[3] TRUONG T K, LI K, XU Y. Chemical reaction optimization with greedy strategy for the 0-1 knapsack problem[J]. Applied Soft Computing, 2013, 13（4）：1774-1780.

[4] SZETO W Y, LIU Y, HO S C. Chemical reaction optimization for solving a static bike repositioning problem[J]. Transportation Research part D：Transport and Environment, 2016, 47：104-135.

[5] BECHIKH S, CHAABANI A, SAID L B. An efficient chemical reaction optimization algorithm for multiobjectiveoptimization[J]. IEEE Transactions on Cybernetics, 2014, 45（10）：2051-2064.

[6] DE A, PRATAP S, KUMAR A, et al. A hybrid dynamic berth allocation planning problem with fuel costs considerations for container terminal port using chemical reaction optimization approach[J]. Annals of Operations Research, 2020, 290：783-811.

[7] KIANI M, KHAYYAMBASHI M R. A network-aware and power-efficient virtual machine placement scheme in cloud datacenters based on chemical reaction optimization[J]. Computer Networks, 2021, 196：108270.

[8] ISLAM M S, ISLAM M R. A solution method to maximal covering location problem based on chemical reaction optimization（CRO）algorithm[J]. Soft Computing, 2023, 27（11）：7337-7361.

[9] ALATAS B. ACROA：artificial chemical reaction optimization algorithm for global optimization[J]. Expert Systems with Applications, 2011, 38（10）：13170-13180.

[10] ALATAS B. A novel chemistry based metaheuristic optimization method for mining of classification rules[J]. Expert Systems with Applications, 2012, 39（12）：11080-11088.

[11] TRUONG T K, LI K, XU Y, et al. An artificial chemical reaction optimization algorithm for multiple-choice knapsack problem[C]//Proceedings on the International Conference on Artificial Intelligence（ICAI）.[S.l.]：[s.n.], 2013.

[12] PENG Y, CHENG J, YANG Y, et al. Adaptive sparsest narrow-band decomposition method and its applications to rotor fault diagnosis[J]. Measurement, 2016, 91：451-459.

[13] SYSWERDA G. Uniform crossover in genetic algorithms[C]//Proceedings of the 3rd International Conference on Genetic Algorithms. San Francisco：Morgan Kaufmann Publishers Inc.,1989.

[14] 王建辉，郑光勇，徐雨明．混合人工化学反应优化算法求解 0-1 背包问题 [J]. 计算机技术与发展，2020, 30（7）：71-75.

[15] SINGH H, KUMAR Y. Hybrid artificial chemical reaction optimization algorithm for cluster analysis[J]. Procedia Computer Science, 2020, 167：531-540.

[16] 张亚钏，李浩，宋晨明，等.混合人工化学反应优化和狼群算法的特征选择[J].计算机科学，2021，48（S2）：93-101；129.

[17] TALATAHARI S，AZIZI M，GANDOMI A H. Material generation algorithm：A novel metaheuristic algorithm for optimization of engineering problems[J]. Processes，2021，9（5）：859.

[18] SALGOTRA R，SHARMA P，RAJU S，et al. A contemporary systematic review on meta-heuristic optimization algorithms with their MATLAB and python code reference[J]. Archives of Computational Methods in Engineering，2024，31（3）：1749-1822.

第 5 章 基于人类行为的智能优化算法

> 📄 **导读**

在人工智能和信息科学领域,对人类行为的借鉴与模拟已成为推动智能优化方法发展的重要动力。本章将重点介绍三种紧密联系人类行为特性的智能优化方法:人工神经网络算法、禁忌搜索算法和头脑风暴优化算法。

首先,人工神经网络算法模拟了人类大脑神经元之间的交互方式。通过模拟人脑的学习与记忆过程,人工神经网络能够逐渐适应并优化其处理信息的方式。其次,禁忌搜索算法借鉴了人类避免重复错误的记忆机制。这种基于人类"试错"行为的算法,能够有效避免陷入思维定式,从而找到全局最优解。最后,头脑风暴优化算法模拟了人类集体讨论和创意碰撞的场景。通过汇聚多个参与者的想法和观点,头脑风暴优化算法能够激发出大量的创新解决方案。这些基于人类团队协作和集体智慧的算法,为解决复杂问题提供了全新的视角和思路。

人工神经网络算法、禁忌搜索算法和头脑风暴优化算法这三种基于人类行为的智能优化方法,不仅模拟了人类的学习、避免错误和集体讨论等行为特征,而且在实际应用中展现出了高效性和创新性。它们为智能优化方法的发展提供了新的思路,并有望在未来推动更多领域的技术进步。

> 📄 **本章知识点**

- 人工神经网络算法
- 禁忌搜索算法
- 头脑风暴优化算法

5.1 人工神经网络算法

人工神经网络(简称神经网络)是由一些简单处理单元构成的大规模分布式处理器,天然地具有存储和复用经验知识的特性。人工神经网络是对人脑神经网络的某种简化、抽象和模拟。人工神经网络与人脑在两个方面相似:第一,都是通过学习过程从外界环境中获取知识;第二,都是利用互连神经元的连接强度,即突触权值,存储获取的知识。

因此，神经网络的主要目标是设计一个学习算法，通过调整网络中突触权值，实现既定任务。

神经网络算法的优势主要体现在两个方面：第一，神经网络具有能够存储信息的大规模并行分布式结构；第二，神经网络具有学习能力以及由此而来的泛化能力。泛化是指神经网络对不曾学习过的数据可以进行预测并得到合理的输出。这两个优势让神经网络具有学习更新并获得复杂问题近似解的能力。早在1943年，美国心理学家McCulloch和数学家Pitts合作提出了神经元的数学模型，从此开创了神经科学理论研究的时代。1957年Rosenblatt提出了感知机模型，它由阈值性神经元组成，试图模拟动物和人脑的感知和学习能力。1982年Hopfield提出了具有联想记忆功能的Hopfield神经网络，引入了能量函数，给出了网络的稳定性判据，这一成果标志着神经网络的研究取得了突破性的进展。本节给出基本的人工神经网络模型和经典的学习算法。

5.1.1 算法原理

人工神经网络利用可实现的软硬件系统来模仿人脑神经细胞的结构和功能。本节将简要介绍神经网络的基本原理，包括基本组成单元和常见的神经网络结构。根据人脑神经细胞的基本结构，人工神经网络由人工神经元、对应的连接权值和实现信号转换的激活函数组成。首先，介绍神经网络的基本组成单元——人工神经元模型。然后，给出常见的激活函数。此外，介绍由人工神经元组成的两种常见的神经网络结构，即单层感知机模型与多层感知机模型。

1. 人工神经元

人脑神经元由细胞体、轴突、突触和树突等部分组成，人脑神经元信息传递的示意图如图5-1所示。突触和树突是信息传递的关键部分，其中，突触起到连接神经细胞的作用，树突用于收集周围其他神经元的信息。神经元的信息传递是通过轴突中的电信号刺激突触释放神经递质，再由树突收集信息经过细胞体由轴突输出。当树突收集到足够的信息（满足某个阈值），该细胞就会产生一个新的电信号，从而实现细胞间的信息传递。人工神经元是对人脑神经元的模拟。人工神经元结构图如图5-2所示。

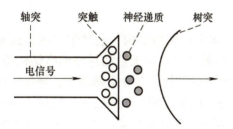

图5-1 人脑神经元信息传递示意图

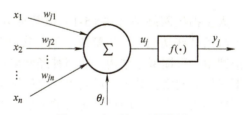

图5-2 人工神经元结构图

图5-2中，x_i是第i个输入信号，w_{ji}代表第i个神经元突触对第j个神经元突触作用的权值，θ_j代表第j个神经元的触发阈值，u_j代表第j个神经元的总输入，y_j代表第j个神经元的输出，$f(\cdot)$是神经元进行输入输出变换的激活函数。综上，第j个神经元的

状态或输出可用如下数学表达式描述：

$$y_j = f\left(\sum_{i=1}^{n} w_{ji} x_i - \theta_j\right) \tag{5-1}$$

人工神经元是神经网络操作的基本信息处理单位，式（5-1）中给出的神经元模型是后续人工神经网络设计的基础。

2. 激活函数

激活函数用来限制神经元输出的振幅，它的设计是构建神经网络的重要环节。激活函数的作用是将输出信号限制到允许的范围内，即通过输入输出进行函数转换，以模拟人脑神经元的线性或非线性特性。表 5-1 给出了常用的激活函数，其中，$a \neq 0$，s 和 a 均为常数。

表 5-1 常见的神经网络激活函数

名称	表达式
阈值逻辑（二值）	$f(x) = \begin{cases} 1, & x \geq s \\ 0, & x < s \end{cases}$
阈值逻辑（两极）	$f(x) = \begin{cases} 1, & x \geq s \\ -1, & x < s \end{cases}$
线性函数	$f(x) = ax$
线性阈值函数	$f(x) = \begin{cases} ax, & x \geq s \\ 0, & x < s \end{cases}$
Sigmoid 函数	$f(x) = \dfrac{1}{1 + e^{-ax}}$
双曲正切（tanh）函数	$f(x) = \dfrac{e^{ax} - e^{-ax}}{e^{ax} + e^{-ax}}$

3. 单层感知机

人工神经网络是将式（5-1）以某种方式组合起来的网络结构，通过学习的方式来模拟人脑的某些功能，用以解决不同的实际问题。目前已经提出大量的神经网络结构模型，如前馈型、反馈型等结构。前馈神经网络一般采用分层结构，在分层网络中，神经元以层的形式构成网络。其中，最简单的分层网络仅由输入层节点和一个神经元层构成，也称为单层感知机。图 5-3 展示了简易的单层感知机结构图，它由 4 个输入节点、1 个神经元层和 4 个输出节点构成。这里的输入层没有运算，故不把输入层层数包含在内。所以，单层指的是计算节点（神经元）的层数仅为一层。单层感知机具有简单的模式识别能力，能够解决一些简单的函数拟合和基本的分类问题，但对于更加复杂的非线性动态辨识和样本分类问题效果不佳。

4. 多层感知机

另一种典型的分层神经网络结构为多层感知机,即具有一个或多个隐含层的神经网络。隐含层指的是无论从网络的输入端或输出端都不能直接看到的神经元层。通常,多层感知机每一层的输入都是上一层的输出。图 5-4 给出了具有一个隐含层的多层感知机结构图,它的隐含层由 4 个神经元构成,输出层由 2 个神经元构成。图 5-4 中的多层感知机也是构成反向传播神经网络的基础结构。通常,一个多层感知机具有如下基本特性:

1) 网络中神经元模型包含对应的激活函数。
2) 网络具有一个或多个隐藏在输入和输出之间的层。
3) 大量的神经元连接权值。

这些特性使得多层感知机具有较强的数据处理能力,但同时也导致了参数设计和理论分析的困难。特别地,隐含层的引入使得连接权值的学习过程变得复杂且困难。

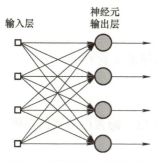

图 5-3 单层感知机结构图

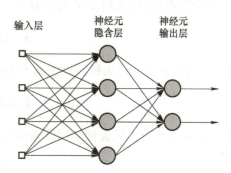

图 5-4 具有一个隐含层的多层感知机结构图

5.1.2 反向传播神经网络算法

人工神经网络的设计一般归结为两个部分,即神经网络结构设计和网络参数学习。本节选择多层感知机模型作为神经网络的结构。接下来,重点解决连接权值的学习问题。1985 年,Rumelhart 提出了误差反向传播(Error Back Propagation,BP)算法,系统地解决了多层感知机中隐含层神经元连接权值的学习问题。目前,BP 神经网络已经广泛应用于函数拟合、信息处理、模式识别和智能控制等领域。

1. BP 神经网络参数学习方法

训练多层感知机的一个经典方法是 BP 算法,其示意图如图 5-5 所示。训练过程主要分为如下两个阶段:

1) 前向阶段。网络中权值固定不变,输入信号在网络中逐层传播,直到抵达输出端,最终获得网络的输出。
2) 反向阶段。通过比较网络输出与预期输出,生成一个误差信号。利用误差信号,从输出端向输入端逐层反向传播。在传播过程中,对网络的权值进行不断的修正和调节,直至获得满意的神经网络权值。

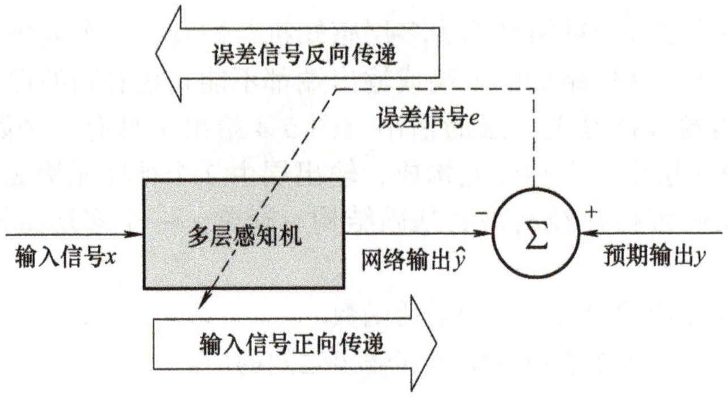

图 5-5 BP 算法示意图

本节选择具有一个隐含层的多层感知机作为示例，以说明 BP 算法权值学习过程。首先，将神经网络的输入层变量表示为

$$x = (x_1, x_2, \cdots, x_n)^T \tag{5-2}$$

式中，n 为正整数，代表神经网络输入节点个数。输出层的变量表示为

$$\hat{y} = (\hat{y}_1, \hat{y}_2, \cdots, \hat{y}_m)^T \tag{5-3}$$

式中，m 为正整数，代表神经网络输出节点个数。相应地，隐含层的权值矩阵可表示为

$$W^h = \begin{pmatrix} w_{11}^h & \cdots & w_{1n}^h \\ \vdots & & \vdots \\ w_{\ell 1}^h & \cdots & w_{\ell n}^h \end{pmatrix} \tag{5-4}$$

式中，ℓ 为正整数，代表神经网络隐含层神经元个数。若选取所有神经元激活函数均为 $f(\cdot)$ 且触发阈值为零，则隐含层第 l 个神经元的输出可表示为

$$h_l = f\left(\sum_{i=1}^n w_{li}^h x_i\right), l = 1, 2, \cdots, \ell \tag{5-5}$$

类似地，输出层的权值矩阵可表示为

$$W^o = \begin{pmatrix} w_{11}^o & \cdots & w_{1\ell}^o \\ \vdots & & \vdots \\ w_{m1}^o & \cdots & w_{m\ell}^o \end{pmatrix} \tag{5-6}$$

最终神经网络输出层第 j 个神经元的输出表示为

$$\hat{y}_j = f\left(\sum_{i=1}^\ell w_{ji}^o h_i\right), j = 1, 2, \cdots, m \tag{5-7}$$

对于给定的预期输出 $y = (y_1, y_2, \cdots, y_m)^T$，根据式（5-7）可定义第 j 个神经元误差信号

$$e_j = \frac{1}{2}(y_j - \hat{y}_j)^2, j = 1, 2, \cdots, m \tag{5-8}$$

进一步地,总误差信号为

$$e = \frac{1}{2}\sum_{j=1}^{m}(y_j - \hat{y}_j)^2 \tag{5-9}$$

因此,神经网络的学习过程是通过修改各层神经元的连接权值,使得式(5-9)中的误差信号 e 趋向最小。值得一提的是,使得误差信号 e 最小化的方法并不唯一,本节仅给出经典的梯度下降方法作为说明。

在 BP 算法中,采用误差信号反向传播,故先考虑输出层的权值调整。当神经元节点位于输出层时权值调整相对简单,这是因为多层感知机中每一个输出节点神经元可直接利用预期输出获得误差信号。根据梯度下降方法,取误差函数的负梯度方向作为权值的调整方向,即对于任意的输出层权值系数 w_{uv}^o,可按照方向

$$\Delta w_{uv}^o = -\frac{\partial e}{\partial w_{uv}^o} = -\frac{\partial e}{\partial e_u}\frac{\partial e_u}{\partial \hat{y}_u}\frac{\partial \hat{y}_u}{\partial w_{uv}^o} \tag{5-10}$$

进行调整。于是,输出层权值系数 w_{uv}^o 的迭代公式为

$$w_{uv}^o(t+1) = w_{uv}^o(t) - \alpha\frac{\partial e}{\partial w_{uv}^o(t)} \tag{5-11}$$

式中,$\alpha \in (0,1)$ 是学习率;正整数 t 是权值调整或修正次数。经过多次调整,直至寻找到满意的权值。

当神经元位于隐含层时,就没有与该神经元层直接对应的预期输出。因此,隐含层神经元的误差信号要根据与隐含层相连的神经元向后反传决定。对于隐含层的权值系数 w_{uv}^h,需按照方向

$$\Delta w_{uv}^h = -\frac{\partial e}{\partial w_{uv}^h} = -\frac{\partial e}{\partial h_u}\frac{\partial h_u}{\partial w_{uv}^h} \tag{5-12}$$

进行调整,其中,$\partial h_u / \partial w_{uv}^h$ 是隐含层神经元输出对权值的偏导数。由于隐含层第 u 个神经元与输出层的神经元都有连接,因此

$$\frac{\partial e}{\partial h_u} = \sum_{i=1}^{m} e_i \frac{\partial e_i}{\partial h_u} \tag{5-13}$$

综合式(5-12)和式(5-13),隐含层权值系数 w_{uv}^h 的迭代公式为

$$w_{uv}^h(t+1) = w_{uv}^h(t) - \alpha\frac{\partial e}{\partial w_{uv}^h(t)} \tag{5-14}$$

对于具有多个隐含层的 BP 网络,其他的隐含层权值调整可通过类似方法给出。图 5-6 给出了具有一个隐含层的 BP 网络训练流程。

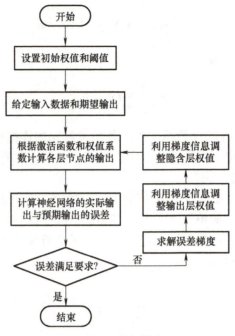

图 5-6　BP 神经网络权值学习流程图

2. BP 神经网络的不足及改进

BP 算法是一种基于梯度下降的优化算法,算法的表现依赖于初始条件,导致学习过程容易陷入局部最优。此外,BP 算法在学习速度、初值稳定性、精度以及泛化性能等方面仍有改进空间。这里,简要分析和讨论 BP 算法的不足和改进方式。

(1) BP 算法收敛缓慢的原因和改进措施

收敛缓慢的原因主要有:

1) 学习率设置问题:学习率设置太大,可能会导致模型在训练过程中振荡而无法收敛;学习率设置太小,则可能导致收敛速度非常慢。

2) 网络结构问题:网络设计过于简单,层数和节点数量不足,无法拟合复杂的数据分布,从而导致收敛缓慢。

3) 数据质量问题:训练数据中的噪声或异常值过多,或者数据分布不均衡,都可能导致神经网络训练困难,收敛速度下降。

针对以上训练缓慢的现象,可采取的改进措施有:

1) 调整学习率:可以尝试使用不同的学习率进行训练,观察模型的收敛情况,并找到最佳的学习率。另外,还可以使用学习率衰减策略,在训练过程中逐渐减小学习率,以提高收敛速度。

2) 优化网络结构:通过增加网络层数、节点数量或采用更复杂的网络结构,提高模型的拟合能力。同时,也可以考虑使用正则化技术来防止过拟合,提高模型的泛化能力。

3) 数据预处理:对训练数据进行清洗和筛选,去除噪声和异常值,或者对数据进行归一化处理,以减小数据分布对模型训练的影响。此外,还可以采用数据增强技术来扩充数据集,提高模型的鲁棒性。

(2) BP 算法易陷入局部最优的原因和改进措施

由于误差曲面往往复杂且无规则，所以可能存在多个分布无规则的局部最优点，导致 BP 算法容易陷入局部最优。克服 BP 算法易陷入局部最优的措施主要有：

1）采用不同的初始值训练多个神经网络：通过以多组不同参数值初始化多个神经网络，并按标准方法训练后，取其中误差最小的解作为最终参数。这种方法从不同的路径进行梯度下降，有助于避免陷入特定的局部极小值。

2）采用随机梯度下降：与标准梯度下降算法不同，随机梯度下降在计算梯度时会引入随机因素。即使陷入局部极小值，由于随机性的存在，算法有可能跳出这个极小值继续搜索。

(3) BP 算法泛化性能差的原因和改进措施

网络的泛化性能差主要体现在：网络能够很好地实现训练样本的输入/输出映射，但不能保证对未训练的样本输入得到理想的输出。BP 算法提高泛化性能的方法有：

1）增加数据量：在可能的情况下，增加训练数据量，确保模型能够学习到数据的真实分布。

2）数据预处理：对数据进行适当的预处理，如标准化、归一化等，以减少噪声和数据分布不均匀的影响。

3）优化超参数选择：通过交叉验证等方法，选择合适的超参数，如学习率、批次大小等，以提高模型的泛化性能。

5.1.3　径向基函数神经网络算法

本节介绍一种基于核函数的神经网络算法——径向基函数（Radial Basis Function，RBF）神经网络。RBF 神经网络的结构如图 5-7 所示，该网络由三层组成：输入层用于连接外部输入；隐含层利用非线性激活函数对输入空间进行非线性变换；输出层进行线性变换，用于提供网络的输出响应。需要注意的是，RBF 神经网络的隐含层通常为一层，这区别于多层感知机模型。RBF 神经网络的应用广泛，可以在许多场合应用，例如非线性函数逼近、时间序列分析、数据分类、模式识别、信息处理、图像处理、系统建模、控制和故障诊断等。

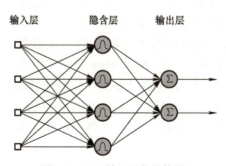

图 5-7　RBF 神经网络结构图

1. RBF 神经网络参数学习方法

RBF 是一种沿着径向对称的标量函数。通常，定义 RBF 为

$$\varphi(x) = \exp\left(-\frac{\|\bm{x}-\bm{B}\|^2}{2\theta^2}\right) \tag{5-15}$$

式中，$\exp(\cdot)$ 是以自然常数 e 为底的指数函数；$\bm{x} = (x_1, x_2, \cdots, x_n)^\mathrm{T}$ 是输入信号；$\bm{B} = (B_1, B_2, \cdots, B_n)^\mathrm{T}$ 是径向基函数的中心；θ 是以 $\bm{B}$ 为中心的径向基函数方差（半径）。利用 RBF 作为激活函数，构建隐含层具有 ℓ 个神经元和 m 个输出节点的 RBF 神经网络。为了简单说明，本节输入层到隐含层的权值系数均取 1，则第 j 个神经元的输出可表示为

$$h_j(x) = \exp\left(-\frac{\|\bm{x}-\bm{b}_j\|^2}{2\sigma_j^2}\right), j = 1, 2, \cdots, \ell \tag{5-16}$$

式中，b_j 和 σ_j 是第 j 个神经元的中心和半径。输出层的权值矩阵可表示为

$$\bm{W} = \begin{pmatrix} w_{11} & \cdots & w_{1\ell} \\ \vdots & & \vdots \\ w_{m1} & \cdots & w_{m\ell} \end{pmatrix} \tag{5-17}$$

由于 RBF 神经网络输出层为线性累加，网络的第 l 个输出可表示为

$$\hat{y}_l = \sum_{i=1}^{\ell} w_{li} h_i(x), l = 1, 2, \cdots, m \tag{5-18}$$

结合式（5-16）和式（5-18），注意到 RBF 神经网络需要学习的参数共 3 种：径向基函数的中心 b_j、半径 σ_j，以及输出层权值 $\bm{W}$。首先，针对给定的样本数据，需要按照不同的中心和半径将其分类，使其分布在对应的核函数附近。例如对于一个有 3 个神经元的 RBF 神经网络，通过样本集，需要确定对应的 3 个样本中心和半径，如图 5-8 所示。需要注意的是，RBF 的中心和半径需要利用没有确定标签的数据来设计。也就是说，在样本集中，预先不确定适合作为中心的样本以及能够覆盖足够多样本的半径。面对此类无标签的分类问题，通常的解决办法是利用无监督

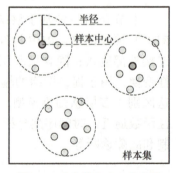

图 5-8 确定样本中心和半径

自学习方法确定样本中心和半径，如 K-means 法、自组织选取法。最后，输出层权值使用误差信号进行计算，可通过监督学习方法寻找合适权值，例如最小二乘法。总的来说，RBF 神经网络的训练过程包含两个阶段的混合学习过程，即无监督自学习和有监督学习。详细的学习过程本节不再赘述，读者可参考对应文献。

2. RBF 神经网络的不足及改进

RBF 神经网络应用的关键问题是其结构设计。本节中提到的自组织学习适用于静态的离线学习，即算法实现的前提是事先获得所有的样本数据。然而，事先获得所有数据不能用于动态输入模式的在线学习。此外，自组织学习法中的样本中心数（隐含层神经元个

数)需要人为确定,这同样增加了算法的设计难度。一个有效的改进方法是最近邻聚类学习算法,它能够有效地解决 RBF 神经网络的结构设计问题,实施过程中不需要事先确定隐含层神经元的个数,同时完成聚类所得到的 RBF 网络的参数是最优的,并且可执行在线学习。

5.1.4 典型问题求解案例

例题 5-1 利用 BP 和 RBF 神经网络分别拟合如下非线性函数

$$y(x) = \cos(2x) + \sin(x), -\pi \leqslant x \leqslant \pi \tag{5-19}$$

这里选取 63 个样本,输入变量为 $X = \{x^{(1)}, x^{(2)}, \cdots, x^{(63)}\}$,预期的输出为 $Y = \{y^{(1)}, y^{(2)}, \cdots, y^{(63)}\}$,由如下命令生成:

```
x = -pi: 0.1: pi;
y = cos (2*x) +sin (x);
```

解:基于 MATLAB 的设计过程如下所示。
1) 利用 MATLAB 工具箱,实现 BP 神经网络拟合式(5-19)。

```
MNHiddenNumber = 8; % 设置神经元个数
netgd = newff ( minmax ( x ), [MNHiddenNumber 1], {'tansig', 'purelin'}, 'traingd' );
% 'traingd' 训练方法设置为梯度下降
netgd.divideFcn = ''; % 样本全部分配为训练集
netgd.trainParam.lr=0.01; % 学习率
netgd.trainParam.epochs=1000; % 最大训练次数
netgd.trainParam.goal=1e-8; % 停止误差
[netgd, trgd]=train ( netgd, x, y ); % 训练 BP 神经网络
y_gd = sim ( netgd, x );
```

其中,y_gd 为 BP 神经网络的输出,netgd 为训练后的 BP 神经网络。
2) 利用 MATLAB 工具箱,实现 RBF 神经网络拟合式(5-19)。

```
goal = 1e-8; % 停止误差
spread = 0.01; % 径向基函数方差
MN = 100; % 隐含层最大神经元个数
DF = 5; % 每次学习增加的神经元个数
[netrbf, trrbf] = newrb ( x, y, goal, spread, MN, DF ); % 训练 RBF 神经网络
y_rbf = sim ( netrbf, x );
```

其中,y_rbf 为 RBF 神经网络的输出,netrbf 为训练后的 RBF 神经网络。
3) 通过绘制两个神经网络的学习曲线,观察拟合结果。

```
figure;
plot ( x, y, 'r', x, y_gd, 'b--*', x, y_rbf, 'bo' );
legend ( '原函数曲线', 'BP 神经网络输出', 'RBF 神经网络输出' );
```

实验结果如图 5-9 所示,可以看到 RBF 神经网络对于式(5-19)具有更强的拟合能力。

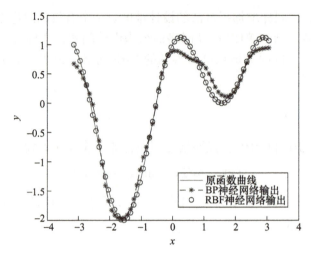

图 5-9　RBF 神经网络和 BP 神经网络输出结果

5.1.5　前沿进展

近年来，人工神经网络取得了显著进展，特别是深度学习框架的突破使复杂任务的处理更加高效和精准。通过构建更复杂的网络结构和采用先进的优化算法，研究人员训练出多种高性能神经网络以处理复杂任务，如自然语言处理、图像识别和语音识别等。1998 年，LeCun 成功将卷积神经网络（Convolutional Neural Network，CNN）应用于手写数字识别任务，开启了深度学习在计算机视觉领域的应用先河。2013 年，Graves 将递归神经网络（Recurrent Neural Network，RNN）应用于语音识别任务中，并取得显著的性能提升。通过构建深层的 RNN 结构，神经网络模型能够捕捉语音信号中的复杂结构和时间依赖性，提高语音识别的准确性和鲁棒性。2016 年，谷歌旗下的 DeepMind 公司开发了一款围棋人工智能程序 AlphaGo，其主要工作原理是通过"深度学习"构建两个不同的神经网络，进行棋局评分和下棋策略选择，实现围棋对弈。AlphaGo 展示了计算智能在复杂智力游戏中的潜力和优势，为神经网络领域的发展带来了重大突破。2022 年，OpenAI 团队发布一款聊天机器人程序——ChatGPT。基于 Transformer 神经网络架构，ChatGPT 拥有语言理解和文本生成能力，极大地推动自然语言处理领域的发展，为人们提供了更加智能的交互体验。

本节以长短期记忆（Long Short-Term Memory，LSTM）网络为例，介绍一种在自然语言处理、时间序列预测等多个领域展现出有效性的神经网络结构。LSTM 网络通过其特有的门控机制（包括输入门、遗忘门和输出门），能够有效地捕获和存储序列中的依赖关系。这使得 LSTM 在面对如自然语言处理、语音识别、时间序列预测等需要长期依赖的任务时，能够取得比传统 RNN 更好的性能。

LSTM 网络单元结构如图 5-10 所示。遗忘门用于接收上一时刻输出和记忆信息，利用非线性变换得到遗忘门的输出。其中，遗忘门的输出体现了上一时刻状态信息的保留与遗忘。输入门接收上一时刻输出和记忆信息，同时接收遗忘门的输出信息，通过非线性映射决定输入信息中需要被写入到状态的部分。输出门接收输入门信息以及上一时刻输出和记忆信息，它决定了记忆信息在 LSTM 单元的输出占比。上述机制允许 LSTM 网络在更新状态时，选择性地添加新信息与保留旧信息，从而实现对长序列信息的有效记忆和利用。在 LSTM 网络中，隐含层由许多 LSTM 单元组成，LSTM 网络结构如图 5-11 所示。

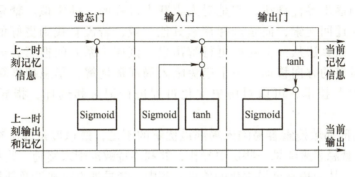

图 5-10　LSTM 网络单元结构图

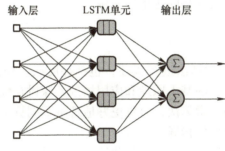

图 5-11　LSTM 网络结构图

本节以自组织 LSTM 网络为例，说明算法的学习过程，其主要步骤如下。

步骤 1：给定一组标签数据，计算 LSTM 网络的输出，计算网络的目标函数值及预测值。

步骤 2：采用反向传播方法更新 LSTM 网络的参数。

步骤 3：根据神经元敏感度判断是否需要增加新的神经元，若满足则增加新的神经元，并返回步骤 2。

步骤 4：输出最优 LSTM 网络结构以及最优参数。

通过上述步骤，LSTM 网络可以自适应学习参数调整，增强网络的泛化能力。LSTM 网络具有强大的自学习能力、鲁棒性和容错性、并行处理能力、逼近非线性关系的能力，使其能够灵活应对多种实际问题，展现出卓越的应用性能。

实际上，神经网络能够有效识别输入数据的特征，因此能够用于识别和聚类领域，例如：语音识别、图像识别、人机交互等。此外，神经网络能够对复杂数据集进行回归分析，进而对它们的发展变化趋势进行预测，这适用于证券投资分析、风险监测等领域。同时，它还能解释数据间的因果关系，应用于数据挖掘、图像检索、文本分类、工程控制等领域。目前，神经网络作为计算智能乃至人工智能的主要研究内容之一，已经成为解决许多实际问题的重要技术手段。

5.2 禁忌搜索算法

1986年，美国科罗拉多州大学的 Fred Glover 教授提出了禁忌搜索（Tabu search，TS）算法，并在1989年和1990年对该方法做出了进一步的定义和发展。禁忌搜索算法是一种全局逐步寻优算法，它是对人类智力过程的一种模拟。禁忌搜索算法对已搜索的区域不再迂回搜索，而是选择探索其他区域，若没有找到更好的目标，则可再搜索历史区域。该算法从一个初始可行解出发，试探一系列的搜索方向，选择其中目标函数值变化最多的方向移动。为了避免陷入局部最优解，禁忌搜索算法中采用了一种灵活的"记忆"技术，可以对历史优化过程进行记录和选择，指导下一步的搜索方向。

为了改进局部邻域搜索容易陷入局部最优解的不足，禁忌搜索算法在邻域搜索的基础上，通过设置禁忌表来禁忌一些历史操作，并利用特赦准则来奖励一些优良解，以此来跳出局部最优解，从而提高全局优化的效果。其中，禁忌搜索算法涉及邻域、禁忌表、禁忌长度、候选解和特赦准则等影响搜索性能的关键因素。本节给出基本的禁忌搜索算法原理、流程和其在经典函数极值求解问题中的应用。

5.2.1 典型搜索算法概述

本节将对几种典型的搜索算法进行概述，包括梯度法、局部邻域搜索算法以及禁忌搜索算法，逐一介绍这些算法的基本原理和应用场景，探讨在优化问题求解中的优势与局限。通过深入了解这些典型搜索算法，可以更好地理解不同算法间的共性与差异，为后续禁忌搜索算法的学习和应用提供指导。

经典的梯度法是一种基于梯度信息的优化算法，通过不断调整参数，使得目标函数逐渐靠近最优值。采用梯度法求解目标函数最大值问题时，从当前解出发，沿着目标函数梯度方向前进，直到达到最优解。然而，梯度法容易陷入局部最优解，且不适用于梯度信息未知的目标函数。基于此，已有学者提出一种不依赖梯度信息的局部邻域搜索算法，能够有效求解目标函数梯度未知的优化问题。

局部邻域搜索算法从选定一个可行解开始，先产生其邻域解集，再逐一比较其目标函数值，并通过不断选择当前最优解进行更新，直到找不到更优解为止。局部邻域搜索算法易于理解、易于实现，且具有很好的通用性，但搜索性能依赖于初始解和邻域结构。若初始解不合适或邻域结构设置不当，可能导致陷入局部最优。例如，采用局部邻域搜索算法求解目标函数最大值时，如图5-12所示，当初始解位于 $x(0)$ 时，算法在邻域寻优使得可行解最终走向 $x(1)$ 处，导致求解陷入局部最优，且无法跳出，搜索过程不能进行到全局最优可行解 $x(2)$。因此，要实现全局优化，局部邻域搜索算法所运用的邻域函数必须具备穷举性，以确保搜索的全面性和完整性。然而，在实际应用中，穷举搜索往往受限于计算消耗的资源和时间。特别在处理大规模问题时，穷举搜索的效率会变得极为低下，甚至可能无法得出有效结果。因此，尽管穷举邻域函数可能实现全局优化，但在实际应用中，需要寻找更加高效且切实可行的搜索策略。

禁忌搜索算法是在局部邻域搜索的基础上引入了"禁忌表"，用于记录已经搜索过的解，避免重复搜索或者陷入局部最优解。禁忌搜索算法通过在搜索过程中动态地调整搜索路径，能够更全面地探索解空间，从而更有可能找到全局最优解。若采用禁忌搜索算法求解目标函数最大值，如图 5-13 所示，当可行解在 $x(0)$ 时，由于引入了"禁忌表"，算法将历史可行解 $x(1)$ 的搜寻方向标记为"禁止通行"（禁忌策略），故接受劣质解向其他方向寻优，实现目标函数值先降后升，最终搜索到了全局可行解 $x(2)$。

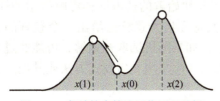

图 5-12　邻域搜索算法寻优原理示例

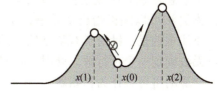

图 5-13　禁忌搜索算法寻优原理示例

总的来说，禁忌搜索算法的核心思想在于通过设立禁忌表来避免算法陷入局部最优解，同时利用记忆功能在搜索过程中允许接受劣质解以扩大搜索范围，并通过特赦准则避免错过优质解。通过不断迭代和优化搜索策略，禁忌搜索算法结合了局部邻域搜索和全局优化的思想，旨在高效、准确地找到目标函数的最值。

5.2.2　基本概念

禁忌搜索算法是一种迭代元启发式搜索算法，靠"记忆"引导算法的搜索过程，其中很多构成要素极大地影响搜索的速度与效果。接下来，将依次介绍算法基本概念，包括禁忌对象和禁忌长度、邻域移动、目标函数、禁忌表、解的初始化、特赦准则及终止规则。

1. 禁忌对象和禁忌长度

禁忌对象是指禁忌表中被禁止的某些变化元素。禁忌对象的选择可以根据具体问题而制定，一般有三种选定方式：以可行解本身或者可行解的变化作为禁忌对象，以可行解分量以及可行解分量的变化作为禁忌对象，以目标函数值及其变化作为禁忌对象。

禁忌长度，指的是禁忌对象不能被选取的周期。禁忌长度过短容易出现循环，跳不出局部最优；禁忌长度过长，可能导致当前候选解全部被禁忌，造成计算效率低下，甚至可能直接导致算法失效。

2. 邻域移动

邻域是禁忌搜索算法搜索过程中当前解进行移动形成的集合，邻域中每个邻居都可以看作一个候选解，通过对候选解进行评估和选择，来更新搜索过程。邻域移动是进行解更新的关键，影响整个算法的搜索速度和效果。邻域移动的本质是一个函数映射，通过这个函数由当前解产生其相应的邻居解集合，进而产生合适的候选解集合。

3. 目标函数

目标函数用于评价可行解的质量，是判断解优劣的衡量指标。针对具体问题，算法也可采用多个目标函数，以提高解的分散性（区分度）。

4. 禁忌表

禁忌表用于记录被禁止的变化元素，以防出现搜索循环、陷入局部最优，其中关键因素是禁忌对象和禁忌长度。禁忌表通常记录前 L 次移动，禁止这些移动在短期内循环进行。禁忌表是一个循环表，每迭代一次，就将最近的一次移动放在禁忌表的末端，同时释放禁忌表中的首端元素。

5. 解的初始化

由于禁忌搜索算法建立在邻域搜索基础上，因此初始解的选取同样影响搜索的性能。禁忌搜索算法可以随机给出初始解，也可以使用其他元启发式算法给出一个较好的初始解。需要注意的是，针对具有复杂约束的优化问题，如果随机选取初始解，可能经过多次搜索也无法确定一个可行解。此时，针对给定的约束，应采用元启发式方法或其他方法找出一个合适的可行解作为初始解。

6. 特赦准则

在禁忌搜索算法中，可能会出现候选解全部被禁忌，或者存在一个优于当前最优目标值的禁忌候选解，此时特赦准则将对某些可行解进行解禁，以实现更高效的优化。常用的特赦准则有：

1）基于目标值的原则（藐视准则）：某个禁忌候选解的目标值优于当前最优解，则解禁此候选解，将其设为当前解和新的当前最优解。

2）基于最小错误的原则：若候选集中所有的对象都被禁忌时，且都不优于当前最优解，则从候选集中选出一个目标值最优的对象进行解禁。

3）基于影响力的原则：保留对目标函数影响大的候选解。

7. 终止规则

禁忌搜索算法是一个元启发式算法，尽管难以实现解空间的遍历，但能在有限的时间内给出一个满意的近似解。禁忌搜索算法中常用的终止规则有：

1）最大迭代次数：给定一个充分大的正整数 N，限制总的迭代次数不超过 N。这种原则的优点是易于操作和计算时间可控，但无法保证解的质量。

2）禁忌频率控制原则：设定禁忌对象的最大禁忌频率，如果一个对象被禁忌的频率达到了事先给定的阈值，则算法停止。

3）目标值变化控制原则：在禁忌搜索算法中，提倡记忆当前最优解。如果在一定的迭代次数内，最优目标值没有改变，则停止运算。

本节探讨了禁忌搜索算法的核心概念，理解了其通过引入禁忌表来避免陷入局部最优的独特机制。禁忌搜索算法以其灵活的邻域搜索和记忆能力，在优化设计中展现出强大的寻优能力。接下来，将进一步探究禁忌搜索算法的具体流程，了解如何在实际应用中执行这一算法。

5.2.3 算法流程

本节将探讨禁忌搜索算法的搜索流程，详细解析其运作机制与核心步骤。同时，还将讨论禁忌搜索算法的搜索特点，包括其避免局部最优解的策略和记忆功能的运用。最后，展望禁忌搜索算法的改进方向,探讨如何进一步优化算法性能,提升其在解决实际问题中的效率和准确性。

1. 禁忌搜索算法的搜索流程

禁忌搜索算法的基本思想是通过引入禁忌表和特赦准则来避免陷入局部最优,并通过迭代搜索来寻找全局最优解。首先初始化算法,设定初始解和禁忌表;接着在当前解的邻域内搜索产生候选解,并根据藐视准则选择当前解,同时更新禁忌表以避免重复搜索;然后判断算法是否满足终止规则,若满足则输出最优解并结束算法,否则继续重复搜索过程。通过迭代优化,禁忌搜索算法能够逐步逼近全局最优解。禁忌搜索算法的具体搜索步骤为:

步骤1:给定禁忌搜索算法参数,随机产生初始解作为当前解 x_{now},将禁忌表置空。

步骤2:判断算法终止规则是否已满足:若是,结束算法并输出优化结果;否则,继续以下步骤。

步骤3:利用当前解的邻域函数产生邻域解,并从中确定若干候选解。

步骤4:对候选解判断藐视准则是否满足。若满足,用满足藐视准则的最佳解替代当前解 x_{now} 以及当前最优解 x_{best},并用该最佳解对应的禁忌对象替换最早进入禁忌表的禁忌对象,然后转步骤2;否则,继续以下步骤。

步骤5:判断候选解对应的各禁忌对象的禁忌属性,选择对应非禁忌对象的候选解中的最优解,将其作为新的当前解 x_{now},同时用与之对应的禁忌对象替换最早进入禁忌表的禁忌对象,然后转步骤2。

禁忌搜索算法的运算流程图如图 5-14 所示。

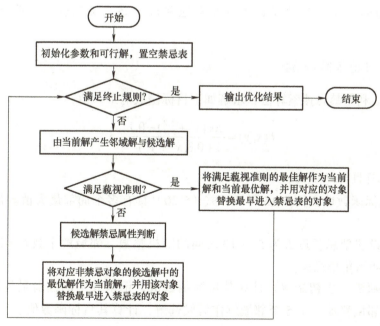

图 5-14 禁忌搜索算法的运算流程图

2. 禁忌搜索算法的特点

禁忌搜索算法是在邻域搜索的基础上，通过设置禁忌表来禁忌一些近期已经进行过的操作。禁忌表和禁忌对象的设置，体现了算法避免迂回搜索的特点。藐视准则，实际上是对优良解的奖励，是对禁忌策略的一种放松。与传统的优化算法相比，禁忌搜索算法的主要特点是：

1）禁忌搜索算法的新解不是在当前解的邻域中随机产生。它往往需要满足一定的条件，要么是优于当前最优解的可行解，要么是非禁忌对象中的最佳解，因此选取到优良解的概率远远大于其他劣质解的概率。

2）由于禁忌搜索算法具有灵活的"记忆"功能和藐视准则，并且在搜索过程中可以接受劣质解，所以具有逃离局部最优的能力，这样可以转向解空间的其他区域，从而增大获得全局最优解的概率。

3. 禁忌搜索算法的改进方向

禁忌搜索算法是著名的元启发式搜索算法，但元启发式搜索算法的共同缺点是可能因策略选择或初始解选择不当而导致输出非最优解。因此，尽管通过设置禁忌表和特赦准则来尝试跳出局部最优，但其全局搜索能力仍然相对较弱。禁忌搜索算法可在如下方面改进：

1）算法对初始解有较强依赖性，好的初始解可使禁忌搜索算法在解空间中搜索到优质解，而较差的初始解则会降低禁忌搜索的收敛速度。因此可以与遗传算法、模拟退火算法等优化算法形成组合算法，先产生较好的初始解，再用禁忌搜索算法进行搜索优化。

2）迭代搜索过程是串行的，仅是单个解层面的移动，而非并行搜索。因此，可以针对算法的初始化、参数设置等方面实施并行策略，实现进一步改善禁忌搜索的性能。

5.2.4 典型问题求解案例

例题 5-2 利用禁忌搜索算法，求解如下目标函数的最大值：

$$f(x,y) = \frac{\cos(x^2 + y^2) - 0.1}{1 + 0.3(x^2 + y^2)^2} + 3 \tag{5-20}$$

式中，$x \in [-5,5]$ 且 $y \in [-5,5]$。

解：由目标函数曲面图 5-15 可知，式（5-20）具有多个局部最大值。该问题的求解过程如下。

步骤 1：设置禁忌长度 L 为 5～10 之间的随机整数，邻域解个数 $C=10$，最大迭代次数为 300，初始化禁忌表。

步骤 2：随机产生初始解，计算其目标函数值，记录其中的当前最优解 x_{best} 和当前解 x_{now}；通过邻域移动产生 5 个邻域解作为候选解，计算其目标函数值。

步骤 3：计算最优候选解 x_{can} 与当前最优解 x_{best} 的差值 $\Delta = x_{can} - x_{best}$。

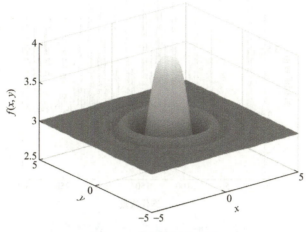

图 5-15 目标函数曲面图

步骤 4：若 $\Delta > 0$，则说明满足藐视准则，把最优候选解 x_{can} 赋值给当前解 x_{now} 和当前最优解 x_{best}，并更新禁忌表。

步骤 5：若 $\Delta \leq 0$，则说明不满足藐视准则，判断候选解是否在禁忌表中，把不在禁忌表中的最优候选解赋值给当前解 x_{now}，并更新禁忌表；若所有候选解都不在禁忌表中，则不改变当前解 x_{now}，并用当前解 x_{now} 重新产生邻域解。

步骤 6：判断是否满足终止规则，若满足，结束搜索过程，输出优化值；若不满足，继续进行迭代优化。

搜索过程中当前最优解 x_{best} 对应的目标函数迭代曲线如图 5-16 所示，优化后的最终结果为 $x = -0.0790$，$y = -0.0353$，函数 $f(x, y)$ 的最大值为 3.9000。由当前解对应的目标函数迭代曲线图 5-17 可知，禁忌搜索算法可以接受劣解作为当前解 x_{now}，以增大算法的全局搜索能力。

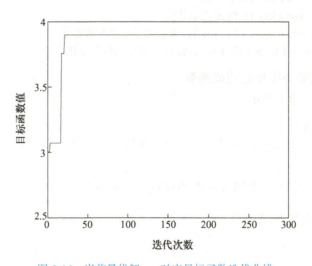

图 5-16 当前最优解 x_{best} 对应目标函数迭代曲线

智能优化算法解析

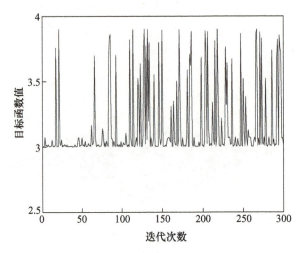

图 5-17　当前解 x_{now} 对应目标函数变化曲线

下面给出求解过程的 MATLAB 程序：

1）初始化各个参数和各类解变量，并置空禁忌表。

```
global xu xl w L；% 定义全局变量
xu=5；% 解的上界
xl=-5；% 解的下界
L=randi（1，[5 10]）；% 禁忌长度取 5～10 之间的随机数
C=10；% 邻域解个数
Gmax=300；% 禁忌搜索算法的最大迭代次数
w=1；% 自适应权重系数
tabu=[]；% 禁忌表
x0=rand（1，2）*（xu-xl）+xl；% 随机产生初始解
xbest.key=x0；% 最优解
xnow（1）.key=x0；% 记录当前解变化
trace（1）.key=x0；% 记录最优解变化
xbest.value=func（xbest.key）；% 最优函数值
xnow（1）.value=func（xnow（1）.key）；% 记录当前函数值变化
trace（1）.value=func（trace（1）.key）；% 记录最优函数值变化
```

2）定义算法主循环中核心功能函数。

定义目标函数，如下所示：

```
function y=func（x）
y=（cos（x（1）^2+x（2）^2）-0.1）/（1+0.3*（x（1）^2+x（2）^2）^2）+3；
end
```

定义生成函数，用于产生邻域解作为候选解，如下所示：

```
function x_near= generate_x_near（x）
global xu xl w；
x_temp=x；
x1=x_temp（1）；
```

```
x2=x_temp(2);
x_near(1)=x1+(2*rand-1)*w*(xu-xl);
if x_near(1)<xl   %边界控制条件
    x_near(1)=xl;
end
if x_near(1)>xu
    x_near(1)=xu;
end
x_near(2)=x2+(2*rand-1)*w*(xu-xl);
if x_near(2)<xl
    x_near(2)=xl;
end
if x_near(2)>xu
    x_near(2)=xu;
end
end
```

定义判断函数，用于判断候选解是否在禁忌表中，如下所示：

```
function r= judge_in_tabu(tabu, candidate)
[M, N]=size(tabu); r=0;
for m=1：M
    if candidate.key(1)==tabu(m, 1) & candidate.key(2)==tabu(m, 1)
        r=1;
    end
end
end
```

定义更新函数，用于更新禁忌表，如下所示：

```
function tabu=update_tabu(tabu, x)
global L;
tabu=[tabu; x];
if size(tabu, 1)>L
    tabu(1, ：)=[];
end
end
```

3）实施禁忌搜索算法程序主循环，包含产生邻域解和候选解，对其判断藐视准则，以进行当前解和当前最优解的更新。

```
g=1;   %迭代计数
while g<Gmax
    x_near=[];  %邻域解
    w=w*0.998;
    for i=1：C
        x_near(i, ：)=generate_x_near(xnow(g).key);
        fitvalue_near(i)=func(x_near(i, ：));
```

```
    end
    temp=find（fitvalue_near==max（fitvalue_near））;  %计算最优候选解
    candidate（g）.key=x_near（temp,：）;
    candidate（g）.value=func（candidate（g）.key）;
    delta=candidate（g）.value-xbest.value;
    if delta>0   %满足藐视准则时
      xnow（g+1）.key=candidate（g）.key;
      xnow（g+1）.value=func（xnow（g+1）.key）;
      xbest.key=candidate（g）.key;
      xbest.value=func（xbest.key）;
      tabu =update_tabu（tabu, xnow（g+1）.key）;
      g=g+1;
    else
      r= judge_in_tabu（tabu, candidate（g））;   %判断候选解是否在禁忌表里
      if  r==0
        xnow（g+1）.key=candidate（g）.key;
        xnow（g+1）.value=func（xnow（g+1）.key）;
        tabu= update_tabu（tabu, xnow（g）.key）;
        g=g+1;
      else
      end
    end
    trace（g）.value=func（xbest.key）;
    trace（g）.key=xbest.key;
end
```

4）绘制算法运行图形。

```
figure
plot（[trace.value], 'Color', 'b'）, xlabel（'迭代次数'）, ylabel（'目标函数值'）
ylim（[2.5 4]）
figure
plot（[xnow.value], 'Color', 'b'）, xlabel（'迭代次数'）, ylabel（'目标函数值'）
ylim（[2.5 4]）
figure;
hold on;
plot（arrayfun（@（x）x.key（1）, xnow）, arrayfun（@（x）x.key（2）, xnow）,
'o', 'Color', 'b'）;
plot（arrayfun（@（x）x.key（1）, trace）, arrayfun（@（x）x.key（2）, trace）,
'-*', 'Color', 'r'）;
xlabel（'x'）, ylabel（'y'）; legend（'当前解', '最优解'）;
```

探索过程中可行解的分布如图5-18所示，禁忌搜索算法对目标空间有良好的搜索能力。此外，由图5-18可知，禁忌搜索算法可以跳出多个的局部最优解。本次实验展示了禁忌搜索算法在解决优化问题中的效果。禁忌搜索算法通过引入禁忌表和藐视准则，可以有效避免陷入局部最优解，展现出了较强的全局搜索能力。

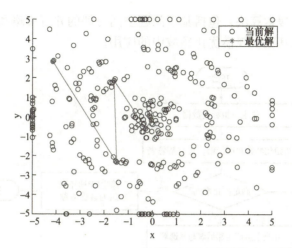

图 5-18　搜索过程中当前解和最优解的分布

5.2.5　前沿进展

迄今为止，禁忌搜索算法在组合优化等计算机领域取得了显著进展，并应用到调度和规划等问题中。其中，为解决柔性作业车间调度问题，参考文献 [17] 给出一种基于深度强化学习的自学习禁忌搜索算法。该算法以禁忌搜索为核心，采用双层深度 Q 网络智能调整禁忌搜索算法的关键参数。得益于强大优化能力，禁忌搜索算法可以应用于多个领域。禁忌搜索算法能够有效地搜索问题的解空间，能够解决各种组合优化问题，如旅行商问题、车辆路径规划、作业调度等。此外，在机器学习领域，禁忌算法可以解决参数优化、特征选择、模型选择等问题，帮助提升机器学习算法的性能和效率。鉴于此，本节给出禁忌搜索与机器学习的结合应用实例，介绍禁忌算法调整 BP 神经网络参数优化流程。由于 BP 神经网络存在收敛速度慢和易陷入局部最优的问题，导致网络参数优化困难。因此，通过结合禁忌算法的全局优化能力，实现 BP 神经网络参数的全局优化。

禁忌搜索算法用于优化 BP 神经网络参数时的流程如图 5-19 所示，其主要步骤如下：

步骤 1：初始化 BP 神经网络的参数，给定一组标签数据，根据神经网络得到实际输出。

步骤 2：初始化禁忌算法，设置神经网络的待优化变量作为禁忌算法的解。

步骤 3：进行网络训练，利用实际输出与期望输出差异计算目标函数。

步骤 4：利用禁忌算法寻优，根据初始解的附近邻域移动产生候选解，通过藐视准则和禁忌表，更新当前解和当前最优解。

步骤 5：判断停止准则，若满足则输出神经网络权值的当前最优解，否则返回步骤 3。

禁忌搜索算法可以扩展到其他复杂神经网络超参数优化。在实践中，只需设定优化的目标函数，禁忌搜索算法便可进行启发式搜索优化，从而节省手动调整的时间，并获得更精确优化的结果。此外，禁忌搜索算法还可以与其他元启发式搜索算法结合，以提高算法的全局搜索能力，并应用于各种实际生产调度、资源分配和规划优化问题中。然而，禁忌搜索算法本质上是一个串行迭代优化求解的过程，这严重限制了其效率和应用范围。未来研究可探索并行禁忌搜索算法，包括基于问题空间分解的并行策略和基于多禁忌搜索任务的并行策略，以推动其在大规模优化领域中的应用。

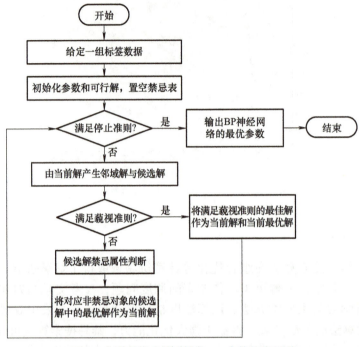

图 5-19　禁忌搜索算法优化 BP 参数的流程图

5.3　头脑风暴优化算法

　　头脑风暴法的核心思想在于集思广益，通过召集若干人开会讨论，在开会过程中鼓励发表各自的观点，禁止打断和批判他人观点，最后将会议上提出的所有想法进行分类整理，从而激发众多新颖且具有创意的新想法。头脑风暴法是一种通过自由讨论、激发创新思维，以充分开发人类创造性思维解决问题的方法。受人类开会过程集思广益的启发，2011 年我国的史玉回教授在第二届 Advances in Swarm Intelligence 国际会议中提出了一种新的头脑风暴优化（Brain Storm Optimization，BSO）算法，该算法采用聚类思想搜索局部最优，再通过比较局部最优得到全局最优。利用聚与散相辅相成的搜索机制以搜索最优解，使得 BSO 算法在解决多峰高维函数优化问题时展现出显著的优势。

5.3.1　头脑风暴法概述

　　头脑风暴法是一种激发人类思维，以寻找问题最优解的方法。头脑风暴法的核心是，让参会人员围绕中心话题畅所欲言，通过思想碰撞、观念融合，得到问题的最优解。其提出者 Osborn 认为设想的数量越多就越有可能获得解决问题的有效方法。因此，提出头脑风暴法的目标是使个体在面对具体问题时能够从自我和他人的求全责备中释放出来,从而产生尽可能多的想法。本节介绍头脑风暴法的核心组成部分,揭示其独特的创意激发机制。同时,探讨影响头脑风暴法有效性的关键因素,以便在实际应用中更好地发挥其优势。最后,利用头脑风暴法在思维创新和团队协作方面的卓越表现,启发优化算法设计。

1. 头脑风暴法的组成

头脑风暴法一般由四个基本原则和三个阶段组成。采用头脑风暴法组织群体决策时,集中有关专家召开专题会议,主持人以明确的方式向所有参与者阐明问题,说明会议的规则,创造融洽轻松的会议气氛。会议主张独立思考,不允许私下交谈,以免干扰其他人思维,鼓励专家们自由地提出各种可能的方案。头脑风暴法要遵循以下四个原则:

1)庭外判决原则(延迟评判原则)。对各种意见、方案的评判必须放到最后阶段,此前不能对别人的意见提出批评和评价。认真对待任何一种设想,不管其是否适当和可行。

2)自由畅想原则。鼓励各抒己见,创造一种自由、活跃的气氛,激发参与者提出想法,使与会者思想放松。

3)以量求质原则。意见越多,产生好意见的可能性越大,这是获得高质量创造性设想的条件。

4)综合改善原则。除提出自己的意见外,鼓励参与者对他人已经提出的设想进行补充、改进和综合,强调相互启发、相互补充和相互完善。

从明确问题到会后评价,头脑风暴法一般分为三个阶段。第一阶段为明确阐述问题,主持人介绍问题。如果专家对问题感到困惑,主持人应该利用案例形式对问题进行分析。第二阶段为主持人记录专家提出的所有见解,并积极鼓励专家自由提出见解。第三阶段为专家以鉴别的眼光讨论所有列出的见解,也可以让另一组专家来进行评价。

2. 影响头脑风暴法有效性的因素

目前,许多有关头脑风暴法的实验研究表明,采用头脑风暴法的互动群体所产生的观点数量不及名义群体。在互动群体中,参与者通过积极的互动和交流产生创造性的想法和提出解决方案。而在名义群体中,参与者之间的互动较少,缺乏合作和互动,仅构成名义上的群体。研究认为,以下因素导致了互动群体的观点产量不如名义群体。

1)互动群体产生观点的过程中,如果某个成员阐述自己观点,其他成员有两种可能的表现行为:一是努力记住自己已经产生但还没有机会表达的观点,以免发生遗憾;二是理解别人的观点,结果导致注意力分散或妨碍继续产生新的想法,从而遗忘自己的观点,继而影响整个群体观点产生的效果。

2)头脑风暴法的基本原则主要用于减轻参会者的思想负担,让参会者可以畅所欲言。实际上,在采用头脑风暴法的小组里,评价焦虑仍然存在。小组成员可能会在意甚至担心小组内其他成员的评价,如自己设想的价值、设想的新颖性,导致设想表达受限。

3)相较于单独工作,个体在参与群体共同工作时,所投入的努力会有所减少。

通过本节的探讨,已了解头脑风暴法的核心组成,认识到四个原则对于激发创新思维的重要性。同时,分析了影响头脑风暴法有效性的关键因素。此外,头脑风暴法所蕴含的开放性和协作精神为 BSO 算法的设计提供了宝贵的启示,有助于在算法研究中实现高效的优化和创新。

5.3.2 算法原理

受头脑风暴法集体智慧和创意激发思想的启示，BSO 算法通过模拟头脑风暴中团队成员集思广益的过程，从而实现寻找问题的最优解。本节简要介绍 BSO 算法的基本原理，包括 BSO 算法的主要构成和 BSO 算法实现过程。BSO 算法中的每一个体都代表一个问题的解，利用个体的演化和融合进行更新，通过反复迭代求得问题的最优值。BSO 算法主要由聚类和变异两部分组成，本节首先介绍 BSO 算法中聚类和变异的基本概念，然后对 BSO 算法实现过程进行简要阐述。

1. 聚类

头脑风暴小组每一轮需要产生适量的想法，过多的想法容易导致算法发散。因此，为了加快获得问题的最优解，需要将头脑风暴小组的精力集中在一些具有高潜力的领域。此外，由于参与者具有不同的专业知识，提出的想法也各不相同，可能导致信息交流效率低下。为解决这一问题，BSO 算法采用 K-means 聚类机制，将相同领域或者相似领域的成员分为一组。所有的个体可以聚集成几个集群，每个集群的中心可以是该集群中目标函数最优的个体，也可以是距离空间的中间个体。K-means 聚类是一种经典的无监督聚类算法，用于将数据集划分为 K 类。该算法的目标是使得数据点与其所属聚类中心之间距离的二次方和达到最小。K-means 聚类算法原理如图 5-20 所示，具体操作步骤如下：

步骤 1：初始化。随机选择 K 个初始聚类中心点。

步骤 2：分配数据点。对于每个数据点，计算其与各个聚类中心的距离，并将其分配到距离最近的聚类中心所对应的类。

步骤 3：更新聚类中心。对于每个类，计算所有属于该类的数据点的均值，将该均值作为新的聚类中心。

步骤 4：重复步骤 2 和 3，直到聚类中心满足停止误差准则，或达到预定的迭代次数。

步骤 5：输出结果。最终得到 K 个聚类中心，以及每个数据点所属的类。

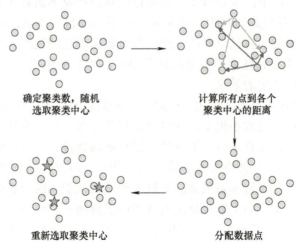

图 5-20 K-means 聚类算法原理图

K-means 聚类操作简单且使用广泛，虽然该算法的可解释性比较强，但是目前仍存在以下缺陷：

1）K 值需要预先给定，属于先验知识，很多情况下 K 值的估计是非常困难的。

2）K-means 算法的初始聚类中心影响算法的收敛性，即不同的初始中心可能得到不同的聚类结果。

3）K-means 算法并不适合所有的数据类型，难以处理非球形类、不同尺寸和不同密度的分类问题。

总的来说，K-means 聚类算法以其简洁高效的特性在数据处理领域占重要地位。它不仅能够快速地将数据划分为不同的类，而且通过迭代过程能够不断优化聚类结果，增强数据的可解释性。需要强调的是，K-means 聚类在 BSO 算法中起到了关键作用。通过 K-means 聚类算法，BSO 算法能够有效地将相似的个体聚集成若干类别，从而划分解空间。这种聚类方式不仅有助于算法快速定位到潜在的优质解，还能有效避免陷入局部最优。

2. 变异

为了避免 BSO 算法陷入局部最优，采用变异思想增加算法解的多样性，从而有助于得到全局最优解。BSO 算法变异的好坏决定了该算法的全局寻优能力，选择合适的变异方式能够降低算法陷入局部最优的可能性，从而提升算法的整体性能。

在引入变异操作之前，对关键变量进行定义。定义含有 L 个解个体的集群为：

$$P(i) = \{X_1(i), X_2(i), \cdots, X_L(i)\} \quad (5\text{-}21)$$

式中，i 为正整数，代表进化代数。定义集群 $P(i)$ 中第 l 个解个体为：

$$X_l(i) = (x_l^1(i), x_l^2(i), \cdots, x_l^n(i))^T, l = 1, 2, \cdots, L \quad (5\text{-}22)$$

式中，n 为正整数，代表解个体的维数。接下来，定义生成的临时解个体为：

$$A = (a^1, a^2, \cdots, a^n)^T \quad (5\text{-}23)$$

BSO 算法的变异过程主要由个体生成、个体变异构成。其中，个体生成用于从集群中选择临时个体。个体变异则是对选择的临时个体叠加随机扰动，以增强算法的全局寻优能力。根据概率选择下列操作的其中一个方式生成临时个体 A，即：

1）随机选中一个类，选择此类的聚类中心。
2）随机选中一个类，选择此类中的一个随机个体。
3）随机选中两个类，将这两个类的聚类中心进行融合。
4）随机选中两个类，分别从这两个类中随机选出一个个体进行融合。

然后通过叠加随机扰动，对生成的临时个体 A 进行更新，其过程为：

$$\begin{cases} \overline{A} = A + \varepsilon \omega(\mu, \sigma) \\ \varepsilon = \text{logsig}\left(\dfrac{0.5 i_{\max} - i}{k}\right) \text{rand}(\cdot) \end{cases} \quad (5\text{-}24)$$

式中，$\overline{A}$ 为 A 叠加随机扰动后产生的新个体；$\omega(\cdot, \cdot)$ 是均值为 μ、方差为 σ 的 n 维高斯

随机向量；$\text{logsig}(x)=1/(1+e^{-x})$ 为对数传递函数；k 用于改变函数 $\text{logsig}(\cdot)$ 的斜率；$i_{\max}$ 为最大进化代数；$\text{rand}(\cdot)$ 为 $(0,1)$ 区间中的随机数。

需要说明的是，在变异过程中，算法依次从集群中比较个体 $X_l(i)(l=1,2,\cdots,L)$ 与新个体 $\overline{A}$ 的目标函数值（适应度），若新个体 $\overline{A}$ 的适应度值优于个体 $X_l(i)$，则将新个体替换原个体，否则保留原个体。BSO算法中的变异机制在执行过程中起到了至关重要的作用。在BSO算法中，变异操作通过随机改变某些个体的某些特征，增加了集群的多样性，有助于算法在搜索过程中避免过早收敛，提高找到全局最优解的可能性。此外，变异操作还可以在算法陷入局部最优时提供逃离机制，帮助算法跳出当前搜索区域，继续寻找更好的解。因此，变异机制不仅丰富了算法的搜索策略，还提高了算法的全局搜索能力。

3. BSO算法策略优化过程

聚类是BSO算法中的一个关键步骤，借鉴了人类群体在头脑风暴过程中自发形成的讨论小组现象。这样的分组有助于算法在解空间中更细致地探索各个区域，提高算法的局部搜索能力。变异操作能够帮助算法跳出局部最优解，提高找到全局最优解的可能性。通过聚类与变异这两个过程的有机结合，BSO算法能够在保持种群多样性的同时，实现高效的局部和全局搜索。BSO算法详细的实现过程如下：

步骤1：在可行解空间内产生潜在问题的 L 个解个体。

步骤2：确定适应度函数并计算 L 个解个体的适应度值。

步骤3：利用K-means聚类算法将 L 个解个体划分成 K 个类，选中每一类的概率大小与类内个体的数量成正比。

步骤4：对每个类内个体的适应度值大小进行排序，将适应度值最优的个体视为此类的类中心。

步骤5：按照概率进行变异更新。

步骤6：将新个体适应度值与原个体进行比较，若新个体较优，替换原个体。

步骤7：对所有个体逐一进行更新，若达到停止条件，则迭代停止；否则，返回步骤3，直到迭代停止。

综上所述，BSO算法流程图如图5-21所示。

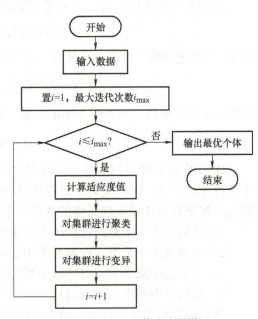

图5-21 BSO算法流程图

5.3.3 典型问题求解案例

例题5-3 利用BSO算法计算如下目标函数的最小值：

$$y = x^2(1) + x^2(2) - 10\cos(2\pi x(1)) - 10\cos(2\pi x(2)) + 20, \boldsymbol{x} = (x(1), x(2))^{\mathrm{T}} \quad (5\text{-}25)$$

式中，$x(1) \in [-5,5]$ 且 $x(2) \in [-5,5]$。

解：由目标函数曲面图 5-22 可知，式（5-25）存在密集的局部最优解。

1）初始化解空间为 –5 ～ 5 之间的随机数，解空间内解个体数 $L=100$，类中心数 $K=4$，最大迭代次数为 150，初始化其他参数。

2）随机产生初始解个体，计算其目标函数值。

3）将 L 个解个体划分成 K 个类，对每个类内解个体的适应度值大小进行排序，将适应度值最优的个体视为此类的类中心。

4）随机选择一种方式生成临时个体 A，并对临时个体叠加随机扰动得到新个体 $\overline{A}$。

5）将新个体 $\overline{A}$ 的适应度值与原个体进行比较，保留较优个体。

6）每个个体逐一与新个体 $\overline{A}$ 进行比较，判断是否满足停止准则：若满足，则迭代停止，输出最优值；若不满足，则继续进行迭代优化。

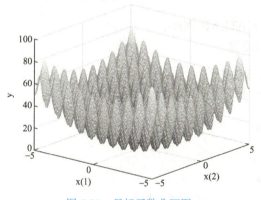

图 5-22　目标函数曲面图

如图 5-23 和图 5-24 所示，随着迭代次数的增加，同类个体的适应度值从分散分布到集中在最优值附近，同时每个个体对应的适应度值逐渐优化到零附近。图 5-24 说明 BSO 算法可以快速搜索到目标函数的最小值，验证了 BSO 算法的可行性。通过本次实验，验证了 BSO 算法在解决优化问题中的表现。BSO 算法通过聚类搜索局部最优，再通过变异操作增加解的多样性，可以有效避免陷入局部最优解，展现出了较强的全局搜索能力。

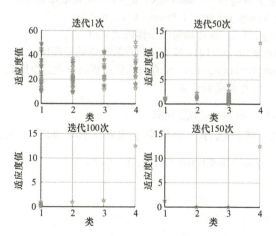

图 5-23　BSO 算法中个体适应度值变化

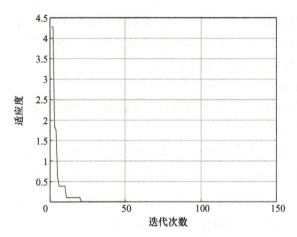

图 5-24 迭代过程中最优适应度值变化曲线

下面给出求解过程 MATLAB 程序：
1）进行初始化参数设置。

n_iteration=0；%初始迭代步
max_iteration=150；%最大迭代步
n_p=100；%种群大小
n_d=2；%解空间维数
n_c=4；%簇的数量
rang_l=-5；%解的下界
rang_r=5；%解的上界
prob_one_cluster=0.8；%选择一个聚类的概率
prob_one_center=0.4；%选择一个聚类的聚类中心概率
prob_two_center=0.5；%选择两个聚类的聚类中心概率
popu=rang_l+（rang_r-rang_l）*rand（n_p, n_d）；%初始化个体位置
popu_sorted=rang_l+（rang_r-rang_l）*rand（n_p, n_d）；
prob=zeros（n_c, 1）；%初始化概率
best=zeros（n_c, 1）；%存储每个簇中最优适应度个体的指标
centers=rang_l+（rang_r-rang_l）*rand（n_c, n_d）；%初始化簇中心
centers_copy=rang_l+（rang_r-rang_l）*rand（n_c, n_d）；
fitness_popu=ones（n_p, 1）；%存储每个个体的适应值
fitness_popu_sorted=ones（n_p, 1）；%存储排序后个体的适应值
best_fitness=ones（max_iteration, 1）；%存放迭代过程的最优适应度值
A=zeros（1, n_d）； %存储临时个体

2）定义算法主循环中的核心功能函数。
定义个体生成函数，通过选择一个聚类生成新个体，如下所示：

function indi_temp = choose_OneCluster（x, y, z, f, h, g）
n_c=4；
r_1=rand（）；
indi_temp=zeros（1, 2）；
for idj=1：n_c

```
        if r_1<x(idj, 1)
            if rand()<y % 选择聚类中心
                indi_temp(1, :)=z(idj, :);
            else % 在此类中随机选取个体
                indi_1=f(idj, 1)+ceil(rand()*h(idj, 1));
                indi_temp(1, :)=g(indi_1, :);
            end
            break
        end
    end
end
```

定义个体生成函数，通过选择两个聚类生成新个体，如下所示：

```
function indi_temp=merge_TwoClusters(x, y, z, f, h)
n_c=4;
cluster_1=ceil(rand()*n_c);
indi_1=z(cluster_1, 1)+ceil(rand()*f(cluster_1, 1));
cluster_2=ceil(rand()*n_c);
indi_2=z(cluster_2, 1)+ceil(rand()*f(cluster_2, 1));
tem=rand();
indi_temp=zeros(1, 2);
if rand()<x % 选择两个类的聚类中心融合
    indi_temp(1, :)=tem*y(cluster_1, :)+(1-tem)*y(cluster_2, :);
else % 从两个类中各自随机选择一个个体融合
    indi_temp(1, :)=tem*h(indi_1, :)+(1-tem)*h(indi_2, :);
end
end
```

定义个体生成函数，通过添加高斯随机值生成新个体，如下所示：

```
function indi_temp=update(x, y, z, indi_temp)
stepSize=logsig(((0.5*y-x)/20))*rand(1, z);
indi_temp(1, :)=indi_temp(1, :)+stepSize.*normrnd(0, 1, 1, z);
end
```

定义比较函数，用于比较新个体与原个体的适应度，如下所示：

```
function [popu, fitness_popu]=compare(popu, fitness_popu, x, y, z)
fv=z(y(1, 1), y(1, 2));
if fv<fitness_popu(x, 1)
    fitness_popu(x, 1)=fv;
    popu(x, :)=y(1, :);
end
end
```

3) 执行 BSO 算法程序主循环，主要包含对解空间内的所有解个体进行 K-means 聚类和变异更新。

```
while n_iteration<max_iteration
cluster=kmeans（popu，n_c，'Distance'，'cityblock'，'Start'，centers，'EmptyAction'，
'singleton'）；%K-means 聚类，输出簇指标
    fit_values=inf*ones（n_c，1）；
    number_in_cluster=zeros（n_c，1）；% 存储每个簇中个体的数目
    for idx=1：n_p
        number_in_cluster（cluster（idx，1），1）=number_in_cluster（cluster（idx，1），1）
        +1；
        if fit_values（cluster（idx，1），1）>fitness_popu（idx，1）
            fit_values（cluster（idx，1），1）=fitness_popu（idx，1）；
            best（cluster（idx，1），1）=idx；% 记录该簇中最优个体的指标
        end
    end
    acculate_num_cluster=zeros（n_c，1）；
    counter_cluster=zeros（n_c，1）；
    for idx=2：n_c
        acculate_num_cluster（idx，1）=acculate_num_cluster（（idx-1），1）
        +number_in_cluster（（idx-1），1）；
    end
    for idx=1：n_p % 对个体按簇重新进行排序
        counter_cluster（cluster（idx，1），1）=counter_cluster（cluster（idx，1），1）+1；
        temIdx=acculate_num_cluster（cluster（idx，1），1）
        +counter_cluster（cluster（idx，1），1）；
        popu_sorted（temIdx，：）=popu（idx，：）；
        fitness_popu_sorted（temIdx，1）=fitness_popu（idx，1）；
    end
    for idx=1：n_c
        centers（idx，：）=popu（best（idx，1），：）；
    end
    centers_copy=centers；
    for idx=1：n_c % 根据每个簇中的个体数目确定被选中的概率
        prob（idx，1）=number_in_cluster（idx，1）/n_p；
        if idx>1
            prob（idx，1）=prob（idx，1）+prob（idx-1，1）；
        end
    end
    for idx=1：n_p % 随机选取四种变异方式中的一种进行更新
        r=rand（）；
        if r<prob_one_cluster % 选择一个聚类
            A=choose_OneCluster（prob，prob_one_center，centers，
            acculate_num_cluster，number_in_cluster，popu_sorted）；
        else % 选择两个聚类
            A=merge_TwoClusters（prob_two_center，centers，acculate_num_cluster，
            number_in_cluster，popu_sorted）；
        end
```

```
      A（1，：）=update（n_iteration，max_iteration，n_d，A（1，：））;
      [popu，fitness_popu]=compare（popu，fitness_popu，idx，A，fitness_function）;
    end
    for idx=1：n_c % 保留每个簇的聚类中心
      popu（best（idx，1），：）=centers_copy（idx，：）;
      fitness_popu（best（idx，1），1）=fit_values（idx，1）;
    end
end
```

4）绘制算法运行图形。

```
x0=[-5：0.05：5];
y0=[-5：0.05：5];
[X，Y]=meshgrid（x0，y0）;
Z=fitness_function（X，Y）;
figure
mesh（X，Y，Z）; view（26，-36）; xlabel（'x（1）'）; ylabel（'x（2）'）; zlabel（'目标函数'）;
legend（'目标函数'）; hold on;
h=scatter3（popu（：，1），popu（：，2），fitness_popu'，'*r'）;
figure
plot（1：length（best_fitness），best_fitness，'r'，'LineWidth'，1）
xlabel（'迭代次数'）;
ylabel（'适应度'）;
disp（['最优值：'，num2str（best_fitness（max_iteration，：））]）;
```

5.3.4 前沿进展

在人工智能与相关学科的交叉研究中，BSO算法积极推动了智能优化的发展。通过与深度学习、强化学习等技术结合，BSO算法在自主决策、智能控制等前沿领域展现出潜力。最近，参考文献[21]给出一种基于分区搜索和强化学习的多模态多目标BSO算法。为了提高BSO算法的探索能力，参考文献[22]设计了一种基于强化学习的BSO算法，有效提高了BSO算法在不同阶段的搜索能力。参考文献[23]在BSO算法中引入具有三个邻域的延迟接受爬山算法，不仅增强了BSO算法的局部搜索能力，而且也克服了收敛速度慢的问题。随着现代经济的迅速发展，BSO算法已应用到工农业调度和项目经济调度问题中，以实现降低成本、提高利润等目的。

本章5.1.2小节介绍了BP神经网络算法，BP神经网络的核心是误差反向传播，根据梯度下降算法逐层修正权重和阈值。BP算法是一种基于梯度下降的优化算法，算法的表现依赖于初始条件，导致学习过程容易陷入局部最优。BSO算法适合解决多峰高维函数优化问题，因此利用BSO算法的全局搜索迭代能力，可以改进BP神经网络训练模型。目前，已有研究将BSO算法与BP神经网络相结合，采用头脑风暴法的思想来求解神经网络的权值和阈值。基于BSO算法的BP（BSO-BP）神经网络模型能有效摆脱网络对初始值的依赖，且快速收敛于较优解。BSO-BP算法流程如图5-25所示，主要包括以下步骤：

步骤1：根据式（5-2）～式（5-7）创建一个BP神经网络，将BP神经网络的权值作为 BSO 算法集群中的解个体。

步骤 2：初始化 BSO 算法的参数值，包括集群 $P(i)$、进化代数 i、最大进化代数 i_{max}。

步骤 3：确定适应度函数并计算每个个体的适应度值，将 BP 神经网络的总误差信号作为集群中个体优劣的判断依据，即适应度函数。

步骤 4：对所有个体进行聚类和变异更新。

步骤 5：将新个体误差信号与原个体进行比较，若新个体较优，替换原个体。

步骤 6：对所有个体逐一进行更新，若达到终止条件，则迭代终止；否则，返回步骤 3，直到迭代终止。

步骤 7：根据 BSO 算法找到的最优个体，将得到的最优解作为 BP 网络的连接权值。

综上，将 BP 神经网络的非线性泛化特点与 BSO 算法强大的搜索迭代能力相结合，可以获得具有更好性能的 BSO-BP 神经网络模型。此外，BSO 算法还可以应用于优化其他复杂神经网络的权重和超参数。总之，利用 BSO 算法的全局搜索和局部搜索能力，可以有效地辅助神经网络训练。

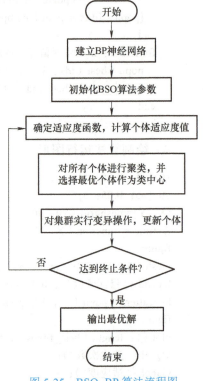

图 5-25　BSO-BP 算法流程图

本章小结

本章主要讨论了基于人类行为的智能优化算法，包括人工神经网络算法、禁忌搜索算法和头脑风暴优化算法。基于人类行为的智能优化方法通过模拟人类思维与决策过程，实现了高效求解复杂优化问题的目的。人工神经网络算法模拟人脑神经元的工作方式，具备强大的学习与泛化能力。禁忌搜索算法借鉴人类记忆机制，有效避免重复搜索，提升求解效率。头脑风暴优化算法则模拟人类群体智慧的碰撞与融合，能够发现更多潜在优质解。这些方法各具优势、相互补充，共同推动了智能优化领域的发展。未来，随着大数据技术发展和计算能力提升，这些方法将进一步完善，为解决更复杂的优化问题提供更多启发。

5.1 节主要介绍了人工神经网络算法。通过模拟人脑神经细胞的结构和功能，人工神经网络建立相应的网络模型，按照一定的学习算法执行网络参数调整，最终实现对目标问题的求解。本节简要分析了两种典型的前馈神经网络算法，即 BP 神经网络和 RBF 神经网络。需要说明的是，两种网络之间存在区别和联系。从网络结构上看，BP 神经网络的权值是逐层连接的，而 RBF 神经网络的输入层到隐含层单元之间为直接连接，隐含层到输出层为权值连接。BP 神经网络隐含层单元的激活函数一般选择非线性函数（如 tanh 函数），RBF 神经网络隐含层单元的激活函数是关于中心对称的径向基函数。BP 神经网络是三层或三层以上的静态前馈神经网络，其隐含层设计没有普遍适用的规律可循，且在训练阶段网络结构将不再变化；RBF 神经网络是三层前馈神经网络，可在训练阶段自适应地调整隐含层神经元的参数。从训练算法上看，BP 神经网络需要利用 BP 算法确定连接权值。但 BP 算法易陷入局部最优，学习过程收敛速度慢；RBF 神经网络的训练算法则更加灵活，支持在线和离线训练，可以动态确定网络结构和隐含层单元的参数，因此学习速度快，相对于 BP 算法能够表现出更好的学习性能。

5.2 节主要介绍了禁忌搜索算法，包括原理、流程、核心概念、特点、改进方向以及典型问题求解案例。禁忌搜索算法是一种全局逐步寻优算法，模拟人类智力过程，避免陷入局部最优解的困境。通过引入禁忌表来记录已搜索过的解，禁忌搜索算法能够更全面地探索解空间，从而更有可能找到全局最优解。禁忌搜索算法的核心概念包括禁忌对象和禁忌长度、邻域移动、目标函数、禁忌表、解的初始化、特赦准则、搜索策略和终止规则。相对于局部搜索算法，其特点在于可以接受劣质解，以跳出局部最优解，且具有灵活的记忆功能和藐视准则。然而，禁忌搜索算法也存在改进的空间，需要解决对初始解的依赖性、迭代搜索的串行性和多样性不足等问题。本节最后通过一个典型寻优问题求解案例展示了禁忌搜索算法的应用，通过逐步优化，成功找到了函数的最大值，展示了其在复杂函数优化求解中的有效性和实用性。

5.3 节主要介绍了头脑风暴优化算法。通过模拟人类提出创造性思路解决问题的过程，BSO 算法在求解大规模高维多峰函数等问题时显示出其优势，这用经典优化算法是难以求解的。首先，介绍了头脑风暴法的基本组成部分和影响头脑风暴法有效性的因素。头脑风暴法的核心在于使个体在面对具体问题时能够从自我和他人的求全责备中释放出来，从而产生尽可能多的想法。其次，受头脑风暴法的启示，BSO 算法主要由聚类和变异两部分组成，利用聚类思想搜索局部最优，利用变异思想增加算法种群的多样性，避免算法陷入局部最优。最后，由于传统 BP 神经网络的权值和阈值一般采用随机初始化，导致在训练过程中网络易陷入局部极值。因此，将 BP 神经网络的非线性泛化特点与 BSO 算法强大的搜索迭代能力相结合，可以获得性能更佳的 BSO-BP 神经网络模型，具有较好的发展前景。

思考题与习题

5-1 分别利用 BP 和 RBF 神经网络拟合如下函数：

$$f(x) = 0.12e^{-0.213x} + 0.54e^{-0.17x}\sin(1.23x)$$

这里，使用 MATLAB 指令 "x= 0：0.25：10" 生成样本。

5-2 人工神经元模型的含义是什么？怎样联系生物神经元与人工神经元？

5-3 BP 网络是什么样的结构，网络的权值系数通过什么方式调整？

5-4 RBF 网络是什么样的结构，网络的未知参数通过什么方式调整？

5-5 简述 BP 网络和 RBF 网络可以应用于哪些领域，解决哪些实际问题。

5-6 利用禁忌算法求解如下函数的最大值：

$$f(x) = \sum_{i=1}^{n} x_i^2$$

式中，$n = 3$；变量 x_i 的取值范围为 $[-10,10]$，$i = 1,2,3$。

5-7 简述禁忌搜索算法的原理。

5-8　简述禁忌搜索算法与人脑思维类似的地方。

5-9　禁忌搜索有哪些关键参数？该如何设置？

5-10　简述禁忌搜索算法的优缺点，以及可能的改进方向。

5-11　简要阐述 K-means 算法的原理。

5-12　使用 K-means 算法对随机生成的 20 个数据实现聚类（聚类数为 4），其中的样本由 MATLAB 指令"x= rand（2，20）"生成。

5-13　利用 BSO 算法求解如下函数的最大值：

$$f(x) = \sum_{i=1}^{n} x_i^2$$

式中，$n=3$；变量 x_i 的取值范围为 $[-10,10]$，$i=1,2,3$。

5-14　利用 BSO-BP 算法拟合如下函数：

$$f(x) = 0.12e^{-0.213x} + 0.54e^{-0.17x}\sin(1.23x)$$

这里，使用 MATLAB 指令"x= 0：0.25：10"生成样本。

5-15　简述 BSO 算法可以应用于哪些领域，解决哪些实际问题？

参考文献

[1] MCCULLOCH W S, PITTS W. A logical calculus of ideas immanent in nervous activity [J]. Bulletin of Mathematical Biophysics, 1943, 5: 115-133.

[2] ROSENBLATT F. The perceptron: a probabilistic model for information storage and organization in the brain [J]. Psychological Review, 1958, 65 (6): 386-408.

[3] HOPFIELD J J. Neural networks and physical systems with emergent collectivecomputational abilities [J]. Proceedings of the National Academy of Science, 1982, 79 (8): 2554-2558.

[4] RUMELHART D E, HINTON G E, WILLIAMS R J. Learning representations by back-propagating errors [J]. Nature, 1986, 323: 533-536.

[5] HAYKIN S. Neural networks and learning machines [M]. 3rd ed. Beijing: China Machine Press, 2009.

[6] POWELL M J D. Radial basis functions for multivariable interpolation: A review [M]// Algorithms for Approximation. Oxford: Clarendon Press, 1987.

[7] LECUN Y, BOTTOU L, BENGIO Y, et al. Gradient-based learning applied to document recognition [J]. Proceedings of the IEEE, 1998, 86 (11): 2278-2324.

[8] GRAVES A, MOHAMED A, HINTON G. Speech recognition with deep recurrent neural networks [C]//2013 IEEE International Conference on Acoustics, Speech and Signal Processing. Vancouver: IEEE, 2013.

[9] SILVER D, HUANG A, MADDISON C J, et al. Mastering the game of Go with deep neural networks and tree search [J]. Nature, 2016, 529 (7587): 484-489.

[10] WU T, HE S, LIU J, et al. A brief overview of ChatGPT: The history, status quo and potential future development [J]. IEEE/CAA Journal of Automatica Sinica, 2023, 10 (5): 1122-1136.

[11] YUAN X, LI L, WANG Y. Nonlinear dynamic soft sensor modeling with supervised long short-term memory network [J]. IEEE Transactions on Industrial Informatics, 2020, 16 (5): 3168-3176.

[12] DUAN H, MENG X, TANG J, et al. Time-series prediction using a regularized self-organizing long short-term memory neural network [J]. Applied Soft Computing, 2023, 145 (110553): 1-14.

[13] GLOVER F. Future paths for integer programming and links to artificial intelligence [J]. Computers & Operations Research, 1986, 13（5）：533-549.

[14] 包子阳，余继周，杨杉. 智能优化算法及其 MATLAB 实例 [M]. 3 版. 北京：电子工业出版社，2021.

[15] 葛显龙，王伟鑫，李顺勇. 智能算法及应用 [M]. 成都：西南交通大学出版社，2017.

[16] GENDREAU M. An introduction to tabu search [M]//Handbook of Metaheuristics. Boston：Springer，2003：37-54.

[17] 曾令铭，丁林山，管在林. 基于深度自学习禁忌搜索的柔性作业车间调度 [J]. 计算机集成制造系统，2023：1-21.

[18] ZHOU J, LI Z. Improved genetic algorithm to optimize BP neural network [C]//2022 IEEE 10th Joint International Information Technology and Artificial Intelligence Conference. Chongqing：IEEE，2022.

[19] SHI Y. Brain storm optimization algorithm [C]//Advances in Swarm Intelligence：Second International Conference. Chongqing：IEEE，2011.

[20] 吴亚丽，焦尚彬. 头脑风暴优化算法理论及应用 [M]. 北京：科学出版社，2017.

[21] 李鑫，余墨多，姜庆超，等. 基于分区搜索和强化学习的多模态多目标头脑风暴优化算法 [J]. 计算机应用研究，2023：1-12.

[22] ZHAO F, HU X, WANG L, et al. A reinforcement learning brain storm optimization algorithm （BSO）with learning mechanism [J]. Knowledge-Based Systems，2022，235：107645.

[23] ALZAQEBAH M, JAWARNEH S, ALWOHAIBI M, et al. Hybrid brain storm optimization algorithm and late acceptance hill climbing to solve the flexible job-shop scheduling problem [J]. Journal of King Saud University-Computer and Information Sciences，2022，34（6）：2926-2937.

[24] 林诗洁，董晨，陈明志，等. 新型群智能优化算法综述 [J]. 计算机工程与应用，2018，54（12）：1-9.

[25] 梁晓萍，郭振军，朱昌洪. 基于头脑风暴优化算法的 BP 神经网络模糊图像复原 [J]. 电子与信息学报，2019，41（12）：2980-2986.

[26] 陈俊风，王玉浩，张学武，等. 基于小波变换与差分变异 BSO-BP 算法的大坝变形预测 [J]. 控制与决策，2021，36（7）：1611-1618.

第6章 基于群智能的智能优化算法

导读

群智能优化算法（Swarm Intelligence Optimization Algorithm）是一类仿生智能优化算法，其灵感来源于自然界中生物体的智能行为。从微生物到哺乳动物等不同生物体在漫长的进化和自然选择过程中，形成了各种高效的生存策略和行为模式，展现出了各自独特的智能行为。这些智能行为赋予了人类智慧，启发人们通过仿生来设计高效的优化算法，从而推动科学技术的发展和进步。

本章将介绍四种群智能优化算法：蚁群优化算法、粒子群优化算法、细菌觅食优化算法和浣熊优化算法。其中，蚁群优化算法通过模拟昆虫类生物蚂蚁寻找一条从蚁穴到食物源的最短路径的觅食行为来求解旅行商问题；粒子群优化算法通过模拟鸟类的飞行行为来求解单目标连续优化问题；细菌觅食优化算法通过模拟微生物大肠杆菌在生存环境中寻找营养物质的觅食行为来求解单目标连续优化问题；浣熊优化算法通过模拟哺乳类动物长鼻浣熊捕食绿鬣蜥和逃脱被其他生物捕食的自然行为来求解单目标连续优化问题。本章分别阐述每种算法的基本原理、优化机制、实现过程，并给出每种算法的典型问题求解案例，以及蚁群优化、粒子群优化、细菌觅食优化的前沿进展。

本章知识点

- 蚁群优化算法
- 粒子群优化算法
- 细菌觅食优化算法
- 浣熊优化算法

6.1 蚁群优化算法

在自然界中，蚂蚁以群居方式生存，在寻找食物、筑巢等行为上有着高度结构化的团队意识。生物学家的长期研究发现：蚂蚁在觅食过程中，会在所经过的路径上释放一种名为"信息素"的分泌物，这种分泌物对其他蚂蚁有一定的引导作用。随着觅食过程的进行，越来越多的蚂蚁会聚集在一条最短路径上，找到从巢穴到食物源的最短路径。受蚂蚁觅食行为的启发，1991 年意大利科学家 Dorigo 等人提出了用于求解旅行商问题（TSP）的蚂蚁系统（Ant System，AS）算法。由于其简单、新颖的生物启发优化机制和优异的离散优化问题求解能力，AS 算法一经提出就受到了广泛的关注。在过去的三十余年间，研究者们对 AS 算法进行了深入的研究和探索，提出了许多衍生算法，如最具代表性的蚁群系统（Ant Colony System，ACS）算法、最大最小蚂蚁系统（Max-Min Ant System，MMAS）算法。1999 年，Dorigo 等人在对 AS 的各种衍生算法进行总结的基础上发展了一个用于求解离散优化问题的通用技术框架，并将所有符合该框架的算法都称为蚁群优化（Ant Colony Optimization，ACO）算法。21 世纪初，著名科学杂志 Nature 对蚁群优化算法的多次报道直接把蚁群优化推向了国际学术最前沿。如今，蚁群优化算法已成为求解路径规划、车间调度等离散优化问题最成功、最有效的算法之一，在学术界和工业界都有着极其广泛的应用。

本节将首先给出 ACO 算法的基本原理；然后分别介绍 AS、ACS 和 MMAS 三个不同的蚁群优化算法，这三个算法是迄今为止最经典、最广泛使用的蚁群优化算法；接着给出一个 AS 算法的典型问题求解案例；最后简述 ACO 算法的前沿进展。

6.1.1 算法原理

生物学研究表明，蚂蚁在觅食过程中会利用在经过的路径上释放的信息素进行交流。路径上的信息素量关系着蚂蚁的移动方向，一条路径上经过的蚂蚁越多，该路径上的信息素量就越多，路径被蚂蚁选中的概率也就越大。当有蚂蚁选择了没有信息素的路径，则表示蚂蚁发现了新的路径。由于短路径上单位时间内经过的蚂蚁数量多于长路径，所以同样时间内短路径上的信息素量的积累会多于长路径的积累，从而会吸引更多的蚂蚁到短路径上，由此形成一种正反馈机制，导致短路径上的蚂蚁数量和信息素量越来越多，长路径上的蚂蚁数量和信息素量越来越少，最终蚁群在这种自组织作用下发现从蚁穴到食物源的最短路径。图 6-1 展示了蚁群发现最短路径的过程。假设从蚁穴到食物有两条路径，一条长路径，另一条短路径，如图 6-1a 所示。在觅食开始时，两条路径上的信息素量基本相等，蚂蚁会随机地选择每条路径，因此两条路径上的蚂蚁数量基本均等，如图 6-1b 所示。随着觅食过程的进行，短路径上的蚂蚁数量和信息素量会多于长路径，如图 6-1c 所示。最终蚁群发现最短路径，所有蚂蚁都沿着最短路径觅食，如图 6-1d 所示。

蚁群优化算法正是受到上述蚂蚁觅食行为的启发而提出的，最早用于解决 TSP。TSP 的数学描述为：找出无向图 $G=(V, L)$ 中一条长度最短的哈密顿（Hamilton）回路，即找出图中一条长度最短的通过每个顶点一次且仅一次的回路。其中，$V=\{v_1, v_2, \cdots, v_n\}$ 是 n 个顶点（城市）的集合，每个顶点（城市）用其位置坐标表示，即 $v_i=(x_i, y_i)$，（$i=1,2,\cdots,n$）；$L=\{l_{ij}|v_i, v_j \in V\}$ 是集合 V 中不同顶点（城市）之间的边（路径）的集合。其中，l_{ij} 表示顶点（城市）v_i 和 v_j 之间的边（路径），l_{ij} 的长度用 $d(v_i, v_j)$ 表示，简记为 d_{ij}，它是两个顶点（城市）v_i 和 v_j 之间的欧氏距离。蚁群优化算法求解 TSP 的基本原理为：将 m 只蚂蚁随机地放在 n 个城市上，每只蚂蚁在运动过程中根据各条路径上的信息素量和问题的

启发信息决定转移路径。每经过 n 个时刻，每只蚂蚁完成一次 n 个城市的周游，即构建完成 TSP 的一个可行解。在每次周游中或者周游结束后，周游路径上的信息素量根据经过的蚂蚁数量按照某种规则进行更新。当一定次数的周游结束后，最小长度的周游路径即为 TSP 的最优解。在蚁群优化算法中，信息素初始化、路径转移和信息素更新是三个关键的优化机制。很多不同蚁群优化的衍生算法正是在对这三个优化机制进行改进和创新的基础上而提出。

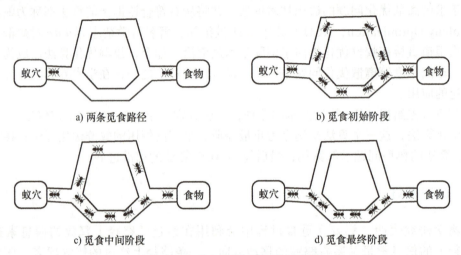

图 6-1 蚁群发现最短路径的示意图

6.1.2 蚂蚁系统算法

蚂蚁系统（AS）算法是第一个蚁群优化算法。本小节将介绍 AS 算法的优化机制和实现过程。

1. 蚂蚁系统算法的优化机制

（1）信息素初始化机制

在初始时刻，各条路径上信息素量相等，并设置为某一常量，即

$$\tau_{ij}(0) = \text{constant} \tag{6-1}$$

式中，constant 表示一个常数；$\tau_{ij}(0)$ 表示在初始时刻 $t=0$ 时城市 i 和城市 j 之间的路径 l_{ij} 上的信息素量。

（2）路径转移规则

设有 m 只蚂蚁进行城市周游。在周游过程中，每只蚂蚁 k（$k=1,2,\cdots,m$）根据各条路径上的信息素量和启发信息决定下一步要行走的路径。设置禁忌表 tabu_k（$k=1,2,\cdots,m$）来记录蚂蚁 k 所走过的城市，禁忌表 tabu_k 随着周游过程动态调整。当一轮周游结束后，禁忌表被清空，蚂蚁在新一轮周游初始时刻重新选择起点城市。具体来说，在周游过程中，蚂蚁 k 首先根据式（6-2）计算可以到访路径的转移概率，然后根据轮盘赌原则选择下一个到访城市，并将选取的城市记录在禁忌表 tabu_k（$k=1,2,\cdots,m$）中：

$$P_{ij}^k(t) = \begin{cases} \dfrac{[\tau_{ij}(t)]^\alpha [\eta_{ij}(t)]^\beta}{\sum\limits_{l \in \text{allowed}_k} [\tau_{il}(t)]^\alpha [\eta_{il}(t)]^\beta}, & j \in \text{allowed}_k \\ 0, & \text{其他} \end{cases} \quad (6\text{-}2)$$

式中，$P_{ij}^k(t)$ 表示在 t 时刻蚂蚁 k 由城市 i 转向城市 j 的路径转移概率；allowed_k 表示蚂蚁 k 下一步允许访问的城市集合，即 $\text{allowed}_k = V - \text{tabu}_k$；$\alpha$ 是信息素因子，表示信息素对蚂蚁选择路径的影响程度，α 越大，代表信息素对路径选择的影响越大，意味着蚂蚁更倾向于选择其他蚂蚁经过的路径；β 是启发因子，表示启发信息对蚂蚁选择路径的影响程度，β 越大，表示启发信息对蚂蚁选择路径的影响越大，意味着蚂蚁更倾向于根据启发信息贪婪地进行路径选择；$\tau_{ij}(t)$ 表示在 t 时刻城市 i 和城市 j 之间的路径 l_{ij} 上的信息素量；$\eta_{ij}(t)$ 表示在 t 时刻城市 i 和城市 j 之间的路径 l_{ij} 上的启发信息，用来衡量蚂蚁从城市 i 转移到城市 j 的期望程度，通常定义为：

$$\eta_{ij}(t) = \frac{1}{d_{ij}} \quad (6\text{-}3)$$

（3）信息素更新规则

当蚂蚁走过每一个城市一次并回到出发城市后，就完成了一次周游，周游的城市序列构成了 TSP 的一个可行解。如果蚂蚁在周游过程中一直累积信息素会使信息素过多，影响启发信息发挥作用，所以需要对路径上的信息素进行更新，以避免信息素过多而制约启发信息发挥作用。在 AS 算法中，有三种信息素更新模型：蚁周（Ant-cycle）模型、蚁密（Ant-density）模型和蚁量（Ant-quantity）模型。

1）蚁周模型。蚂蚁在每次周游结束之后，对构成可行解的各路径上的信息素进行更新，具体更新方式如下：

$$\begin{cases} \tau_{ij}(t+n) = (1-\rho) \cdot \tau_{ij}(t) + \Delta\tau_{ij}(t+n) \\ \Delta\tau_{ij}(t+n) = \sum\limits_{k=1}^{m} \Delta\tau_{ij}^k(t+n) \end{cases} \quad (6\text{-}4)$$

式中，$\rho \in [0,1]$，表示信息素挥发系数，则 $1-\rho$ 表示信息素残留因子，用来避免信息素的无限积累；$\Delta\tau_{ij}(t+n)$ 表示周游完成时的 $t+n$ 时刻，路径 l_{ij} 上的信息素增量；$\Delta\tau_{ij}^k(t+n)$ 表示在本次周游完成时的 $t+n$ 时刻，蚂蚁 k 在路径 l_{ij} 上释放的信息素量，计算公式为：

$$\Delta\tau_{ij}^k(t+n) = \begin{cases} \dfrac{Q}{L_k}, & \text{若蚂蚁 } k \text{ 在时刻 } t \text{ 和 } t+n \text{ 之间经过 } l_{ij} \\ 0, & \text{其他} \end{cases} \quad (6\text{-}5)$$

式中，Q 是一个常数，表示信息素强度，一定程度上影响算法的收敛速度；L_k 表示第 k 只蚂蚁周游路径的长度。

2）蚁密模型和蚁量模型。这两个模型都是在蚂蚁周游过程中，每移动一步就对相应路径上的信息素进行更新，具体更新方式如下：

$$\begin{cases} \tau_{ij}(t+1) = (1-\rho) \cdot \tau_{ij}(t) + \Delta\tau_{ij}(t+1) \\ \Delta\tau_{ij}(t+1) = \sum_{k=1}^{m} \Delta\tau_{ij}^k(t+1) \end{cases} \quad (6\text{-}6)$$

式中，$\Delta\tau_{ij}(t+1)$ 表示在移动一步之后的 $t+1$ 时刻，路径 l_{ij} 上的信息素增量；$\Delta\tau_{ij}^k(t+1)$ 表示在移动一步之后的 $t+1$ 时刻，蚂蚁 k 在路径 l_{ij} 上释放的信息素量。

蚁密模型和蚁量模型中蚂蚁释放信息素的方式不同。其中，蚁密模型中蚂蚁释放信息素的方式为：

$$\Delta\tau_{ij}^k(t+1) = \begin{cases} Q_1, & \text{若蚂蚁 } k \text{ 在时刻 } t \text{ 和 } t+1 \text{ 之间经过路径} l_{ij} \\ 0, & \text{其他} \end{cases} \quad (6\text{-}7)$$

蚁量模型中蚂蚁释放信息素的方式为：

$$\Delta\tau_{ij}^k(t+1) = \begin{cases} \dfrac{Q_2}{d_{ij}}, & \text{若蚂蚁 } k \text{ 在时刻 } t \text{ 和 } t+1 \text{ 之间经过路径} l_{ij} \\ 0, & \text{其他} \end{cases} \quad (6\text{-}8)$$

在式（6-7）和式（6-8）中，Q_1 和 Q_2 都是常数，表示信息素强度，影响算法的收敛速度；d_{ij} 表示城市 i 到城市 j 之间的路径 l_{ij} 的长度。

2. 蚂蚁系统算法的实现过程

下面以蚁周模型版本为例，给出 AS 算法的实现过程：

步骤 1：参数初始化。设置蚂蚁数量 m、城市数量 n、最大迭代次数 $T_{\max}$，令迭代次数 $T=0$、每条路径 l_{ij} 上的初始信息素量 $\tau_{ij}(0) = \text{constant}$，其中 constant 表示常量。

步骤 2：更新迭代次数 $T \leftarrow T+1$，为每只蚂蚁设置一个空禁忌表 tabu_k（$k=1,2,\cdots,m$）。

步骤 3：将 m 只蚂蚁随机地放在 n 个城市上，设置城市索引 $i=1$，将每只蚂蚁选定的城市添加到其禁忌表。

步骤 4：更新城市索引 $i \leftarrow i+1$，设置蚂蚁索引 $k=1$。

步骤 5：蚂蚁 k 根据式（6-2）计算路径转移概率，选择下一个到访城市。

步骤 6：蚂蚁 k 移动到选定的城市，并将选择的城市添加到其禁忌表 tabu_k 中，更新蚂蚁索引 $k \leftarrow k+1$。

步骤 7：若还有蚂蚁没有移动一步，即 $k<m$，则跳转到步骤 5，否则执行步骤 8。

步骤 8：若还有城市未遍历完，即 $i<n$，则跳转到步骤 3，否则执行步骤 9。

步骤 9：根据式（6-4）和式（6-5）更新每条路径上的信息素量。

步骤 10：若满足终止条件（如迭代次数 $T>T_{\max}$），则算法迭代结束，输出最短的周游路径，否则跳转到步骤 2。

蚁周模型版本的 AS 算法的程序流程如图 6-2 所示。

6.1.3 蚁群系统算法

AS 算法的路径选择规则有很大的随机性，导致其只适合于求解城市数目较少的小规模 TSP，在大规模 TSP 上收敛速度比较慢；而且 AS 算法的信息素更新规则会使少数路径上的信息素量过多，导致其易停滞到一条局部最优路径上。针对这两个问题，不少研究者提出了不同的衍生算法。蚁群系统（Ant Colony System，ACS）算法是 Dorigo 等人提出的一个非常有代表性的衍生算法。本小节将介绍 ACS 算法的优化机制和实现过程。

1. 蚁群系统算法的优化机制

6.1.1 节中提到了蚁群优化算法中有三个重要的优化机制：信息素初始化、路径转移规则、信息素更新规则。关于信息素初始化，ACS 算法和上一小节介绍的 AS 算法相同，本小节不再作介绍。下面给出 ACS 算法的路径转移规则和信息素更新规则。

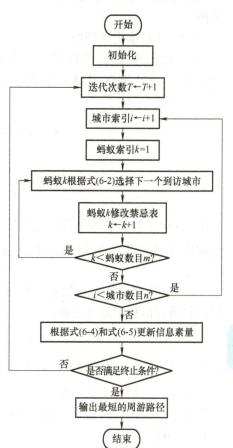

图 6-2 蚁周模型版本的 AS 算法流程图

（1）路径转移规则

设有 m 只蚂蚁进行城市周游。在周游过程中，每只蚂蚁 k（$k=1,2,\cdots,m$）根据式（6-9）选择下一个到访城市进行路径转移，并将选取的城市记录在禁忌表 $tabu_k$ 中：

$$j = \begin{cases} \arg\max_{u \in V-tabu_k} \{[\tau_{iu}][\eta_{iu}]^\beta\}, & 如果 q \leq q_0 \\ J, & 其他 \end{cases} \quad (6-9)$$

式中，J 是根据 AS 算法的路径转移规则得到的下一个尚未访问的城市；β 是一个调控信息素和启发信息发挥作用的影响因子；q 是 (0,1) 区间的一个随机数；$q_0 \in (0,1)$ 是一个选择路径转移方式的阈值。

在式（6-9）中，当 $q \leq q_0$ 时，蚂蚁选择信息量最大的路径，该方式完全利用已有信息确定下一个到访城市，有利于在局部范围内搜索优异解；当 $q > q_0$ 时，蚂蚁根据路径选择概率确定下一个到访城市，该方式会有一定的机会探索新路径，有利于在全局范围内搜索优异解。可见，ACS 算法的路径转移规则兼顾了局部利用和全局勘探的搜索平衡。

（2）信息素更新规则

1）信息素全局更新规则。在每次周游中，所有蚂蚁完成解的构建之后利用全局最优解或者本次周游中发现的最优解更新信息素，具体更新公式见式（6-10）和式（6-11）：

$$\tau_{ij}(t+n) = (1-\omega) \cdot \tau_{ij}(t) + \omega \cdot \Delta\tau(t+n) \tag{6-10}$$

$$\Delta\tau_{ij}(t+n) = \begin{cases} (L_g)^{-1}, & \text{如果} l_{ij} \text{在最优周游路径中} \\ 0, & \text{其他} \end{cases} \tag{6-11}$$

式中，$\omega \in [0,1]$，表示全局信息素挥发系数；L_g 表示全局最优解或者本次周游中发现的最优解所对应的周游路径长度。Dorigo 已通过实验证明了两种最优解对 ACS 算法的性能影响很小。

2）信息素局部更新规则。在每次周游中，蚂蚁每移动一步就按照式（6-12）对经过的路径进行信息素局部更新：

$$\tau_{ij}(t+1) = (1-\xi) \cdot \tau_{ij}(t) + \xi \cdot \tau_{ij}(0) \tag{6-12}$$

式中，$\xi \in [0,1]$，表示局部信息素挥发系数。

信息素的局部更新规则通过对蚂蚁经过的每条路径进行信息素的及时更新，可以有效地避免在一次迭代中所有蚂蚁都利用同样的信息素进行路径选择而导致易收敛到局部最优路径的问题。

2. 蚁群系统算法的实现过程

根据上面对 ACS 算法中优化机制的介绍，下面给出 ACS 算法的实现过程：

步骤 1：参数初始化。设置蚂蚁数量 m、城市数量 n、最大迭代次数 T_{max}，令迭代次数 $T=0$、每条路径 l_{ij} 上的初始信息素量 $\tau_{ij}(0)=\text{constant}$，其中 constant 表示常量。

步骤 2：更新迭代次数 $T \leftarrow T+1$，为每只蚂蚁设置一个空禁忌表 tabu_k（$k=1, 2, \cdots, m$）。

步骤 3：将 m 只蚂蚁随机地放在 n 个城市上，设置城市索引 $i=1$，将每只蚂蚁选定的城市添加到其禁忌表。

步骤 4：更新城市索引 $i \leftarrow i+1$，设置蚂蚁索引 $k=1$。

步骤 5：蚂蚁 k 根据式（6-9）所示的路径转移规则选择下一个到访城市。

步骤 6：蚂蚁 k 移动到选定的城市，并将选择的城市添加到其禁忌表 tabu_k 中，更新蚂蚁索引 $k \leftarrow k+1$。

步骤7：根据式（6-12）进行局部信息素更新。

步骤8：若还有蚂蚁没有移动一步，即 $k<m$，则跳转到步骤5，否则执行步骤9。

步骤9：若还有城市未遍历完，即 $i<n$，则跳转到步骤3，否则执行步骤10。

步骤10：根据式（6-10）和式（6-11）进行全局信息素更新。

步骤11：若满足终止条件（如迭代次数 $T>T_{max}$），则算法迭代结束，输出最短的周游路径，否则跳转到步骤2。

ACS算法的程序流程如图6-3所示。

6.1.4 最大－最小蚂蚁系统算法

针对AS算法的信息素更新机制会使少数路径上的信息素量过多而导致易停滞到局部最优路径上的问题，Stutzle等人提出了最大－最小蚂蚁系统（MMAS）算法，该算法是AS算法另一个代表性的衍生算法。

1. 最大－最小蚂蚁系统算法的优化机制

MMAS算法采用了ACS算法的路径转移规则，但在信息素的设置和更新方面有一些不同的设计。

（1）信息素量限制规则

MMAS算法将路径上的信息素量限制在 $[\tau_{min}, \tau_{max}]$ 范围内。这样的设计既可以防止某些路径上信息素量过多而导致停滞到局部最优路径的问题，也可以缓解某些路径上信息素量过小而没有机会被选择的问题。在周游过程中，当路径上的信息素量小于 τ_{min} 时，被重置为 τ_{min}；当路径上的信息素量大于 τ_{max} 时，被重置为 τ_{max}。

（2）信息素初始化规则

在AS算法和ACS算法中，各路径上的信息素一般被初始化为一个比较小的常数，但是这样会使蚂蚁在周游早期阶段，倾向于贪婪地选择启

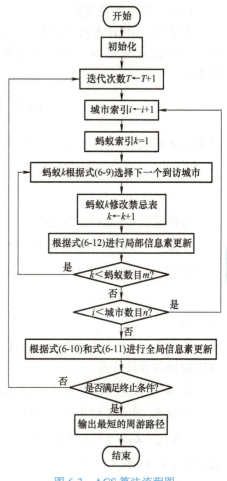

图6-3 ACS算法流程图

发信息大的路径，从而影响蚂蚁的探索范围。为了避免该问题，MMAS算法将各路径上的信息素初始化为最大值 τ_{max}，这样有利于蚂蚁在周游早期阶段探索更多可能的路径，扩大搜索范围。

（3）信息素更新规则

MMAS算法在所有蚂蚁完成周游之后对最优解上的路径进行信息素更新，具体更新规则如下：

$$\tau_{ij}(t+n) = (1-\rho) \cdot \tau_{ij}(t) + \Delta\tau_{ij}^{best}(t+n) \tag{6-13}$$

$$\Delta\tau_{ij}^{\text{best}}(t+n) = \begin{cases} \dfrac{Q}{L_{\min}}, & \text{若发现最优解的蚂蚁在时刻 } t \text{ 和 } t+n \text{ 之间经过 } l_{ij} \\ 0, & \text{其他} \end{cases} \quad (6\text{-}14)$$

式中，$\Delta\tau_{ij}^{\text{best}}(t+n)$ 表示在本次周游完成时的 $t+n$ 时刻，发现最优解的蚂蚁在路径 l_{ij} 上释放的信息素量；$L_{\min}$ 表示本次周游中发现的最短路径长度。

（4）信息素平滑规则

为了进一步消除某些路径上信息素过多而易导致的搜索停滞问题，MMAS 算法采用了一个信息素平滑规则。该规则在算法接近收敛时按照式（6-15）进行信息素平滑调整：

$$\tau_{ij}(t) = \tau_{ij}(t) + \delta \cdot (\tau_{\max}(t) - \tau_{\min}(t)) \quad (6\text{-}15)$$

式中，$\delta \in [0,1]$ 是一个反映以前信息素保持程度的参数，$\delta = 0$ 时完全保留以前的信息素，$\delta = 1$ 时完全消除以前的信息素。

2. 最大–最小蚂蚁系统算法的实现过程

根据前面对 MMAS 算法中优化机制的介绍，下面给出 MMAS 算法的实现过程：

步骤 1：参数初始化。设置信息素量范围 $[\tau_{\min}, \tau_{\max}]$、蚂蚁数量 m、城市数量 n、最大迭代次数 $T_{\max}$，令迭代次数 $T = 0$、每条路径 l_{ij} 上的初始信息素量 $\tau_{ij}(0) = \tau_{\max}$。

步骤 2：更新迭代次数 $T \leftarrow T+1$，为每只蚂蚁设置一个空禁忌表 tabu_k（$k = 1, 2, \cdots, m$）。

步骤 3：将 m 只蚂蚁随机地放在 n 个城市上，设置城市索引 $i = 1$，将每只蚂蚁选定的城市添加到其禁忌表。

步骤 4：更新城市索引 $i \leftarrow i+1$，设置蚂蚁索引 $k = 1$。

步骤 5：蚂蚁 k 根据式（6-9）所示的路径转移规则选择下一个到访城市。

步骤 6：蚂蚁 k 移动到选定的城市，并将选择的城市添加到其禁忌表 tabu_k 中，更新蚂蚁索引 $k \leftarrow k+1$。

步骤 7：若还有蚂蚁没有移动一步，即 $k < m$，则跳转到步骤 5，否则执行步骤 8。

步骤 8：若还有城市未遍历完，即 $i < n$，则跳转到步骤 3，否则执行步骤 9。

步骤 9：根据式（6-13）和式（6-14）更新每条路径上的信息素量。

步骤 10：根据信息素量范围限制每条路径上的信息素量。

步骤 11：若满足信息素平滑条件，根据式（6-15）进行信息素平滑调整。

步骤 12：若满足终止条件（如迭代次数 $T > T_{\max}$），则算法迭代结束，输出最短的周游路径，否则跳转到步骤 2。

MMAS 算法的程序流程如图 6-4 所示。

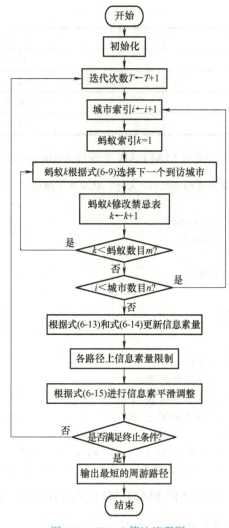

图 6-4　MMAS 算法流程图

6.1.5　典型问题求解案例

例题 6-1　假设某公司要在全国 8 个城市推销某商品。请利用蚁周模型版本的 AS 算法为该公司设计一条周游 8 个城市一次并回到起点城市的最短路线。8 个城市及其二维坐标见表 6-1。

表 6-1　8 个城市及其二维坐标

城市名称	坐标
北京	(116.46, 39.92)
上海	(121.48, 31.22)
重庆	(106.54, 29.59)
沈阳	(123.38, 41.8)

(续)

城市名称	坐标
济南	(117, 36.65)
郑州	(113.6, 34.76)
南京	(118.78, 32.04)
长沙	(113, 28.21)

解：为了求解上述 TSP，编写 MATLAB 主程序 main.m 如下。

```
% 读取存储 8 个城市的二维坐标的 cite.csv 文件，获取 8 个城市的二维坐标
filename = 'city8.csv';
opts = detectImportOptions（filename）;
City = readtable（filename, opts）;
C = [City.x, City.y];
Cname = City.city;   % 城市名称
% 设置求解参数
m = 30;            % 蚂蚁个数
alpha = 2;         % 信息素因子
beta = 4;          % 启发因子
rho = 0.02;        % 信息素挥发系数
tau0 = 1/（34*160）;    % 信息素初始值
Tmax = 200;        % 最大迭代次数
Q = 0.01;          % 信息素强度
% 调用 AS 算法求解该 TSP
[Shortest_Route, Shortest_Length] = AS（C, m, alpha, beta, rho, tau0, Tmax, Q）;
Draw_AS（C, Shortest_Route, Shortest_Length, 'AS'）;    % 绘制最优路径和收敛曲线
```

在主程序 main.m 中，AS 算法的 MATLAB 代码（AS.m）如下：

```
% Shortest_Route 表示最短周游路线
% Shortest_Length 表示最短周游路线长度
function[Shortest_Route, Shortest_Length]= AS（C, m, alpha, beta, rho, tau0, Tmax, Q）
% 参数初始化
  n = size（C, 1）;    % 城市数量
  d = zeros（n, n）;    % 城市距离矩阵
  for i = 1: n
    for j = i: n
      if i ~ = j
        d（i, j）=（（C（i, 1）-C（j, 1））^2+（C（i, 2）-C（j, 2））^2）^0.5;
      else
        d（i, j）= eps;
      end
      d（j, i）= d（i, j）;
    end
  end
  eta = 1./d;                    % 启发函数
```

```
tau = ones(n, n)*tau0;           % 信息素矩阵
tabu = zeros(m, n);              % 存储并记录路径生成的禁忌表
T = 1;                           % 迭代计数器
R_best = zeros(Tmax, n);         % 各代最短周游路线
L_best = inf.*ones(Tmax, 1);     % 各代最短周游路线长度
% 下面是迭代过程
while T <= Tmax
    Randpos = [];   % m 只蚂蚁随机放在 n 个城市
    for i = 1: (ceil(m/n))
        Randpos = [Randpos, randperm(n)];
    end
    Tabu(:, 1) = (Randpos(1, 1: m))';
    for j = 2: n
      for i = 1: m
        visited = Tabu(i, 1: (j-1));        % 已访问城市集合
        J = zeros(1, (n-j+1));              % 待访问城市集合
        P = J;                              % 待访问城市的选择概率
        Jc = 1;
        for k = 1: n
          if length(find(visited==k))==0
            J(Jc) = k;
            Jc = Jc+1;
          end
        end
            % 待访问城市的选择概率
        for k = 1: length(J)
          P(k = (tau(visited(end), J(k))^alpha)
               * (eta(visited(end), J(k))^beta);
        end
        P = P/(sum(P));
        Pcum = cumsum(P);     % 按轮盘赌原则选取下一个到访城市
        Select = find(Pcum >= rand);
        to_visit = J(Select(1));
        Tabu(i, j) = to_visit;
      end
    end
    L = zeros(m, 1);  % 记录本次迭代最短周游路线
    for i = 1: m
      R = Tabu(i, :);
      for j = 1: (n-1)
        L(i) = L(i) +d(R(j), R(j+1));
      end
      L(i) = L(i) +d(R(1), R(n));
    end
    L_best(T) = min(L);
```

```
    pos = find ( L==L_best ( T ));
    R_best ( T, : ) = Tabu ( pos (1), : );
    delta_Tau = zeros ( n, n ); % 基于蚁周模型更新信息素
    for i = 1: m
        for j = 1: ( n-1 )
            delta_Tau ( Tabu ( i, j ), Tabu ( i, j+1 )) = ...
                delta_Tau ( Tabu ( i, j ), Tabu ( i, j+1 )) +Q/L ( i );
        end
        delta_Tau ( Tabu ( i, n ), Tabu ( i, 1 )) = ...
            delta_Tau ( Tabu ( i, n ), Tabu ( i, 1 )) +Q/L ( i );
    end
    tau = ( 1-rho ).*tau+delta_Tau;
    Tabu = zeros ( m, n ); % 禁忌表清零
    T = T+1;
    end
    Pos = find ( L_best==min ( L_best ));
    Shortest_Route = R_best ( Pos (1), : );          % 最短周游路线
    Shortest_Length = L_best ( Pos (1));             % 最短周游路线长度
end
```

在主程序 main.m 中,结果可视化函数(draw_AS.m)的 Matlab 代码如下:

```
function draw_AS ( C, Shortest_Route, Shortest_Length, name )
    % 绘制收敛曲线
    figure();
    plot ( L_best );
set ( gca, 'FontName', 'Times New Roman' );
set ( gca, 'FontSize', 11 );
    xlabel ( '迭代次数', 'FontName', '宋体' )
    ylabel ( '目标函数值', 'FontName', '宋体' )

    % 绘制最短周游路径
    n = size ( C, 1 );
    figure();
    for i = 1: n-1
        plot ( [ C ( Shortest_Route ( i ), 1 ), C ( Shortest_Route ( i+1 ), 1 ) ], ...
            [C ( Shortest_Route ( i ), 2 ), C ( Shortest_Route ( i+1 ), 2 ) ], 'blue' );
        text ( C ( :, 1 ) +0.5, C ( :, 2) +0.5, Cname, 'FontSize', 11 );
        hold on;
    end
    plot ( [C ( Shortest_Route ( n ), 1 ), C ( Shortest_Route ( 1 ), 1 ) ], ...
        [C ( Shortest_Route ( n ), 2 ), C ( Shortest_Route ( 1 ), 2 ) ], 'blue' );
    scatter ( C ( :, 1 ), C ( :, 2), 'filled', 'red' );
    set ( gca, 'FontName', 'Times New Roman' );
    set ( gca, 'FontSize', 11 );
    title ( [name, ' 最短周游路径长度为:', num2str ( Shortest_Length ) ] );
```

```
    hold off;
end
```

运行主程序 main.m,得到如图 6-5 所示的最短周游路径和如图 6-6 所示的收敛曲线。从图 6-6 的收敛曲线可以看到,AS 算法在求解包含较少城市的小规模 TSP 时,虽然能够很快地找到最短的周游路径,但是在很多次迭代中容易陷入局部最优。

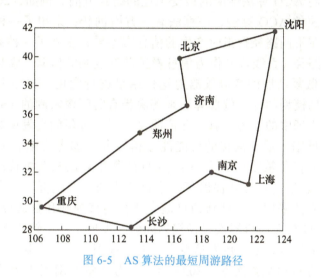

图 6-5 AS 算法的最短周游路径

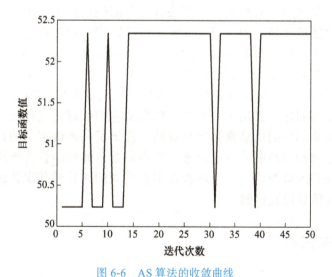

图 6-6 AS 算法的收敛曲线

6.1.6 前沿进展

ACO 算法在 1991 年被提出,是首个群智能优化算法。虽然已经过去三十多年的时间,但是 ACO 算法依旧是目前求解路径规划、车间调度等离散优化问题最有效的方法之一,被广泛应用到各个领域中,如移动机器人的自动导航、通信、搜救、军事指挥等领域。尽管 ACO 算法已经取得了巨大的成功，但是随着科技的不断发展，科学研究和现实场景中的离散优化问题日益复杂。为了更有效地求解日益复杂的离散优化问题，研究人员对 ACO 算法的研究从来没有停止过，一直在探索如何更好地克服 ACO 算法固有的收敛速度慢、易停滞在局部最优的缺陷。

在 ACO 算法过去三十年的发展中，改进路径转移规则、信息素更新规则以及启发信息设定规则是提高 ACO 算法性能的最受关注的研究方向。例如，2009 年，参考文献 [13] 提出了一个快速的 ACO 算法，该算法有三方面创新：采用了一种新的信息素增量模型，以体现蚂蚁在不同路径行走时产生的信息素差异；发展了一种新的信息素扩散模型，以蚂蚁经过的路径（直线段）作为信息素扩散浓度场的信源，强化了蚂蚁间的协助和交流；采用了较低复杂度的变异策略对迭代结果进行优化。2013 年，参考文献 [14] 提出了一个基于磁场模型的变异蚁群算法来解决带有时间窗限制的 TSP。该算法把用户的时间需求转化为磁场中的磁力计算，并依此设计了一种新的启发函数来满足用户的时间需求，并同时降低陷入局部最优的可能性。2017 年，参考文献 [15] 通过引入信息素扩散规则和几何局部优化策略提出了一个 ACO 的衍生算法来解决移动机器人的路径规划问题。2018 年，参考文献 [16] 提出了一个自适应的多态蚁群算法来解决智能轮椅的路径规划问题。该算法采用了一种新的自适应路径转移规则和自适应信息素更新机制。2019 年，参考文献 [17] 面向机器人路径规划问题，发展了一个新的 ACO 算法，该算法的路径转移规则除了与信息素、启发信息有关外，还引入了一个目标指导因素，而且根据最优解和最坏解进行信息素更新。2021 年，参考文献 [18] 针对室内机器人路径规划问题，提出了一个自适应蚁群算法。该算法有三方面创新：采用了一种自适应的启发信息更新规则；在路径转移规则中，引入了障碍排除因素和角度指导因素；利用多个目标评估下的最优解和最坏解更新信息素。2023 年，参考文献 [19] 提出了一个新的 ACO 算法来求解车辆路径规划问题。该算法使用了一个带有方向指导的路径转移规则来提高全局勘探能力，并采用了两个局部搜索操作来避免陷入局部最优。2024 年，参考文献 [20] 针对机器人路径规划问题，提出了一个多策略自适应的蚁群优化算法。该算法有四方面创新：采用了一种非均匀的信息素初始化规则；提出了一种确定型的自适应路径转移机制；使用了一种方向指导机制来确定待选择节点集合；通过结合待选择节点与起始节点和目标节点的路径长度以及当前节点向待选节点之间的路径转移次数信息，发展了一种新的自适应的启发信息设置机制。

6.2 粒子群优化算法

受鸟类飞行行为的启发，美国社会心理学博士 Kennedy 和电子工程学博士 Eberhart 于 1995 年提出了粒子群优化（Particle Swarm Optimization，PSO）算法来求解单目标连续优化问题。由于它具有易于理解和实现、收敛速度快等优势，PSO 算法一经提出，立刻引起了研究人员的广泛关注，成为了最受青睐的群智能优化算法之一。在过去的近三十年，在理论研究方面，研究人员围绕着 PSO 的优化机制和参数控制进行了深入的研究和探索，提出了非常多的衍生算法。1998 年，Shi 和 Eberhart 提出了基于惯性权重（Inetia Weight）的粒子群优化算法。该算法是最具代表性的粒子群优化算法版本，它引入了惯性权重来平衡算法的局部利用和全局勘探的能力，显著提高了优化性能。之后，PSO 的研究大多以带有惯性权重的 PSO 算法为对象进行分析、扩展和应用，因此通常将带有惯性权重的 PSO 算法称为标准 PSO（Standard PSO，SPSO）算法，将 Kennedy 和 Eberhart 在 1995 年提出的首个 PSO 算法称为基本 PSO（Basic PSO，BPSO）算法。在应用研究方面，PSO 算法已成功用于解决各种工程实践问题，如机器人路径规划、可再生能源系统设计、光伏电池的最大功率跟踪控制，以及不同的复杂多目标优化问题，如高维多目标优化问题、大规模多目标优化问题、多模态多目标优化问题等。

本节首先给出 PSO 算法的基本原理，然后介绍求解单目标连续优化问题的 BPSO 和 SPSO 算法，随后介绍一个经典的求解多目标连续优化问题的多目标粒子群优化（Multi-objective Particle Swarm Optimization，MOPSO）算法，接着分别给出 PSO 和 MOPSO 的典型问题求解案例，最后简述 PSO 算法的前沿进展。

6.2.1 算法原理

在自然界中，鸟群或鱼群的行为常常引起动物学家的关注。动物学家 Reynolds 和 Heppner 对鸟群能一致地朝一个方向飞行、又突然同时转向、分散、聚集的飞翔行为很感兴趣。为了探究鸟群在飞行中保持优美队形和同步性的行为，Reynolds 在 1987 年提出了 Boid 模型来模拟鸟群飞行，指出了鸟类飞行的基本准则：避免与邻近个体碰撞；向个体目标靠近；向群体中心聚集。通过对这三个基本准则的模拟，Reynolds 发现 Boid 模型能够展现出有规律且逼真的鸟群聚集行为。在 Boid 模型的基础上，Heppner 加入了鸟群受到栖息地或食物吸引的特点。在该改进 Boid 模型中，鸟群中的每只鸟在空中无特定方向飞行，当一只鸟飞到了栖息地或食物所在位置，其他同伴会受到邻近伙伴的影响，逐渐降落在相近位置。此外，Boyd 和 Richerson 在研究人类的决策过程时，提出了个体学习与文化传递的概念。他们发现，人类在做决策时会综合两种信息，一种是根据自己的尝试和经历积累的自身经验，另一种是了解了其他人的行为后，得到的他人经验。

受上述鸟类和人类等生物群体行为的启发，1995 年，Kennedy 和 Eberhart 合作提出了 PSO 算法。该算法把 Boid 模型中的栖息地或食物看作优化问题的可行解，并利用个体间的信息共享和协作，引导整个群体在解空间运动，逐渐找到更好的可行解。具体来说，鸟群中每个个体被抽象为没有质量和体积但有位置（Position）和速度（Velocity）的飞行粒子。在 PSO 算法的开始阶段，每个粒子的位置和速度被随机初始化为与解空间同维度的向量。每个粒子的位置代表解空间中的一个可行解。粒子在解空间中以一定的速度飞行，粒子的飞行过程即解的搜索过程。每个粒子的优劣根据适应函数进行评价，通常优化问题的目标函数被设置为适应函数，每个粒子的目标函数值称为其适应度。在飞行过程中，粒子的飞行速度根据自身的飞行经验（即自身历史最优位置）和同伴的飞行经验（整个种群的历史最优位置或者一定范围内邻居的最优位置）进行动态调整。随着粒子的飞行，粒子的位置随之变动。粒子群体借助该粒子间的合作机制，通过多次迭代飞行来寻找解空间内的最佳位置，即优化问题的最优解。

6.2.2 基本粒子群优化算法

基于上一小节对 PSO 算法原理的描述,粒子的速度和位置更新机制是 PSO 算法的核心优化机制。本小节将首先介绍基本粒子群优化(BPSO)算法的速度和位置更新机制,然后对 BPSO 的重要参数进行分析,最后给出 BPSO 算法的实现过程。

1. 基本粒子群优化算法的速度和位置更新机制

假设优化问题的解空间为 d 维,粒子群中含有 N 个粒子,每个粒子的位置和速度在优化过程开始时都被随机初始化为一个 d 维向量。通常用 $\boldsymbol{x}_i = (x_1^i, x_2^i, \cdots, x_d^i)^{\mathrm{T}}$ 表示第 i 个粒子的位置,$\boldsymbol{v}_i = (v_1^i, v_2^i, \cdots, v_d^i)^{\mathrm{T}}$ 表示第 i 个粒子的速度,$\boldsymbol{p}_i = (p_1^i, p_2^i, \cdots, p_d^i)^{\mathrm{T}}$ 表示第 i 个粒子的个体历史最优位置,其中,$i = 1, 2, \cdots, N$;$\boldsymbol{g} = (g_1, g_2, \cdots, g_d)^{\mathrm{T}}$ 表示整个粒子群的最优位置。在第 t 次迭代时,第 i 个粒子的速度和位置的更新公式分别为:

$$\boldsymbol{v}_i(t+1) = \boldsymbol{v}_i(t) + c_1 r_1 (\boldsymbol{p}_i - \boldsymbol{x}_i(t)) + c_2 r_2 (\boldsymbol{g} - \boldsymbol{x}_i(t)) \tag{6-16}$$

$$\boldsymbol{x}_i(t+1) = \boldsymbol{x}_i(t) + \boldsymbol{v}_i(t+1) \tag{6-17}$$

式中,t 表示当前迭代次数;r_1 和 r_2 是 [0,1] 内均匀分布的随机数;c_1 和 c_2 分别是粒子向个体历史最优位置和种群历史最优位置学习的因子。

下面以二维优化问题 $\min f(\boldsymbol{x}) = x_1^2 + x_2^2$(其中 $\boldsymbol{x} = (x_1, x_2)^{\mathrm{T}}, 0 \leqslant x_1, x_2 \leqslant 1$)为例来说明 BPSO 算法的速度和位置更新机制。假设粒子群中包含 5 个粒子,在第 t 次迭代时的位置分别为:$\boldsymbol{x}_1(t) = (0.2, 0.1)^{\mathrm{T}}$、$\boldsymbol{x}_2(t) = (0.1, 0.1)^{\mathrm{T}}$、$\boldsymbol{x}_3(t) = (0.4, 0.6)^{\mathrm{T}}$、$\boldsymbol{x}_4(t) = (0.5, 0.1)^{\mathrm{T}}$、$\boldsymbol{x}_5(t) = (0.8, 0.5)^{\mathrm{T}}$。在第 t 次迭代时,每个粒子的速度分别为:$\boldsymbol{v}_1(t) = (0.4, 0.3)^{\mathrm{T}}$、$\boldsymbol{v}_2(t) = (0.2, 0.6)^{\mathrm{T}}$、$\boldsymbol{v}_3(t) = (0.1, 0.4)^{\mathrm{T}}$、$\boldsymbol{v}_4(t) = (0.4, 0.2)^{\mathrm{T}}$、$\boldsymbol{v}_5(t) = (0.3, 0.2)$。在第 t 次迭代时,每个粒子的历史最优位置分别为:$\boldsymbol{p}_1 = (0.15, 0.1)^{\mathrm{T}}$、$\boldsymbol{p}_2 = (0.08, 0.1)^{\mathrm{T}}$、$\boldsymbol{p}_3 = (0.4, 0.5)^{\mathrm{T}}$、$\boldsymbol{p}_4 = (0.3, 0.1)^{\mathrm{T}}$、$\boldsymbol{p}_5 = (0.7, 0.5)^{\mathrm{T}}$。通过计算 5 个粒子所在位置的目标函数值,发现第 2 个粒子是当前整个种群的最优个体,即 $\boldsymbol{g} = (0.1, 0.1)^{\mathrm{T}}$。为了计算方便,设置 $c_1 = c_2 = 0.2$,$r_1 = r_2 = 1$。于是,5 个粒子都可按照式(6-16)和式(6-17)进行速度和位置更新。例如,第 1 个粒子的速度和位置更新过程分别为:

$$\boldsymbol{v}_1(t+1) = (0.4, 0.3)^{\mathrm{T}} + 0.2 \times ((0.15, 0.1)^{\mathrm{T}} - (0.2, 0.1)^{\mathrm{T}}) + 0.2 \times ((0.1, 0.1)^{\mathrm{T}} - (0.2, 0.1)^{\mathrm{T}}) = (0.37, 0.3)^{\mathrm{T}}$$

$$\boldsymbol{x}_1(t+1) = (0.2, 0.1)^{\mathrm{T}} + (0.37, 0.3)^{\mathrm{T}} = (0.57, 0.4)^{\mathrm{T}}$$

根据式(6-16),速度更新公式包含三部分,分别发挥着不同的作用。具体如下:

1)粒子当前速度 $\boldsymbol{v}_i(t)$。代表粒子的运动惯性,刻画粒子的自我学习能力。它提供粒子在解空间内进行搜索的源动力。

2)粒子的自我认知 $c_1 r_1 (\boldsymbol{p}_i - \boldsymbol{x}_i(t))$。代表粒子对自身经验的思考和学习,刻画粒子

向自身经验学习的能力。它鼓励粒子飞向自身曾经发现的最优位置，发挥着局部利用的作用。

3）粒子的社会认知 $c_2 r_2(\boldsymbol{g} - \boldsymbol{x}_i(t))$。代表粒子对社会经验的思考和学习，刻画粒子向整个种群学习的能力。它鼓励粒子飞向种群发现的最优位置，体现了粒子间信息的共享与群体协作，发挥着全局勘探的作用。

2. 基本粒子群优化算法的重要参数分析

1）粒子的最大速度 $v_{\max}$。为了防止优化过程中出现搜索发散的现象，需要对粒子的最大速度 $v_{\max}$ 进行限制。$v_{\max}$ 太大，容易使粒子错过优异解；$v_{\max}$ 太小，容易使粒子陷入局部最优。可见，最大速度 $v_{\max}$ 影响着算法的局部利用和全局勘探的搜索平衡。研究发现速度向量 $\boldsymbol{v}_{\max} = (v_1^{\max}, v_2^{\max}, \cdots, v_d^{\max})^{\mathrm{T}}$ 设置为解空间最大边界 $\boldsymbol{x}_{\max} = (x_1^{\max}, x_2^{\max}, \cdots, x_d^{\max})^{\mathrm{T}}$，可使算法取得较好的结果。具体来说，当某粒子的速度向量 $\boldsymbol{v}_i = (v_1^i, v_2^i, \cdots, v_d^i)^{\mathrm{T}}$ 中某一维超过相应维度的解空间边界时，按照式（6-18）将其设定为相应边界值：

$$v_j^i = \begin{cases} x_j^{\max}, & \text{如果 } v_j^i > x_j^{\max} \\ -x_j^{\max}, & \text{如果 } v_j^i < -x_j^{\max} \end{cases} \tag{6-18}$$

2）学习因子 c_1 和 c_2。这两个学习因子关系着粒子向个体历史最优位置和种群历史最优位置飞行的步长。若学习因子过小，容易引起粒子在最优解附近徘徊；而若学习因子过大，容易导致粒子错过最优解。可见，这两个参数也关系着算法的局部利用和全局勘探的搜索平衡。研究发现，这两个参数在 [0,2] 范围内取值，通常会获得较好的结果。

3. 基本粒子群优化算法的实现过程

下面给出 BPSO 算法的实现过程：

步骤 1：参数初始化。设置种群规模 S、最大迭代次数 $t_{\max}$、最大速度 $\boldsymbol{v}_{\max}$、学习因子 c_1 和 c_2，并设置迭代次数 $t = 0$。

步骤 2：随机初始化每个粒子的位置和速度。

步骤 3：计算每个粒子的适应度。

步骤 4：更新每个粒子的个体历史最优位置 $\boldsymbol{p}_i$ 和种群历史最优位置 $\boldsymbol{g}$。

步骤 5：按照式（6-16）更新每个粒子的速度。若粒子的速度向量中某个维度超过边界，根据式（6-18）进行速度限制。

步骤 6：按照式（6-17）更新每个粒子的位置。若粒子的位置向量中某个维度超过边界，则将其设置为相应维度的边界值。

步骤 7：更新迭代次数 $t \leftarrow t+1$。

步骤 8：如果满足终止条件（例如 $t \geq t_{\max}$），算法迭代结束，输出粒子的最优位置；否则，转步骤 3。

BPSO 算法的程序流程如图 6-7 所示。

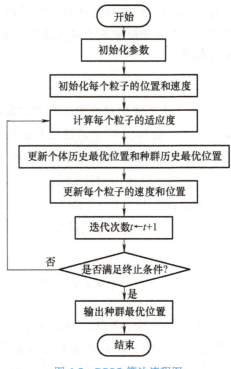

图 6-7　BPSO 算法流程图

6.2.3　标准粒子群优化算法

不少研究指出，BPSO 算法有易陷入局部最优的缺陷。SPSO 算法通过在 BPSO 算法的速度更新公式中引入惯性权重，大大提升了粒子群优化的性能。本小节将首先介绍 SPSO 算法的速度和位置更新机制，然后对 SPSO 的惯性权重参数进行分析。由于 SPSO 和 BPSO 的实现过程非常相似，本小节将不再给出 SPSO 的实现过程。

1. 标准粒子群优化算法的速度和位置更新机制

假设优化问题的解空间为 d 维，粒子群中含有 N 个粒子，每个粒子的位置和速度在优化过程开始时都被初始化为一个 d 维向量。通常用 $\boldsymbol{x}_i = (x_1^i, x_2^i, \cdots, x_d^i)^\mathrm{T}$ 表示第 i 个粒子的位置，$\boldsymbol{v}_i = (v_1^i, v_2^i, \cdots, v_d^i)^\mathrm{T}$ 表示第 i 个粒子的速度，$\boldsymbol{p}_i = (p_1^i, p_2^i, \cdots, p_d^i)^\mathrm{T}$ 表示第 i 个粒子的个体历史最优位置，其中，$i = 1, 2, \cdots, N$；$\boldsymbol{g} = (g_1, g_2, \cdots, g_d)^\mathrm{T}$ 表示整个粒子群的历史最优位置。在第 t 次迭代时，第 i 个粒子的速度和位置的更新公式分别为：

$$\boldsymbol{v}_i(t+1) = \omega \boldsymbol{v}_i(t) + c_1 r_1 (\boldsymbol{p}_i - \boldsymbol{x}_i(t)) + c_2 r_2 (\boldsymbol{g} - \boldsymbol{x}_i(t)) \tag{6-19}$$

$$\boldsymbol{x}_i(t+1) = \boldsymbol{x}_i(t) + \boldsymbol{v}_i(t+1) \tag{6-20}$$

式中，t 表示当前迭代次数；r_1 和 r_2 是 [0，1] 内均匀分布的随机数；c_1 和 c_2 分别是粒子向个体历史最优位置和种群历史最优位置学习的因子；ω 为惯性权重，当 $\omega=1$ 时，SPSO 算法就退化成了 BPSO 算法。

根据式（6-16）和式（6-19），BPSO 与 SPSO 的速度更新公式都包括三部分：粒子的当前速度 $v_i(t)$、粒子的自我认知 $c_1 r_1(p_i - x_i(t))$ 和粒子的社会认知 $c_2 r_2(g - x_i(t))$。因此，两个算法都是凭借粒子的运动惯性、个体经验和群体经验来引导粒子在解空间飞行。图 6-8 给出了 SPSO 算法中粒子 i 在 $t \to t+1$ 时刻的飞行轨迹示意图。

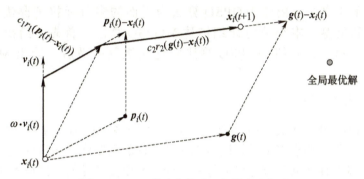

图 6-8　SPSO 算法中粒子飞行轨迹示意图

2. 标准粒子群优化算法的重要参数分析

与 BPSO 相比，SPSO 引入了一个新参数——惯性权重 ω。该参数减弱了最大速度 $v_{\max}$ 对算法性能的影响，可以更好地平衡算法的全局勘探和局部利用的能力，从而大幅度提高 PSO 算法的优化性能。一般来说，较大的惯性权重有利于提高种群的多样性，帮助增强算法的全局勘探能力；较小的惯性权重有利于提高算法的局部利用能力，帮助加快算法的收敛速度。目前研究人员已经提出了多种不同的惯性权重设置方法，例如下面三种常见的权重设置方法：

1）常数权重：$\omega = \text{constant}$，其中 constant 表示一个常数。
2）随机权重：

$$\omega = 0.5 + 0.5 \times \text{rand}(\cdot) \tag{6-21}$$

式中，$\text{rand}(\cdot)$ 表示一个 [0,1] 区间内的随机数。

3）基于迭代次数的动态递减权重：

$$\omega = \omega_{\max} - (\omega_{\max} - \omega_{\min}) \times \frac{t}{t_{\max}} \tag{6-22}$$

式中，t 表示当前迭代次数；$t_{\max}$ 表示最大迭代代数；$\omega_{\max}$ 表示最大惯性权重；$\omega_{\min}$ 表示最小惯性权重。

6.2.4 多目标粒子群优化算法

多目标优化问题（Multi-objective Optimization Problems，MOPs）广泛存在于科学研究和现实应用中，是最优化领域中一个非常重要的研究方向。鉴于粒子群优化算法在单目标连续优化问题上的良好性能，Cello 等学者在 2004 年将其拓展到求解多目标连续优化问题上，提出了经典的多目标粒子群优化（Multi-objective Particle Swarm Optimization，MOPSO）算法。自此之后，基于 PSO 算法的多目标优化方法引起了研究者的极大兴趣。如今，PSO 算法已经成为求解各种复杂多目标优化问题的最有效的手段之一。由于 MOPSO 算法为后面的多目标粒子群优化的研究提供了重要的启迪和借鉴，本小节将详细描述 MOPSO 算法。首先，给出多目标优化相关的基本概念；然后，介绍 MOPSO 算法的优化机制；最后，给出 MOPSO 算法的实现过程。

1. 多目标优化相关的基本概念

在许多实际问题中，制定一个方案通常需要考虑多个目标，且多个目标有时相互矛盾，那么在给定条件下要求多个目标同时都达到最优的问题就是多目标优化问题。例如在新产品设计时，既要使产品具有尽可能好的性能，又要使产品的制造成本尽可能低，同时还要考虑产品的可制造性、可靠性以及可维修性等目标。这些设计目标可能相互矛盾，比如低成本的设计会引起性能降低，好的可维修性会引起可靠性降低。多目标优化问题通常不存在一个使所有目标都同时达到最优的解，其求解目标是一系列分布均匀的折中解的集合，即帕累托（Pareto）最优解集。

绪论中式（1-14）～式（1-17）给出了多目标优化问题的一般数学模型。在该给定的数学模型的基础上，下面将介绍几个与多目标优化相关的基本概念。

定义 6.1 可行解：对于某个 $x \in \mathbf{R}^d$，如果 x 满足式（1-15）中给出的 p 个不等式约束、式（1-16）中给出的 q 个等式约束以及式（1-17）中给出的边界约束，则称 x 为多目标优化问题的一个可行解。

定义 6.2 可行解集：所有可行解组成的集合称为可行解集，记为 X_f。

定义 6.3 帕累托（Pareto）占优：x_α 和 x_β 是多目标优化问题的两个可行解，称 x_α 帕累托占优 x_β 或 x_α 支配 x_β，若满足如下条件，

$$\forall i = 1, 2, \cdots, m, f_i(x_\alpha) \leq f_i(x_\beta) \text{ 且 } \exists k \in \{1, 2, \cdots, m\}, f_k(x_\alpha) < f_k(x_\beta) \tag{6-23}$$

x_α 与 x_β 的这种帕累托占优关系通常记作 $x_\alpha \succ x_\beta$，其中 x_α 称为帕累托占优解或非支配解。

为了直观地展示帕累托占优的概念，图 6-9 以最小化两个目标为例给出了帕累托占优的示意图。在该图 6-9 中，A、B 和 C 是三个可行解。对于 B 和 C 而言，$f_1(B) < f_1(C)$ 且 $f_2(B) < f_2(C)$，根据定义 6.3，B 帕累托占优 C。对于 A 和 B 而言，有 $f_1(A) < f_1(B)$，$f_2(A) > f_2(B)$，称 A 和 B 互不支配。

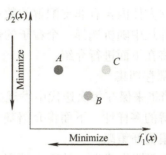

图 6-9 帕累托占优的示意图

定义 6.4 Pareto 最优解：一个可行解 x^* 被称为 Pareto 最优解（Pareto Optimal Solution），当且仅当它满足如下条件：

$$\neg \exists x \in X_f : x \succ x^* \tag{6-24}$$

定义 6.5 Pareto 最优解集：所有 Pareto 最优解的集合称为 Pareto 最优解集（Pareto Optimal Solution Set，PS），定义如下：

$$PS = \{x^* | \neg \exists x \in X_f : x \succ x^*\} \tag{6-25}$$

定义 6.6 Pareto 前沿面：Pareto 最优解集 PS 中所有 Pareto 最优解对应的目标向量组成的曲面称为 Pareto 前沿面（Pareto Front，PF），其定义如下：

$$PF = \{F(x^*) = (f_1(x^*), f_2(x^*), \cdots, f_m(x^*))^T | x^* \in PS\} \tag{6-26}$$

2. 多目标粒子群优化算法的优化机制

多目标优化问题求解的目标是一个分布均匀的 Pareto 最优解集。多目标粒子群优化（MOPSO）算法利用 Pareto 支配关系来评价粒子之间的优劣；在每一次迭代过程中，MOPSO 根据每个粒子的个体历史最优位置和种群历史最优位置进行速度和位置的更新，使用一个基于自适应网格的外部存档集来保存每次迭代中发现的非支配解，并利用一个变异策略引入随机扰动来避免算法陷入局部最优。

（1）多目标粒子群优化算法的速度和位置更新机制

MOPSO 算法的速度和位置更新公式和 SPSO 算法的速度和位置更新公式一样，分别见式（6-19）和式（6-20）。不过，由于多目标优化问题不存在唯一的最优解，MOPSO 算法中个体历史最优位置和整个种群的历史最优位置的确定方法和 SPSO 算法是不同的，具体如下：

1）个体历史最优位置。若粒子的当前位置支配它的历史最优位置，则用粒子的当前位置来更新它的个体历史最优位置；若粒子的当前位置被它的历史最优位置支配，则当前粒子的历史最优位置不变；若粒子的当前位置和其历史最优位置互不支配，则从二者中随机选择一个作为粒子的个体历史最优位置。

2）种群历史最优位置。为了保证搜索的均匀性，MOPSO 算法会对目标空间进行网格划分，并根据下述方法选择种群历史最优位置：设定一个大于1的固定数值 *num*，使用该固定数值除以个体所属小超立方体内含有非支配解的数量，然后以此为依据，根据轮盘赌原则选定一个小超立方体，并从中随机选择一个粒子的位置作为种群历史最优位置。其中，目标空间的网格划分方法将在下面进行介绍。

（2）基于自适应网格的外部存档集

MOPSO算法采用外部存档集来保存每次迭代中发现的非支配解，而外部存档集采用自适应网格策略来维护非支配解的多样性。下面将介绍基于自适应网格的外部存档集建立和基于自适应网格的外部存档集更新策略。

1）基于自适应网格的外部存档集建立。外部存档集保存的非支配解集记为 AP，目标空间中每个维度上网格的划分数为 div。根据 div 对外部存档集所在的目标空间进行网格划分，图 6-10 给出了外部存档集所在的目标空间中第 k 个维度上的网格设置。其中，$\min_k(\text{AP})$ 和 $\max_k(\text{AP})$ 分别表示外部存档集中所有非支配集在第 k 个维度上的最小值和最大值；lb_k 和 ub_k 分别表示网格在第 k 个维度上的下边界和上边界，具体计算方法见式（6-27）和式（6-28）：

$$\text{lb}_k = \min_k(\text{AP}) - (\max_k(\text{AP}) - \min_k(\text{AP}))/(2 \times \text{div}) \tag{6-27}$$

$$\text{ub}_k = \max_k(\text{AP}) + (\max_k(\text{AP}) - \min_k(\text{AP}))/(2 \times \text{div}) \tag{6-28}$$

第 k 个维度上小超立方体的宽度 d_k 的计算方法见式（6-29）：

$$d_k = (\text{ub}_k - \text{lb}_k)/\text{div} \tag{6-29}$$

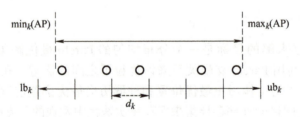

图 6-10 第 k 个维度上的网格设置

当对外部存档集所在的目标空间内所有维度都进行上述网格设置后，外部存档集的网格就建立好了，每个网格小区域称为一个小超立方体。每个小超立方体内含有的非支配解的数量称为小超立方体的密度。在划分好的网格空间内，每个非支配解都拥有自己的网格坐标，计算方法见式（6-30）：

$$G_k(\boldsymbol{x}) = \text{floor}((f_k(\boldsymbol{x}) - \text{lb}_k)/d_k) \tag{6-30}$$

式中，$G_k(\boldsymbol{x})$ 表示非支配解 $\boldsymbol{x}$ 在第 k 个目标上的网格坐标；$f_k(\boldsymbol{x})$ 表示非支配解 $\boldsymbol{x}$ 在第 k 个目标上的函数值；floor(·) 表示向下取整函数。

在 MOPSO 算法中，目标空间的网格划分范围随着迭代过程自适应调整。当某个即将进入外部存档集中的新非支配解在目标空间的某个维度上超出了网格空间的边界,就要按照式(6-27)和式(6-28)重新调整网格空间的边界,并重新划分网格,更新网格空间。

2)基于自适应网格的外部存档集更新。外部存档集是一个保留每次迭代中发现的非支配解的精英留存机制,对其进行合理更新能够有效地指导整个种群的进化。图 6-11 给出了基于自适应网格的外部存档集更新的示意图。图 6-11 中带有不同数字的圆圈表示网格中已有的不同非支配解,带有不同文理的圆圈表示迭代过程中发现的不同新非支配解。从图 6-11 可以看出,基于自适应网格的外部存档集的更新可以分为如下五种情况:

当外部存档集为空时,则直接接受新的非支配解,如图 6-11a 所示。此时,由于外部存档集为空,没有对目标空间进行网格划分。

当新非支配解被外部存档集中的某些解支配时,则不允许新非支配解进入外部存档集,如图 6-11b 所示。

当新支配解与外部存档集中的所有解都互不支配时,则接受新的非支配解进入外部存档集,并计算其网格坐标,进入相应的小超立方体,如图 6-11c 所示。

当新非支配解支配外部存档集中某些解时,则接受非新支配解,计算其网格坐标,进入相应的小超立方体,并将外部存档集中被其支配的解删除,如图 6-11d 所示,用横线划去的解即为被新支配解支配的解。

为了保证种群的多样性,避免种群进化的趋同性,MOPSO 算法对外部存档集中的非支配解数量进行限制。当外部存档集中的非支配解数量已达到额定数量,并且新非支配解与外部存档集中所有解互不支配时,则需要随机删除密度最大的小超立方体内的非支配解,如图 6-11e 中,用横线划去的解即是密度最大的小超立方体内的非支配解。

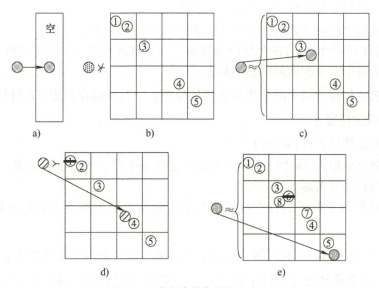

图 6-11 外部存档集更新示意图

(3)变异策略

变异策略通过引入随机扰动,能有效地避免种群陷入局部最优。MOPSO 算法中的变

异策略具体如下：首先根据设定的变异率 P_{mu} 计算当前迭代的扰乱因子

$$p = \left(1 - \frac{t}{t_{\max}}\right)^{(5/P_{\mathrm{mu}})} \tag{6-31}$$

式中，p 表示扰乱因子；t 表示当前迭代次数；$t_{\max}$ 表示最大迭代次数。

然后，依据变异率 P_{mu} 决定每个粒子是否执行变异策略。若粒子 $\boldsymbol{x} = (x_1, x_2, \cdots, x_d)^{\mathrm{T}}$ 需要执行变异策略，则随机生成 [0，1] 内的一个随机数，若该随机数大于扰乱因子 p，则粒子的位置保持不变，否则随机选出粒子的某个决策变量 x_j，并按照式（6-35）计算其变异范围：

$$l = p \times (\mathrm{UB}_j - \mathrm{LB}_j) \tag{6-32}$$

式中，UB_j 和 LB_j 分别表示决策变量 x_j 的取值上界和取值下界。

最后，粒子 $\boldsymbol{x} = (x_1, x_2, \cdots, x_d)^{\mathrm{T}}$ 的决策变量 x_j 通过在 $[x_j - l, x_j + l]$ 范围内进行随机取值来完成变异。

3. 多目标粒子群优化算法的实现过程

下面将给出 MOPSO 算法的实现过程：

步骤1：初始化参数。设置种群规模 S、最大迭代次数 $t_{\max}$、最大速度 $\boldsymbol{v}_{\max}$、学习因子 c_1 和 c_2、每个目标维度的网格划分数 div、变异率 P_{mu}，并设置迭代次数 $t = 0$。

步骤2：随机初始化种群中每个粒子的位置和速度。

步骤3：根据 Pareto 支配关系选出非支配解放入外部存档集 AP 中。

步骤4：根据每个粒子的各个目标函数值，对外部存档集 AP 进行网格划分，得到外部存档集 AP 中每个非支配解的网格坐标。

步骤5：初始化每个粒子的个体历史最优位置 $\boldsymbol{p}_i$，对外部存档集 AP 进行网格划分后，确定种群历史最优位置 $\boldsymbol{g}$。

步骤6：更新迭代次数 $t \leftarrow t + 1$。

步骤7：分别根据式（6-19）和式（6-20）更新每个粒子的速度和位置。

步骤8：执行变异策略。

步骤9：计算每个粒子的各个目标函数值，选出非支配解集，更新个体历史最优位置 $\boldsymbol{p}_i$。

步骤10：进行网格空间和外部存档集更新，并选出种群历史最优位置 $\boldsymbol{g}$。

步骤11：如果满足终止条件（如 $t \geq t_{\max}$），算法迭代结束，输出非支配解集；否则，转步骤6。

MOPSO 算法的程序结构流程如图6-12所示。

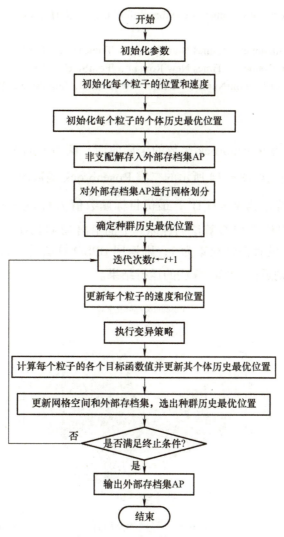

图 6-12 MOPSO 算法流程图

6.2.5 典型问题求解案例

例题 6-2 利用 PSO 算法求解经典的二维 Rosenbrock 函数优化问题：

$$\min f(\boldsymbol{x}) = (1-x_1)^2 + 100(x_2-x_1^2)^2，其中 \boldsymbol{x}=(x_1,x_2)^T，x_1,x_2 \in [-30,30]$$

解：首先，为了对二维 Rosenbrock 函数有直观的认识，利用 MATLAB 绘制了二维 Rosenbrock 函数曲面。下面是绘制二维 Rosenbrock 函数全局曲面的 MATLAB 代码。

```
x_1=-30：0.2：30； %定义 x_1 范围
x_2=-30：0.2：30； %定义 x_2 的范围
[x_1, x_2]=meshgrid（x_1, x_2）；
z=（1-x_1）.^2+100*（x_2-x_1.^2）.^2；        % 计算 Rosenbrock 函数值
mesh（x_1, x_2, z）；                          % 绘制三维网格曲面图
set（gca，'FontName'，'Times New Roman'，'FontSize'，11）；
```

title（'\fontname{Times New Roman}Rosenbrock\fontname{宋体}函数（全局）', 'FontSize', 11）;   % 添加标题
xlabel（'\it x_1', 'FontName', 'Times New Roman', 'FontSize', 11）;
ylabel（'\it x_2', 'FontName', 'Times New Roman', 'FontSize', 11）;
zlabel（'f（x_1, x_2）', 'FontName', 'Times New Roman', 'FontSize', 11）;
axis tight;
box on;

图 6-13 展示了二维 Rosenbrock 函数的全局曲面。调整上面 MATLAB 代码中 x_1 和 x_2 的范围为 [-1,1]，可得到如图 6-14 所示的二维 Rosenbrock 函数的局部曲面。

该优化问题的最优解为 $x^* = (1,1)^T$，最优目标函数值为 $f(x^*) = 0$。本小节将利用 PSO 算法求解该优化问题以检验 PSO 算法的性能。下面给出 MATLAB 主程序代码（main.m）。在主程序 main.m 中，设置惯性权重为 1，则返回 BPSO 算法的运行结果；设置惯性权重为 (0,1) 区间内的数，则返回 SPSO 算法的运行结果。

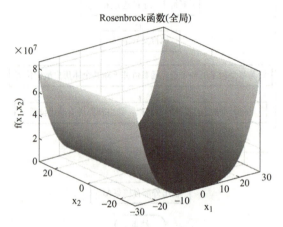

图 6-13　二维 Rosenbrock 函数的全局曲面：$x_1, x_2 \in [-30, 30]$

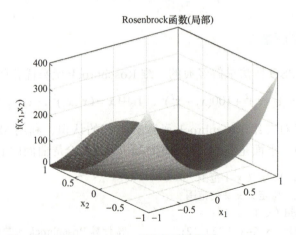

图 6-14　二维 Rosenbrock 函数的局部曲面：$x_1, x_2 \in [-1, 1]$

```
c1 = 2;            % 自我认知学习因子
c2 = 2;            % 社会认知学习因子
w = 1;             % 惯性权重
vmax =30;          % 最大飞行速度
popSize=50;        % 种群规模
gen=150;           % 最大迭代次数
dim =2;            % 决策变量数量
% 设置 Rosenbrock 函数优化任务
Task.dims=dim;
Task.fnc=@(x) Rosenbrock(x);
Task.Lb=-30*ones(1, n);
Task.Ub=30*ones(1, n);
[Convergence_curve, gBest, gBestfit]= PSO(Task, popSize, gen, Lb, Ub, c1, c2, w, vmax);    % 利用 PSO 算法求解
draw(Convergence_curve, gBest, gBestfit);    % 绘制收敛曲线
```

在主程序 main.m 中，Rosenbrock 函数的实现代码（Rosenbrock.m）如下：

```
function obj = Rosenbrock(x)
    dim = length(x);
    obj=0;
    for i=1: dim-1
        obj= 100*(x(i+1)-x(i)^2)^2+(x(i)-1)^2;
    end
end
```

在主程序 main.m 中，PSO 算法的实现代码（PSO.m）如下：

```
function [Convergence_curve, gBest, gBestfit] = PSO(Task, popSize, gen, c1, c2, w, vmax)
    lb = Task.Lb;
    ub = Task.Ub;
    dim = Task.dims;
    pop = lb + rand(popSize, dim) .* (ub - lb);    % 初始化粒子位置
    v = - vmax +2*vmax* rand(popSize, dim);    % 初始化粒子速度
    pBest = pop;    % 初始化个体历史最优位置
    pbestfit = zeros(popSize, 1);
    for i = 1: popSize
        pbestfit(i) = Task.fnc(pop(i, :));    % 计算粒子的初始适应度
    end
    [gBestfit, index] = min(pbestfit);    % 确定种群历史最优位置
    gBest = pop(index, :);
    Convergence_curve = zeros(gen, 1);    % 记录每代找到的最优目标值
    for t=1: gen
```

```
    for i=1: popSize
        v(i,:) = w*v(i,:) +c1*rand*(pBest(i,:) -pop(i,:))
                +c2*rand*(gBest-pop(i,:)); %更新速度
        pop(i,:) = pop(i,:) +v(i,:); %更新位置
        v(i,:) = min(v(i,:), vmax); %最大速度限制
        v(i,:) = max(v(i,:), -vmax);
        pop(i,:) =min(pop(i,:), vmax);
        pop(i,:) =max(pop(i,:), -vmax);
        f1 = Task.fnc(pop(i,:)); %更新个体历史最优位置
        if f1<pbestfit(i)
            pBest(i,:) = pop(i,:);
            pbestfit(i) = f1;
        end
        if pbestfit(i) < gBestfit %更新种群历史最优位置
            gBest = pBest(i,:);
            gBestfit = pbestfit(i);
        end
    end
    Convergence_curve(t) = gBestfit; %记录每代最优值
end
end
```

在主程序 main.m 中，结果可视化函数（draw_PSO.m）的实现代码如下：

```
function draw_PSO(Convergence_curve, gBest, gBestfit)
    figure();
    plot(Convergence_curve, 'color', 'b', 'linewidth', 2);
    set(gca, 'FontName', 'Times New Roman', 'FontSize', 11);
    xlabel('迭代次数', 'FontName', '宋体');
    ylabel('目标函数值', 'FontName', '宋体');
    display(['最优解为：', num2str(gBest)])
    display(['最优目标函数值为：', num2str(gBestfit)])
end
```

图 6-15 展示了惯性权重 $\omega=1$ 时 BPSO 算法的收敛曲线。BPSO 算法的参数设置在主程序 main.m 中。BPSO 算法找到的最优解为 $x^* = (1.0749, 1.0802)^T$，最优目标函数值为：$f(x^*) = 0.57038$。调整惯性权重为 $\omega=0.8$，并保持 SPSO 其他参数不变，得到了如图 6-16 所示的 SPSO 算法的收敛曲线。SPSO 算法找到的最优解为 $x^* = (1.0006, 1.0013)^T$，最优目标函数值为：$f(x^*) = 4.2998 \times 10^{-6}$。从图 6-15 和图 6-16 中的两个收敛曲线和得到的最优结果来看，BPSO 比 SPSO 收敛慢、更容易陷入局部最优。

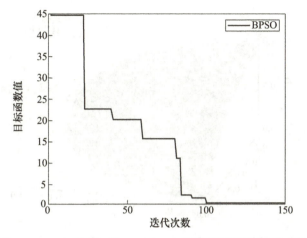

图 6-15　BPSO 求解二维 Rosenbrock 函数优化问题的收敛曲线

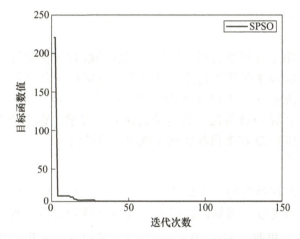

图 6-16　SPSO 求解二维 Rosenbrock 函数优化问题的收敛曲线（$\omega=0.8$）

例题 6-3　利用 MOPSO 算法求解如下经典的三目标 DTLZ2 函数优化问题：

$$\begin{cases} \min f_1(\boldsymbol{x}) = (1+g(\boldsymbol{x}_M))\cos(x_1\pi/2)\cos(x_2\pi/2) \\ \min f_2(\boldsymbol{x}) = (1+g(\boldsymbol{x}_M))\cos(x_1\pi/2)\sin(x_2\pi/2) \\ \min f_3(\boldsymbol{x}) = f_2(\boldsymbol{x})\sin(x_1\pi/2) \end{cases}$$

式中，$\boldsymbol{x}=(x_1,x_2,x_3,x_4,x_5,x_6,x_7)^\mathrm{T}$；$\boldsymbol{x}_M=(x_3,x_4,x_5,x_6,x_7)^\mathrm{T}$；$g(\boldsymbol{x}_M)=\sum_{i=3}^{7}(x_i-0.5)^2$；$0 \leqslant x_i \leqslant 1$，$i=1,2,3,4,5$。

解：利用 MOPSO 算法求解该问题，运行二维码 6-1 中 MOPSO 算法的 MATLAB 代码，得到图 6-17 所示的运行结果。其中，实心点是真实的帕累托最优解，实心点组成的区域表示的是真实 PF；空心圆圈表示 MOPSO 算法得到的帕累托最优解，空心圆圈组成的区域表示 MOPSO 算法得到的近似 PF。从图 6-17 可以看出，MOPSO 算法得到的解能够较均匀地覆盖真实 PF。

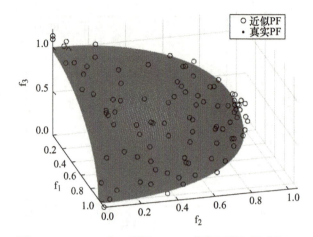

图 6-17 MOPSO 在三目标 DTLZ2 优化问题上得到的 PF

6.2.6 前沿进展

PSO 算法是首个用于求解单目标连续优化问题的群智能优化算法。该算法由于具有原理简单、参数少、收敛速度快等优势，已经被广泛应用于各个领域中，是迄今为止最成功的群智能优化算法之一。自 1995 年提出之后的近三十年间，为了更好地求解各种优化问题，研究人员一直对 PSO 算法进行持续的研究和探索。本小节将给出几个近年来的 PSO 衍生算法，并概述 PSO 在多目标优化领域的前沿进展。

1. PSO 的衍生算法

研究者们通过修改移动规则、控制参数等方面不断提出不同的 PSO 衍生算法以提升 PSO 算法的性能和收敛速度。例如，2017 年，参考文献 [43] 为了保证粒子的多样性，提出了一个新的位置更新机制，$x_i^j(t+1) = \mu + \sigma \times Z$，其中 μ、σ 和 Z 分别通过下面的式子计算：

$$\mu = (x_i^j(t) + p_i^j(t) + g^j)/3 \tag{6-33}$$

$$\sigma = \sqrt{\frac{1}{3} \times [(x_i^j(t) - \mu)^2 + (p_i^j(t) - \mu)^2 + (g^j - \mu)^2]} \tag{6-34}$$

$$Z = (-2\ln k_1)^{1/2} \times \cos(2\pi k_2) \tag{6-35}$$

式中，k_1 和 k_2 是 $(0,1)$ 区间内均匀分布的随机数。

2021 年，参考文献 [44] 提出了一种自适应加权的粒子群优化算法。该算法使用 Sigmoid 函数自适应调整两个学习因子，具体实现公式为：

$$c_1(t) = F(\boldsymbol{p}_i(t) - \boldsymbol{x}_i(t)) \tag{6-36}$$

$$c_2(t) = F(\boldsymbol{g}(t) - \boldsymbol{x}_i(t)) \tag{6-37}$$

$$F(y) = \frac{b}{1+e^{-a\times(y-c)}} + d \tag{6-38}$$

式中，e 是自然对数基底；a 和 b 分别表示 Sigmoid 函数曲线的陡度和峰值；c 表示 Sigmoid 函数曲线中心的的横坐标；d 是一个正常数。

2024 年，参考文献 [45] 提出了一个基于随机对比连接策略的粒子群优化算法。该算法在每次迭代中，首先为每个粒子随机选择 NP 个其他粒子组成一个随机拓扑结构，然后确定比每个粒子优异的的支配粒子，最后，当粒子的支配粒子数量大于 2 时，利用其最好支配者和最差支配者进行速度和位置更新：

$$v_i(t+1) = R_1 v_i(t) + R_2(x_{\text{best}} - x_i(t)) + \phi R_3(x_{\text{worst}} - x_i(t)) \tag{6-39}$$

$$x_i(t+1) = x_i(t) + v_i(t+1) \tag{6-40}$$

式中，x_{best} 和 x_{worst} 分别表示粒子 x_i 的最好、最坏支配粒子；R_1、R_2 和 R_3 都是 [0,1] 区间内均匀分布的随机数；ϕ 是一个控制参数，关系着粒子 x_i 向最坏支配粒子 x_{worst} 学习的程度。

2. PSO 在多目标优化领域的前沿进展

随着科学技术的发展，科学研究和生产实践中出现的多目标优化问题越来越复杂。PSO 算法由于良好的优化性能，近年来在不同类型的复杂多目标优化问题求解上备受青睐。例如，在多模态多目标优化问题求解方面，2023 年，参考文献 [39] 提出了一个带有自调整策略的多模态多目标粒子群优化算法；2024 年，参考文献 [46] 提出了一个数据驱动的鲁棒多模态多目标粒子群优化算法。在大规模多目标优化问题求解方面，2023 年，参考文献 [47] 提出了一个基于种群合作的粒子群优化算法；同年，参考文献 [48] 发展了一个协同进化多导引的大规模多目标粒子群优化算法；2024 年，参考文献 [49] 提出了一个基于柔性排序的大规模多目标粒子群优化算法。在昂贵多目标优化问题求解方面，2023 年，参考文献 [50] 提出了一个基于网格分类代理辅助的昂贵多目标粒子群优化算法，参考文献 [51] 发展了一个基于自适应物种的多代理辅助多目标粒子群优化算法。

6.3 细菌觅食优化算法

细菌觅食优化（Bacterial Foraging Optimization，BFO）算法是 Passino 在 2002 年提出的一种求解单目标连续优化问题的群智能优化算法。该算法的生物学基础是人体肠道内大肠杆菌（E.coli）在觅食过程中所体现出的智能行为。经过二十余年的发展，研究者已提出了很多 BFO 的衍生算法，并将其成功应用于图像检测、股票市场指数预测、车辆规划等众多领域，使其逐渐成为一种流行的群智能优化技术。本节将介绍 BFO 的基本原理、优化机制、实现过程、前沿进展，并给出一个典型问题求解案例。

6.3.1 算法原理

细菌如大肠杆菌或沙门氏菌，是地球上无处不在的微生物。细菌一般都具有称为鞭毛的半刚性附属物，鞭毛能够帮助细菌翻转或游泳以实现觅食。细菌的翻转和游泳运动通常由细菌的趋向机制决定。本质上，趋向机制是微生物对环境中化学刺激的运动反映。趋向机制驱动细菌向环境好的区域（如营养丰富的区域）移动，远离环境差的区域（如有毒区域）。具体来说，当细菌的所有鞭毛逆时针旋转时，产生螺旋桨效应，会推动细菌沿直线方向运动，这称为细菌的游泳（Swim）运动。当鞭毛朝不同方向旋转时，会改变细菌的朝向，这称为细菌的翻转（Tumble）运动。细菌在营养丰富的环境中会沿着直线游泳，很少翻转，而在营养匮乏的环境中经常翻转来搜寻营养丰富的区域。图 6-18 展示了细菌的游泳和翻转运动的示意图。每个细菌除了按照自己的方式向营养丰富区域运动，还会收到其他细菌个体发出的吸引力信号和排斥力信号。吸引力信号和排斥力信号使细菌种群产生聚集效应，但又不会让不同细菌个体离得太近，而是使它们保持在一定的安全距离之外。当获得足够的营养后，细菌的长度会变长，并在适当的温度下从中间断裂，变成两个自己的复制品。此外，由于环境的突然变化，趋向过程可能会遭破坏，此时细菌群体可以迁徙到其他地方。

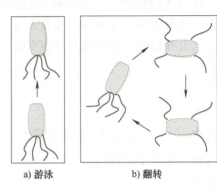

图 6-18 细菌的游泳和翻转运动的示意图

BFO 算法模拟了大肠杆菌的上述四种生物行为：趋向行为、聚集行为、复制行为和迁徙行为。BFO 算法首先产生一个包含 S 个细菌个体的菌群，其中每个细菌个体被随机初始化为优化问题的一个可行解，即 d 维解空间中的一个 d 维向量，表示细菌所在的位置，并根据目标函数值来衡量其所在位置的营养丰富程度；然后嵌套执行趋向、复制和迁徙三个机制来完成优化问题的求解。

6.3.2 算法描述

本小节将介绍细菌觅食优化算法的优化机制和实现过程。

1. 优化机制

（1）趋向机制

趋向机制模拟了细菌向营养丰富区域移动的觅食行为。一次趋向操作包括翻转和游泳两种运动。其中，细菌产生随机方向并沿着新方向移动单位步长的行为称为翻转运动。细菌沿着上一步的运动方向移动单位步长的行为称为游泳运动。在觅食过程中，细菌会首先执行翻转运动，然后比较移动前后所在区域内营养的丰富程度。如果移动后所在区域的营养更加丰富，细菌会继续沿着该方向移动，直到营养变得匮乏或者已经在同一方向上移动了足够多的步数为止。具体地，细菌沿着某个方向移动一步的位置更新公式为：

$$x^i(j+1,k,l) = x^i(j,k,l) + C(i)\frac{\Delta(i)}{\sqrt{\Delta^T(i)\cdot\Delta(i)}} \quad (6\text{-}41)$$

式中，$x^i(j,k,l)$ 是细菌个体 i 在第 j 次趋向、第 k 次复制、第 l 次迁徙操作时的位置，即

第 i 个细菌所表示的可行解，有时会简写为 x^i；$\Delta(i)=(\delta_1(i),\delta_2(i),\cdots,\delta_d(i))^T$ 是一个 d 维随机向量，其中每个分量 $\delta_p(i)$（$p=1,2,\cdots,d$）是 [-1,1] 区间内一个均匀分布的随机数；$\Delta(i)/\sqrt{\Delta^T(i)\cdot\Delta(i)}$ 是通过向量单位化得到的 d 维单位向量，表示细菌 i 通过翻转运动产生的新觅食方向；$C(i)$ 是细菌 i 的移动步长。

细菌个体 i 在 $x^i(j,k,l)$ 处的营养丰富程度通常根据其目标函数值来评价，表示为 $f(x^i(j,k,l))$，有时会简写为 $f(i,j,k,l)$。对于求极小的优化问题来说，细菌个体的目标函数值越小，表示细菌个体所在区域的营养越丰富。于是，当 $f(x^i(j+1,k,l))<f(x^i(j,k,l))$ 时，细菌 i 将沿着相同方向继续运动，直到其目标函数值不再降低或者已经在相同方向上游泳 N_s 步为止，其中 N_s 表示趋向机制中沿着某一方向游泳的最大步数。当菌群中的每个细菌个体都执行完一次翻转和游泳运动后，菌群就执行完了一次趋向机制。图 6-19 展示了 BFO 算法中趋向机制的程序流程图。

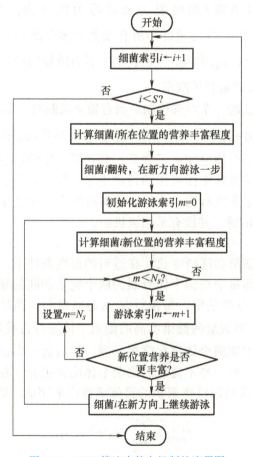

图 6-19　BFO 算法中趋向机制的流程图

在 BFO 算法中，趋向机制是最核心的操作，它是算法向最优解逼近的驱动力。其中，翻转运动控制着搜索方向，游泳运动决定着在某个方向上的搜索程度。

(2) 聚集机制

细菌个体在觅食过程中，会收到菌群中其他细菌个体发出的吸引力信号和排斥力信号。吸引力信号引诱细菌个体游向菌群中心，排斥力信号保证细菌个体之间保持在一定的安全距离之外。细菌个体之间这种吸引和排斥的相互作用通过式（6-42）进行计算：

$$f_{cc}(\boldsymbol{x}^i, P(j,k,l)) = \sum_{r=1}^{S} f_{cc}^r(\boldsymbol{x}^i, \boldsymbol{x}^r)$$
$$= \sum_{r=1}^{S} \left[-d_{att} \exp\left(-w_{att} \sum_{p=1}^{d} (x_p^i - x_p^r)^2 \right) \right] \quad (6\text{-}42)$$
$$+ \sum_{r=1}^{S} \left[-h_{rep} \exp\left(-w_{rep} \sum_{p=1}^{d} (x_p^i - x_p^r)^2 \right) \right]$$

式中，$f_{cc}(\boldsymbol{x}^i, P(j,k,l))$ 表示种群中所有其他细菌对细菌 i 的吸引力和排斥力的合力；$f_{cc}^r(\boldsymbol{x}^i, \boldsymbol{x}^r)$ 表示细菌 r 对细菌 i 的吸引力和排斥力的合力；S 是菌群中细菌数量；$P(j,k,l) = \{\boldsymbol{x}^r(j,k,l) | r=1,2,\cdots,S\}$ 是菌群中所有细菌个体在第 j 次趋向、第 k 次复制、第 l 次迁徙操作时的位置集合；d_{att} 和 w_{att} 分别表示吸引力信号的释放量和扩散率；h_{rep} 和 w_{rep} 分别表示排斥力信号的释放量和扩散率。

聚集机制是 BFO 算法的一个可选机制。当有聚集机制时，细菌个体 i 所在位置的营养丰富程度根据 $f(\boldsymbol{x}^i(j,k,l)) + f_{cc}(\boldsymbol{x}^i, P(j,k,l))$ 来衡量，而不是仅根据目标函数值 $f(\boldsymbol{x}^i(j,k,l))$ 来衡量。聚集机制使细菌个体之间有了联系，起到了一定的信息交流作用。但是客观来说，该机制由于没有给予细菌个体具体的行动指导，仅在目标函数值上引入了一个附加值，所起的信息交流作用非常有限。此外，聚集机制需要设置多个参数，且计算量比较大。因此很多 BFO 算法的研究并没有采用该机制。

(3) 复制机制

随着营养的吸收，细菌会逐渐变长。在适当的温度条件下，吸收充足营养的细菌个体会对自身进行复制，即每个细菌个体分裂为两个完全相同的细菌个体，而营养匮乏的细菌个体会消亡。在 BFO 算法中，每执行 N_c 次趋向机制，菌群执行一次复制机制。通常设定 $S_r = S/2$ 个，即一半数量的健康度高的细菌个体进行自我复制。具体实现过程为：首先根据健康度对菌群中细菌个体进行降序排列，然后前一半比较健康的细菌个体分裂为两个相同的细菌个体，另一半不健康的细菌个体则被丢弃。在该过程中，菌群中细菌个体的健康度根据其 N_c 次趋向操作累积的目标函数值来评价，即：

$$f_{health}^i = \sum_{j=1}^{N_c+1} f(\boldsymbol{x}^i(j,k,l)) \quad (6\text{-}43)$$

图 6-20 展示了 BFO 算法中复制机制的流程图。该机制可看作一个抽象的达尔文进化模型，类似于遗传算法的选择操作，起到了优胜劣汰的作用，有助于提高算法的收敛速度。

（4）迁徙机制

菌群生活的环境发生剧烈变化后，有的细菌个体可能会迁移到新环境中去寻找营养物质。BFO 算法执行迁徙机制的次数记为 N_{ed}。菌群每执行 N_{re} 次复制机制，执行一次迁徙机制。细菌个体执行迁徙机制的规则如下：

$$x = \begin{cases} x', & \text{如果 } q < P_{ed} \\ x, & \text{其他} \end{cases} \tag{6-44}$$

式中，x' 是细菌通过重新初始化得到的新可行解；q 是在 [0,1] 区间中一个均匀分布的随机数；P_{ed} 是迁徙概率。

迁徙机制的具体实现为：对于每个细菌个体 x，产生 [0,1] 区间内一个均匀分布的随机数 q，若 q 小于迁徙概率 P_{ed}，那么对细菌个体 x 进行随机初始化，产生新可行解 x'；否则细菌个体 x 保持不变。图 6-21 展示了 BFO 算法中迁徙机制的流程图。迁徙机制类似于进化算法中的变异操作，能够在解空间内为算法产生新的搜索点，使细菌个体有机会进入一个未到访过的新区域继续搜索全局最优解，因此该机制有助于算法逃离局部最优解。

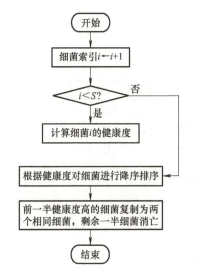

图 6-20 BFO 算法中复制机制的流程图

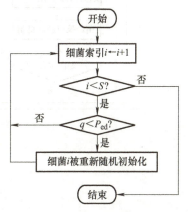

图 6-21 BFO 算法中迁徙机制的流程图

2. 实现过程

下面给出 BFO 算法的实现过程：

步骤 1：初始化参数。设置细菌个数 S、趋向次数 N_c、游泳次数 N_s、繁殖次数 N_{re}、迁徙次数 N_{ed}、迁徙概率 P_{ed}、细菌相互作用标志 flag，并设置中迁徙索引 $l=0$、复制索引 $k=0$、趋向索引 $j=0$。

步骤 2：随机初始化菌群。

步骤 3：更新迁徙循环索引 $l \leftarrow l+1$。

步骤 4：更新复制循环索引 $k \leftarrow k+1$。

步骤 5：更新趋向循环索引 $j \leftarrow j+1$。

步骤 6：执行趋向机制。

步骤 7：如果 $j < N_c$，则转向步骤 5；否则转向步骤 8。

步骤 8：执行复制机制。

步骤 9：如果 $k < N_{re}$，则转向步骤 4；否则转向步骤 10。

步骤 10：执行迁徙机制。

步骤 11：如果 $l < N_{ed}$，则转向步骤 3；否则算法运行结束。

BFO 算法流程如图 6-22 所示。

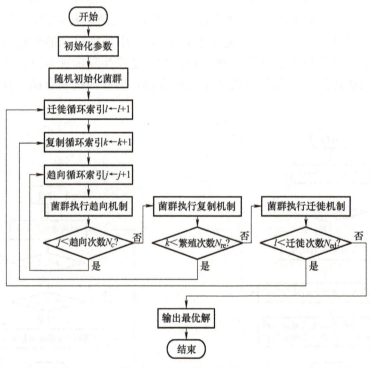

图 6-22　BFO 算法流程图

6.3.3　典型问题求解案例

例题 6-4　利用 BFO 算法求解经典的二维 Sphere 函数优化问题：

$$\min f(\boldsymbol{x}) = x_1^2 + x_2^2, \text{其中} \boldsymbol{x} = (x_1, x_2)^T, \quad x_1, x_2 \in [-100, 100]$$

解：首先，为了对二维 Sphere 函数有直观的认识，使用 MATLAB 绘制了其函数曲面。下面是绘制二维 Sphere 函数曲面的 MATLAB 代码，得到的曲面如图 6-23 所示。

```
x_1=-30：0.2：30；  % 定义 x_1 范围
x_2=-30：0.2：30；  % 定义 x_2 的范围
```

```
[x_1, x_2]=meshgrid (x_1, x_2);
z=x_1.^2+x_2.^2;    % 计算 Sphere 函数值
mesh (x_1, x_2, z);    % 绘制三维网格曲面图
set (gca, 'FontName', 'Times New Roman');
set (gca, 'FontSize', 11);
title ('\fontname{Times New Roman}Sphere\fontname{ 宋 体 } 函 数 ', 'FontSize', 11);  % 添加标题
xlabel ('\it x_1', 'FontName', 'Times New Roman', 'FontSize', 11);
ylabel ('\it x_2', 'FontName', 'Times New Roman', 'FontSize', 11);
zlabel ('f (x_1, x_2)', 'FontName', 'Times New Roman', 'FontSize', 11);
grid on
axis tight;
box on;
```

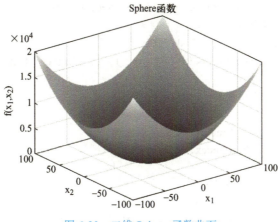

图 6-23　二维 Sphere 函数曲面

该优化问题的最优解为 $x^* = (0,0)^T$，最优目标函数值为 $f(x^*) = 0$。本小节将利用 BFO 算法求解该优化问题以验证 BFO 算法的性能。下面给出 MATLAB 主程序代码（main.m）。

```
% 设置任务
n=2;
Task3.dims=n;
Task.fnc=@ (x) Sphere (x);
Task.Lb=-100*ones (1, n);
Task.Ub=100*ones (1, n);
% 设置算法参数
Nc = 100;        % 趋向次数
Ns = 4;          % 游泳次数
Nre = 4;         % 复制次数
Sr = S/2;        % 每一代细菌复制数量
Ned = 2;         % 驱散次数
ped = 0.25;      % 迁徙概率
```

```
flag = 0;    % flag==0,没有吸引力和排斥力作用;flag==1,有吸引力和排斥力作用
[best_solution, best_fitness, fitness_iter] = BFO(Task, popSize, Nc, Ns, Nre, Sr, Ned,
Ped, flag);  % 调用 BFO 算法
draw(best_solution, best_fitness, fitness_iter);  % 绘制收敛曲线
```

在主程序 main.m 中,Sphere 函数代码(Sphere.m)如下:

```
function obj = Sphere(var)
    obj=var*var';
end
```

在主程序 main.m 中,BFO 算法代码(BFO.m)如下:

```
function [fitness_iter, best_solution, best_fitness] = BFO(Task, S, Nc, Ns, Nre, Sr,
Ned, Ped, flag)
    p=Task.dims;
    P(:,:,:,:,:)=0*ones(p, S, Nc, Nre, Ned);
    for m=1:S  % 初始化种群
        P(:, m, 1, 1, 1)=init(Task, 1);
        fitness(m)=evaluate_fitness(P(:, m, 1, 1, 1), flag, Task);
    end
    [best_fitness, best_index] = min(fitness);
    num = 1;
    fitness_iter(num) = best_fitness;  % 记录最优解
    best_solution = P(:, best_index, 1, 1, 1)';
    C=0*ones(S, Nre);
    Runlengthunit = 0.1;  % 游泳步长
    C(:, 1)=runlengthunit*ones(S, 1);
    J=0*ones(S, Nc, Nre, Ned);   % 记录细菌的目标函数值
    Jhealth=0*ones(S, 1);        % 记录细菌的健康度
    for l=1:Ned
        for k=1:Nre
            for j=1:Nc
                [P, J] = chemotaxis(P, j, k, 1, S, Ns, flag, Task, p, C);  % 趋向机制
                [~, best_index] = min(J(:, j+1, k, 1));  % 记录最优解
                best_fitness = evaluate_fitness(P(:, best_index, j+1, k, 1), Task);
                num=num+1;
                fitness_iter(num) = best_fitness;
                best_solution = P(:, best_index, j+1, k, 1)';
            end
            [P, J]=reproduction(P, J, j, k, 1, Nc, Sr, C)  % 复制机制
        end
        [P] = elimination(P, 1, S, Nre, Ped, p)  % 迁徙机制
    end
end
```

在 BFO.m 中,趋向机制代码(chemotaxis.m)如下:

```
function [P, J]=chemotaxis (P, j, k, 1, S, Ns, flag, Task, p, C)
    for i=1: S
        J (i, j, k, 1) =evaluate_fitness (P (:, i, j, k, 1), Task);
        J (i, j, k, 1) =J (i, j, k, 1) + Jcc (P (:, i, j, k, 1), P (:, :, j, k, 1), S, flag);
        Jlast=J (i, j, k, 1);
        poplast=P (:, i, j, k, 1);
        Delta (:, i) = (2*round (rand (p, 1)) -1) .*rand (p, 1);  % 翻转
        P (:, i, j+1, k, 1) =P (:, i, j, k, 1) +
            C (i, k) *Delta (:, i) /sqrt (Delta (:, i) '*Delta (:, i));
        J (i, j+1, k, 1) =evaluate_fitness (P (:, i, j+1, k, 1), Task);  % 目标函数值
        % 加入细菌个体之间的吸引力和排斥力
        J (i, j+1, k, 1) =J (i, j+1, k, 1) +Jcc (P (:, i, j+1, k, 1), P (:, :, j+1, k, 1), S, flag);
        m=0;
        while m<Ns    % 游泳过程
            m=m+1;
            if J (i, j+1, k, 1) <Jlast
                Jlast=J (i, j+1, k, 1);
                poplast=P (:, i, j+1, k, 1);
                P (:, i, j+1, k, 1) =P (:, i, j+1, k, 1) +
                    C (i, k) *Delta (:, i) /sqrt (Delta (:, i) '*Delta (:, i));
                J (i, j+1, k, 1) =J (i, j+1, k, 1) +
                    Jcc (P (:, i, j+1, k, 1), P (:, :, j+1, k, 1), S, flag);
            else
                m=Ns;
                J (i, j+1, k, 1) =Jlast;  % 恢复最优状态
                P (:, i, j+1, k, 1) =poplast;
            end
        end
    end
end
```

在 BFO.m 中,复制机制代码(reproduction.m)如下:

```
function [P, J]=reproduction (P, J, j, k, 1, Nc, Sr, C)
    Jhealth=sum (J (:, :, k, 1), 2);             % 计算细菌健康度
    [Jhealth, sortind]=sort (Jhealth);            % 细菌健康度排序
    P (:, :, 1, k+1, 1) =P (:, sortind, Nc+1, k, 1);
    C (:, k+1) =C (sortind, k);
    for i=1: Sr
        P (:, i+Sr, 1, k+1, 1) =P (:, i, 1, k+1, 1);
        C (i+Sr, k+1) =C (i, k+1);
    end
end
```

在 BFO.m 中,迁徙机制代码(elimination.m)如下:

```
function [P] = elimination (P, 1, S, Nre, Ped, p)
    for m=1: S
      if Ped>rand
        P (:, m, 1, 1, l+1) = (15* ( (2*round (rand (p, 1)) -1) .*rand (p, 1)) +15*ones
        (p, 1));
      else
        P (:, m, 1, 1, l+1) =P (:, m, 1, Nre+1, 1);
      end
    end
end
```

在 BFO.m 中，种群初始化代码（init.m）如下：

```
function pop = init (Task, popSize)
    dim = Task.dims;
    lb = Task.Lb';
    ub = Task.Ub';
    pop = rand (dim, popSize) .* (ub – lb) + lb;
    for i = 1: popSize
      pop (:, i) =min (pop (:, i), ub);
      pop (:, i) =max (pop (:, i), lb);
    end
end
```

在 BFO.m 中，目标函数值计算代码（evaluate_fitness.m）如下：

```
function J = evaluate_fitness (pop, Task)
    popSize = size (pop, 2);
    J = zeros (popSize, 1);
    for i = 1: popSize
      J (i) = Task.fnc (pop (:, i)');
    end
end
```

在 BFO.m 中，细菌间吸引力和排斥力计算代码（Jcc.m）如下：

```
function [Jar]=Jcc (x, pop, S, flag)
    if flag==0   % 判断是否加入吸引力和排斥力作用
      Jar=0;
      return
    end
    depthattractant=0.1;
    widthattractant=0.2;
    heightrepellant=1*depthattractant;
    widthrepellant=10;
    Jar=0;
    for j=1: S
      Ja=-depthattractant*
```

```
        exp（-widthattractant*sum（（x（：，1）-pop（：，j））.^2））;
      Jr=+heightrepellant*
        exp（-widthrepellant*sum（（x（：，1）-pop（：，j））.^2））;
      Jar=Jar+Ja+Jr；
    end
end
```

在 main.m 中，收敛曲线绘制代码（draw_BFO.m）如下：

```
function draw_BFO（fitness_iter，best_solution，best_fitness）
    figure();
    plot（fitness_iter，'color'，'b'，'linewidth'，2）;
    set（gca，'FontName'，'Times New Roman'，'FontSize'，11）;
    xlabel（'迭代次数'，'FontName'，'宋体'）;
    ylabel（'目标函数值'，'FontName'，'宋体'）;
    legend（'BFO'）
    axis tight
    grid on
    box on
    display（['最优解为：'，num2str（best_solution）]）
    display（['最优目标函数值为：'，num2str（best_fitness）]）
end
```

图 6-24 展示了没有细菌间相互作用时 BFO 算法求解二维 Sphere 函数优化问题的收敛曲线。BFO 算法的参数设置在主程序 main.m 中。没有细菌间相互作用时 BFO 算法找到的最优解为 $x^* = (-0.0029646, -3.8206 \times 10^{-5})^T$，最优目标函数值为：$f(x^*) = 8.7901 \times 10^{-6}$。图 6-25 展示了有细菌间相互作用时 BFO 算法求解二维 Sphere 函数优化问题的收敛曲线。有细菌间相互作用时 BFO 算法找到的最优解为 $x^* = (0.33633, 0.50067)^T$，最优目标函数值为：$f(x^*) = 0.29716$。从图 6-24 和图 6-25 中的两个收敛曲线和得到的最优结果来看，没有细菌间相互作用时 BFO 算法的收敛性能更好。

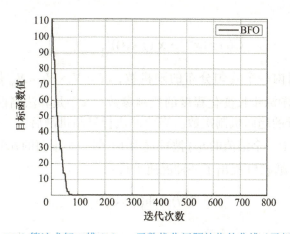

图 6-24　BFO 算法求解二维 Sphere 函数优化问题的收敛曲线（无相互作用）

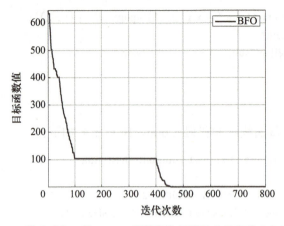

图 6-25 BFO 算法求解二维 Sphere 函数优化问题的收敛曲线（有相互作用）

6.3.4 前沿进展

BFO 算法自 2002 年被提出到如今二十余年时间内，研究人员围绕着算法改进和算法应用进行了广泛的研究和探索，逐渐使 BFO 算法成为一种流行的群智能优化方法。

1. BFO 算法的改进

BFO 算法最初针对单目标连续优化问题而提出，但算法本身存在两大缺陷。一是细菌在整个搜索过程中使用了固定的游泳步长，这制约了算法平衡局部利用和全局勘探的能力。这是因为小步长有利于细菌在局部范围内进行精细搜索，大步长有助于细菌在全局范围内进行广泛搜索，而大小固定的步长很难兼顾局部利用和全局勘探的搜索平衡。二是算法中细菌个体之间的信息交流能力比较弱，不利于算法收敛。在 BFO 算法中，承担着信息交流任务的聚集机制在优化过程中仅对细菌的目标函数值施加影响，并没有对细菌个体的行动带来有效的引导，因此起到的信息交流作用非常有限。为了提高 BFO 算法的性能，国内外研究者纷纷通过不同的方法与技术弥补上述不足，提出了不少衍生算法。例如，2016 年，参考文献 [54] 模拟了细菌生物的接合行为作为新信息交流机制，并且提出了一种非均匀自适应步长：

$$C(i) = (x^{\text{best}} - x^i(j,k,l))\left(1 - u^{\left(1 - \frac{t(i)}{T}\right)^b}\right) \tag{6-45}$$

式中，u 是 $[0,1]$ 区间内一个均匀分布的随机数；$T = N_c \times N_{re} \times N_{ed}$ 是算法要执行的趋向操作总数；b 是细菌游泳步长变化程度的控制参数；x^{best} 是算法当前发现的全局最优解；$t(i)$ 是细菌 i 已经执行的趋向机制次数。当菌群执行复制机制后，一个细菌会分裂为两个完全相同的细菌，其中一个细菌的 $t(i)$ 被重置为 1，另一个细菌的 $t(i)$ 不变。

2020 年，参考文献 [55] 提出了一种混沌步长：

$$C(i) = \text{ch}(i) \times C(i) \tag{6-46}$$

式中，$C(i)$ 表示第 i 个细菌的游泳步长；$\text{ch}(i)$ 是利用逻辑映射产生的混沌序列：

$$\text{ch}(i+1) = \mu \times \text{ch}(i) \times (1 - \text{ch}(i)) \tag{6-47}$$

式中，$i = 1, 2, \cdots, S-1$，S 为细菌个数；$\text{ch}(1)$ 是 $(0,1)$ 区间内的一个随机数且 $\text{ch}(1) \neq 0.25, 0.50, 0.751$；$\mu$ 为一个控制参数。

2023 年，参考文献 [56] 提出了一种自适应步长：

$$C = (C_{\max} - C_{\min}) \times \text{PS} + C_{\min} \tag{6-48}$$

式中，$C_{\max}$ 和 $C_{\min}$ 分别表示细菌游泳步长的最大值和最小值；PS 表示菌群在上一次趋向机制中有改善的细菌个体比例。

2. BFO 算法的前沿应用

目前，BFO 算法已经被广泛应用于图像处理、经济调度、模式识别、电气工程等领域中，展现出了良好的性能。例如，2017 年，参考文献 [57] 拓展 BFO 算法用于蛋白质网络功能模块检测。该研究把每个细菌个体表示为一种候选的功能模块划分，然后模拟细菌的生物机制来搜索模块度高的功能模块划分。2018 年，参考文献 [58] 将 BFO 算法用于预测躯体化障碍的严重程度。在该研究中，BFO 的作用是优化极限学习机的两个参数，从而提高极限学习机的预测性能。2021 年，参考文献 [59] 将 BFO 算法应用于机器人的运动规划领域，以得到两个位置之间的最短路线。2023 年，参考文献 [60] 将 BFO 算法用于视频隐写领域，主要利用 BFO 算法进行像素选择，得到需要进行隐写的像素。2024 年，参考文献 [61] 使用 BFO 算法进行青光眼眼底图像的特征选择。

6.4 浣熊优化算法

浣熊优化算法（Coati Optimization Algorithm，COA）是 Dehghani 等人在 2023 年提出的一种求解单目标连续优化问题的新型群智能优化算法。该算法模拟了自然界中长鼻浣熊的两种自然行为，展现出了优异的搜索性能。本节将介绍浣熊优化算法的基本原理、优化机制、实现过程，并给出一个典型问题求解案例。

6.4.1 算法原理

长鼻浣熊是一种哺乳动物，分布于美国西南部、墨西哥、中美洲和南美洲。它们是杂食动物，吃野果、鸟蛋、无脊椎动物如甲虫、蚂蚁、蜘蛛等，也吃小型脊椎动物，如小鸟、蜥蜴等。其中，蜥蜴中的绿鬣蜥是长鼻浣熊最喜欢的食物之一。由于绿鬣蜥经常在树上活动，所以长鼻浣熊需要爬树来捕捉它们。长鼻浣熊群的捕捉策略为：一部分长鼻浣熊爬上树，把绿鬣蜥吓到地上，另一部分在地上的长鼻浣熊迅速攻击绿鬣蜥。长鼻浣熊在捕食绿鬣蜥的过程中，同时有被其他动物捕捉的危险。美洲虎、豹猫、狐狸、蟒蛇等都会捕食长鼻浣熊。为了避免被捕食，长鼻浣熊会迅速逃离当前位置，在其附近选择安全的隐身地点。

COA 正是模拟长鼻浣熊捕食绿鬣蜥和逃离被其他生物捕食的两种自然行为而提出。COA 将每只长鼻浣熊随机初始化为优化问题的一个可行解，即 d 维解空间内的一个 d 维向量，表示浣熊所在的位置，并根据目标函数值来评价每只长鼻浣熊的优劣。然后执行两个阶段的搜索来得到优化问题的最优解：长鼻浣熊攻击绿鬣蜥阶段和长鼻浣熊逃离捕食者阶段。第一阶段是对长鼻浣熊合作攻击绿鬣蜥的行为进行建模。在该阶段中，一半数量的长鼻浣熊爬上树接近并吓唬绿鬣蜥，其他长鼻浣熊则在树下等待并猎杀落地的绿鬣蜥。第二阶段是对长鼻浣熊逃离捕食者的行为进行建模。当捕食者攻击长鼻浣熊时，长鼻浣熊会分散逃离原位置，并在附近寻找安全落脚点。当所有长鼻浣熊执行完两个阶段的搜索后，一次迭代完成。经过一定次数的迭代后，COA 将得到优化问题的最优解。

6.4.2 算法描述

下面将介绍 COA 的优化机制和实现过程。

1. 优化机制

（1）长鼻浣熊合作攻击绿鬣蜥

图 6-26 给出了长鼻浣熊合作攻击绿鬣蜥的示意图。首先将种群中最优个体的位置假定为绿鬣蜥的位置 Iguana；然后根据绿鬣蜥的位置，对爬上树的一半长鼻浣熊的位置进行如下更新：

$$x_j^i(t+1) = x_j^i(t) + r \cdot (\text{Iguana}_j - I \cdot x_j^i(t)), \quad i = 1, 2, \cdots, \left\lfloor \frac{S}{2} \right\rfloor \quad (6\text{-}49)$$

式中，$x_j^i(t)$ 表示第 t 次迭代时第 i 个长鼻浣熊的第 j 维的决策变量值；r 为区间 [0,1] 中的一个均匀分布的随机数；I 随机取值 1 或 2；Iguana_j 表示绿鬣蜥第 j 维的决策变量值；S 是长鼻浣熊的数量；$j = 1, 2, \cdots, d$，d 为解空间的维数，即决策变量的数量。

a) 一半浣熊爬树吓唬绿鬣蜥　　b) 另一半浣熊树下捕捉绿鬣蜥

图 6-26　长鼻浣熊合作攻击绿鬣蜥的示意图

绿鬣蜥落地后被放置在解空间中的随机位置：

$$\text{Iguana}_j = \text{lb}_j + r \cdot (\text{ub}_j - \text{lb}_j) \quad (6\text{-}50)$$

式中，lb_j 和 ub_j 分别表示第 j 维决策变量的取值下界和取值上界。

根据绿鬣蜥落地后的位置，地面上的一半长鼻浣熊按照式（6-51）进行位置更新：

$$x_j^i(t+1) = \begin{cases} x_j^i(t) + r \cdot (\text{Iguana}_j - I \cdot x_j^i(t)), & \text{如果} f(\text{Iguana}) < f(x^i(t)) \\ x_j^i(t) + r \cdot (x_j^i(t) - \text{Iguana}_j), & \text{其他} \end{cases} \quad (6\text{-}51)$$

式中，$i = \left\lfloor \dfrac{S}{2} \right\rfloor + 1, \left\lfloor \dfrac{S}{2} \right\rfloor + 2, \cdots, S$；$f(\cdot)$ 表示相应可行解的目标函数值。

如果长鼻浣熊的新位置改善了目标函数值，则接受更新，否则长鼻浣熊保持在原来位置不动，相当于执行了一次贪婪选择，即：

$$x^i(t+1) = \begin{cases} x^i(t+1), & \text{如果} f(x^i(t+1)) < f(x^i(t)) \\ x^i(t), & \text{其他} \end{cases} \quad (6\text{-}52)$$

在上述长鼻浣熊合作攻击绿鬣蜥的过程中，长鼻浣熊有机会移动到解空间的不同位置，保证了 COA 的全局勘探能力。

（2）长鼻浣熊逃离捕食者

图 6-27 给出了长鼻浣熊逃离捕食者的示意图。当捕食者攻击长鼻浣熊时，每只长鼻浣熊会在当前位置附近寻找隐身地点，按照式（6-53）和式（6-54）进行位置更新：

$$\text{lb}_j^{\text{local}} = \frac{\text{lb}_j}{t}, \quad \text{ub}_j^{\text{local}} = \frac{\text{ub}_j}{t} \quad (6\text{-}53)$$

$$x_j^i(t+1) = x_j^i(t) + (1-2r) \cdot (\text{lb}_j^{\text{local}} + r \cdot (\text{ub}_j^{\text{local}} - \text{lb}_j^{\text{local}})) \quad (6\text{-}54)$$

式中，$\text{lb}_j^{\text{local}}$ 和 $\text{ub}_j^{\text{local}}$ 分别表示在第 t 次迭代时，第 j 维决策变量的局部下界和局部上界。

接着，长鼻浣熊按照式（6-52）进行贪婪选择，即如果每个长鼻浣熊的新位置改善了目标函数值，则接受更新，否则长鼻浣熊保持在原来位置不变。

在上述长鼻浣熊逃离捕食者的过程中，长鼻浣熊在原来位置的附近寻找安全地点，保证了 COA 的局部利用能力。

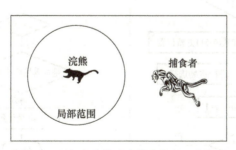

图 6-27　长鼻浣熊逃离捕食者的示意图

2. 实现过程

下面将给出 COA 的实现过程：

步骤 1：初始化参数。设置最大迭代次数 $t_{\max}$、种群数目 S，并设置迭代次数 $t = 0$。

步骤 2：随机初始化种群。

步骤 3：更新迭代次数 $t \leftarrow t + 1$。

步骤 4：根据种群中最优个体的位置确定树上绿鬣蜥的位置。
步骤 5：根据式（6-49）更新一半在树上的长鼻浣熊的位置。
步骤 6：一半在树上的长鼻浣熊根据式（6-52）进行贪婪选择。
步骤 7：根据式（6-50）和式（6-51）更新另一半在地上的长鼻浣熊的位置。
步骤 8：另一半在地上的长鼻浣熊根据式（6-52）进行贪婪选择。
步骤 9：为逃离捕食者，每只长鼻浣熊根据式（6-53）和式（6-54）更新位置。
步骤 10：每只长鼻浣熊根据式（6-52）进行贪婪选择。
步骤 11：若满足终止条件（例如迭代次数 $t \geq t_{\max}$），则算法迭代结束，输出当前种群的最优解；否则转向步骤 3。

上述算法的程序流程如图 6-28 所示。

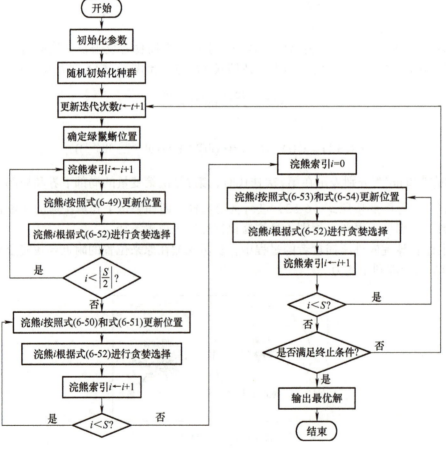

图 6-28 COA 流程图

6.4.3 典型问题求解案例

例题 6-5 利用 COA 求解经典的二维 Ackley 函数优化问题：

$$\min f(\boldsymbol{x}) = -20\mathrm{e}^{-0.2\sqrt{0.5(x_1^2+x_2^2)}} - \mathrm{e}^{0.5(\cos(2\pi x_1)+\cos(2\pi x_2))} + 20 + \mathrm{e}，\text{其中 } \boldsymbol{x}=(x_1,x_2)^\mathrm{T}，x_1, x_2 \in [-32, 32]$$

解：首先，为了对二维 Ackley 函数有直观的认识，使用 MATLAB 绘制了其函数曲面。下面是绘制二维 Ackley 函数曲面的 MATLAB 代码，得到的曲面如图 6-29 所示。

```
x_1=-32：0.05：32；   % 定义 x_1 范围
x_2=-32：0.05：32；   % 定义 x_2 的范围
[x_1, x_2]=meshgrid（x_1, x_2）；% 绘制三维网格曲面图
z=-20*exp（-0.2*sqrt（0.5*（x_1.^2+x_2.^2)))
-exp（0.5*（cos（2*pi*x_1）+cos（2*pi*x_2)))+20+exp（1）；% 计算 Ackley 函数值
mesh（x_1, x_2, z）；绘制三维网格曲面图
set（gca，'FontName'，'Times New Roman'）；
set（gca，'FontSize'，11）；
title（'\fontname{Times New Roman}Ackley\fontname{宋体}函数'，'FontSize'，11）；% 添加标题
xlabel（'\it x_1'，'FontName'，'Times New Roman'，'FontSize'，11）；
ylabel（'\it x_2'，'FontName'，'Times New Roman'，'FontSize'，11）；
zlabel（'f（x_1, x_2）'，'FontName'，'Times New Roman'，'FontSize'，11）；
grid on
axis tight；
box on；
```

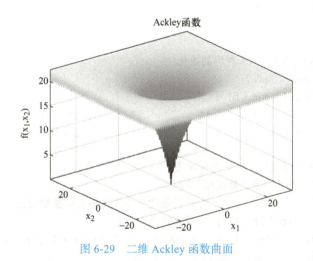

图 6-29 二维 Ackley 函数曲面

该优化问题的最优解为 $x^* = (0,0)^T$，最优目标函数值为 $f(x^*) = 0$。本小节将利用 COA 求解该优化问题以验证 COA 的性能。下面给出 MATLAB 主程序代码（main.m）。

```
% 设置优化任务
d=2；
Task.dims=d；
Task.fnc=@（x）Ackley（x）；
Task.Lb=-32*ones（1, d）；
Task.Ub=32*ones（1, d）；
S=50；          % 种群规模
gen=200；       % 最大迭代次数
```

```
% 调用 COA
[fitness_iter, best_solution, best_fitness]= COA_myself（Task, S, gen）;
draw_COA（fitness_iter, best_solution, best_fitness）; % 绘制收敛曲线
```

在主程序 main.m 中，Ackley 函数代码（Ackley.m）如下：

```
function obj = Ackley（x）
    dim = length（x）;
    sum1 = 0; sum2 = 0;
    for i = 1: dim
        sum1 = sum1 + x（i）*x（i）;
        sum2 = sum2 + cos（2*pi*x（i））;
    end
    avgsum1 = sum1/dim;
    avgsum2 = sum2/dim;
    obj = -20*exp（-0.2*sqrt（avgsum1））- exp（avgsum2）+ 20 + exp（1）;
end
```

在主程序 main.m 中，COA 代码（COA.m）如下：

```
function[fitness_iter, best_solution, best_fitness]= COA（Task, popSize, gen）
    dim = Task.dims;
    lb=Task.Lb;
    ub=Task.Ub;
    pop = init（Task, S）;        % 种群初始化
    fit = evaluate（pop, Task）;
    [best_Fit, location] = min（fit）;
    best_solution = pop（location, :）;        % 初始化最优个体
    best_fitness = best_Fit;                   % 初始最优函数值
    for t=1: gen
        % 长鼻浣熊捕食绿鬣蜥——全局勘探阶段
        for i = 1: S/2   %   一半长鼻浣熊上树
            iguana=best_solution;        % 种群最优个体作为树上绿鬣蜥位置
            I=round（1+rand（1, 1））; % 更新系数[1, 2]
            X_P1（i, :）=pop（i, :）+rand（1, 1）.*（iguana-I.*pop（i, :））;
            X_P1（i, :）= max（X_P1（i, :）, lb）;
            X_P1（i, :）= min（X_P1（i, :）, ub）;
            F_P1（i）=evaluate（X_P1（i, :）, Task）;
            if（F_P1（i）<fit（i））
                pop（i, :）= X_P1（i, :）;
                fit（i）= F_P1（i）;
            end
        end
        for i=1+S/2: S   % 另一半长鼻浣熊树下捕捉
            iguana=lb+rand.*（ub-lb）; % 绿鬣蜥掉下树，重新初始化位置
            F_HL=evaluate（iguana, Task）;
            I=round（1+rand（1, 1））;
```

```matlab
    % 根据落下来的绿鬣蜥更新地上浣熊位置
    if fit(i) > F_HL
        X_P1(i,:) = pop(i,:) + rand(1,1) .* (iguana-I.*pop(i,:));
    else
        X_P1(i,:) = pop(i,:) + rand(1,1) .* (pop(i,:) -iguana);
    end
    X_P1(i,:) = max(X_P1(i,:), lb);
    X_P1(i,:) = min(X_P1(i,:), ub);
    L=X_P1(i,:);
    F_P1(i) = evaluate(L, Task);
    if (F_P1(i) <fit(i))
        pop(i,:) = X_P1(i,:);
        fit(i) = F_P1(i);
    end
  end
  % 长鼻浣熊逃离捕食者—局部利用阶段
  for i=1:S
    lb_t=lb/t;
    ub_t=ub/t;
    X_P2(i,:) = pop(i,:) + (1-2*rand) .* (lb_t+rand(1,1) .* (ub_t-lb_t));
    X_P2(i,:) = max(X_P2(i,:), lb_t);
    X_P2(i,:) = min(X_P2(i,:), ub_t);
    F_P2(i) = evaluate(X_P2(i,:), Task);
    if (F_P2(i) <fit(i))
        pop(i,:) = X_P2(i,:);
        fit(i) = F_P2(i);
    end
  end
  [best_Fit, location] = min(fit);
  % 更新最优解
  if best_Fit < best_fitness
    best_fitness = best_Fit;
    best_solution = pop(location,:);
  end
  fitness_iter(t) =best_fitness;
  end
end
```

在 COA.m 中,种群初始化代码(init.m)如下:

```matlab
function pop=init(Task, popSize)
  dim = Task.dims;
  lb = Task.Lb;
  ub = Task.Ub;
  pop=rand(popSize, dim) .* (ub - lb) + lb;
end
```

在 COA.m 中，目标函数值计算代码（evaluate.m）如下：

```
function fitness=evaluate（pop，Task）
  popSize = size（pop，1）;
  fitness = zeros（popSize，1）;
  for i = 1：popSize
    fitness（i）= Task.fnc（pop（i，:））;
  end
end
```

在主程序 main.m 中，收敛曲线绘制代码（draw_COA.m）如下：

```
function draw_COA（fitness_iter，best_solution，best_fitness）
  figure（）;
  plot（fitness_iter，'color'，'b'，'linewidth'，2）;
  set（gca，'FontName'，'Times New Roman'，'FontSize'，11）;
  xlabel（'迭代次数'，'FontName'，'宋体'）;
  ylabel（'目标函数值'，'FontName'，'宋体'）;
  legend（'COA'）
  axis tight;
  grid on;
  box on;
  display（['最优解为：'，num2str（best_solution）]）
  display（['最优目标函数值为：'，num2str（best_fitness）]）
end
```

COA 找到的最优解为 $\boldsymbol{x}^* =(-8.4531\times10^{-18}, 2.2237\times10^{-16})^T$，最优目标函数值为：$f(\boldsymbol{x}^*)=8.8818e-16$。COA 找到的解与真实最优解相差极小，可忽略不计，因此可认为 COA 成功找到了最优解。图 6-30 展示了 COA 的收敛曲线。从图 6-30 可以看到 COA 的收敛速度非常快。

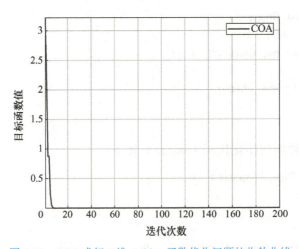

图 6-30　COA 求解二维 Ackley 函数优化问题的收敛曲线

本章小结

群智能优化算法是人工智能领域中一类模拟自然界生物群体行为的元启发式优化算法。群智能优化算法求解各种复杂优化问题的能力及其在各个领域的成功应用,使其在过去几十年中得到持续发展。本章选取了蚁群优化、粒子群优化、细菌觅食优化和浣熊优化四种典型的群智能优化算法进行介绍。其中,蚁群优化和粒子群优化是两个最经典的群智能优化算法,出现在二十世纪八九十年代。蚁群优化是最早的群智能优化算法,更是如今求解离散优化问题的最有效算法之一;粒子群优化是最早的求解连续优化问题的群智能优化算法,也是当今求解连续优化问题的最有效算法之一。细菌觅食优化算法出现在二十一世纪初。经过研究者多年的探索,细菌觅食优化算法的设计及其应用已有了很大的进展,逐渐成为一种流行的群智能优化算法。浣熊优化算法是近两年来新出现的一个群智能优化算法,其快速的收敛能力已经引起了研究人员的关注。本章详细介绍了四个群智能优化算法的基本原理、优化机制、实现过程、前沿进展,并给出了它们在典型优化问题上的求解案例和 MATLAB 代码解析。希望通过对上述四个典型群智能优化算法的详细介绍,能让读者理解群智能优化算法的工作原理,并获得利用群智能优化算法高效地解决不同优化问题的能力,从而促进群智能优化技术的进一步发展及其相应领域的科技进步。

思考题与习题

6-1 请分别画出蚁密模型版本的 AS 算法流程图。

6-2 请分别利用 ACS 算法和 MMAS 算法求解例题 6-1。

6-3 某公司在六个城市 c_1、c_2、c_3、c_4、c_5、c_6 中有分公司。从 c_i 到 c_j 的直接航程票价如下面矩阵所示(∞表示相应的两个城市间没有直接航路)。

$$\begin{pmatrix} 0 & 2000 & \infty & 1600 & 1000 & 400 \\ 2000 & 0 & 600 & 800 & \infty & 1000 \\ \infty & 600 & 0 & 400 & 800 & \infty \\ 1600 & 800 & 400 & 0 & 400 & 1000 \\ 1000 & \infty & 800 & 400 & 0 & 2200 \\ 400 & 1000 & \infty & 1000 & 2200 & 0 \end{pmatrix}$$

1)请利用 AS 算法为该公司设计一条最便宜的巡回路线。

2)请利用 AS 算法为该公司设计一条从城市 c_1 出发、到访其他分公司所在城市各一次、最后回到出发城市 c_1 的最便宜的路线。

6-4 假设某公司要在全国 34 个城市推销某商品。请利用最大-最小蚂蚁系统算法为该公司设计一条遍历各城市一次并回到起点城市的最短路线。34 个城市的二维坐标见表 6-2:

表 6-2 我国 34 个城市的二维坐标

城市名称	坐标	城市名称	坐标	城市名称	坐标
北京	(116.46, 39.92)	沈阳	(123.38, 41.8)	武汉	(114.31, 30.52)
天津	(117.2, 39.13)	石家庄	(114.48, 38.03)	广州	(113.23, 23.16)
上海	(121.48, 31.22)	太原	(112.53, 37.87)	台北	(121.5, 25.05)
重庆	(106.54, 29.59)	西宁	(101.74, 36.56)	海口	(110.35, 20.02)
拉萨	(91.11, 29.97)	济南	(117, 36.65)	兰州	(103.73, 36.03)
乌鲁木齐	(87.68, 43.77)	郑州	(113.6, 34.76)	西安	(108.95, 34.27)
银川	(106.27, 38.47)	南京	(118.78, 32.04)	成都	(104.06, 30.67)
呼和浩特	(111.65, 40.82)	合肥	(117.27, 31.86)	贵阳	(106.71, 26.57)
南宁	(108.33, 22.84)	杭州	(120.19, 30.26)	昆明	(102.73, 25.04)
哈尔滨	(126.63, 45.75)	福州	(119.3, 26.08)	香港	(114.1, 22.2)
长春	(125.35, 43.88)	南昌	(115.89, 28.68)		
澳门	(113.33, 22.13)	长沙	(113, 28.21)		

6-5 请利用 BPSO 算法求解如下二维 Sphere 函数优化问题：

$$\min f(\boldsymbol{x}) = x_1^2 + x_2^2, \text{其中} \boldsymbol{x} = (x_1, x_2)^T, x_1, x_2 \in [-100, 100]$$

1）设置不同的学习因子求解二维 Sphere 函数优化问题。

2）分析不同学习因子对 BPSO 算法性能的影响。

6-6 请利用 SPSO 算法求解上述二维 Sphere 函数优化问题：

1）设置不同的惯性权重求解二维 Sphere 函数优化问题。

2）分析不同惯性权重对 SPSO 算法性能的影响。

6-7 请利用 MOPSO 算法求解如下两目标优化问题，绘制出帕累托前沿面。

$$\begin{cases} \min f_1(\boldsymbol{x}) = 1 - \exp\left(-\sum_{i=1}^{3}(x_i - 1/\sqrt{3})^2\right) \\ \min f_2(\boldsymbol{x}) = 1 - \exp\left(-\sum_{i=1}^{3}(x_i + 1/\sqrt{3})^2\right) \end{cases}$$

式中，$\boldsymbol{x} = (x_1, x_2, x_3)^T$，$-4 \leq x_i \leq 4$，$i = 1, 2, 3$。

6-8 请简述 BFO 算法中游泳步长对算法性能的影响，并尝试设计一种自适应步长调整策略。

6-9 请利用 BFO 算法求解如下 Griewank 函数优化问题，绘制出收敛曲线。

$$\min f(\boldsymbol{x}) = 1 + \frac{1}{4000}(x_1^2 + x_2^2) - \cos(x_1)\cos\left(\frac{x_2}{\sqrt{2}}\right), \text{其中} \boldsymbol{x} = (x_1, x_2)^T, x_1, x_2 \in [-600, 600]$$

6-10 请利用 COA 求解上述 Griewank 函数优化问题，绘制出收敛曲线。

6-11 请分析 COA 的优缺点，并设计一个改进思路。

6-12 请调查 COA 的应用领域。

6-13 请分析 PSO、BFO 和 COA 三种算法的异同，并在如下 Rastrigin 函数优化问题上比较三个算法的性能：

$$\min f(x) = 20 + x_1^2 + x_2^2 - 10(\cos 2\pi x_1 + \cos 2\pi x_2)，其中 x = (x_1, x_2)^T，x_1, x_2 \in [-5.12, 5.12]$$

参考文献

[1] COLORNI A, DORIGO M, MANIEZZO V. Distributed optimization by ant colonies [C]. Proceedings of the first European Conference on Aritificial Life. Paris：Elsevier Publising，1991，142：134-142.

[2] DORIGO M. Optimization，learning and natural algorithms [D]. Milano：Politenico di Milano，1992.

[3] DORIGO M, GAMBARDELLA L M. Ant colony system：A cooperative learning approach to the traveling salesman problem [J]. IEEE Transactions on Evoluitonary Computation，1997，1（1）：53-66.

[4] STUTZLE T，HOOS H. Max-Min ant system and local search for travling salesman problem [C]// Proceedings of the 1997 IEEE International Conference on Evolutionary Computation. Indianapolis：IEEE，1997：309-314.

[5] DORIGO M, DI CARO G. The ant colony optimization meta-heuristic：A new meta-heuristic [C]// Proceedings of the 1999 Congress on Evolutionary Computation. Washington：IEEE，1999.

[6] BONABEAU E, DORIGO M, THERAULAZ G. Inspiration for optimization from social insect behavior [J]. Nature，2000，406（6791）：39-42.

[7] KRIEGER M J B, BILLETER J B, Keller L. Ant-like task and recruitment in cooperative robots [J]. Nature，2000，406（6799）：992-995.

[8] JACKSON D E, HOLCOMBE M, RATNIEKS F L W. Trail geometry gives polarity to ant foraging netwroks [J]. Nature，2004，432（7019）：907-909.

[9] CUI J, WU L, HUANG X., et al. Multi-strategy adaptable ant colony optimization algorithm and its application in robot path planning [J]. Knowledge-based Systems，2024，288：111459.

[10] TAM N T, DUONG L H, BINH H T T et al. Subswarm-guided ant colony optimization with enhanced pheromone update mechanism and beam search for VNF placement and routing [J]. Applied Soft Computing，2024，153：111263.

[11] MORIN M, ZEID I A Z, Quimper C G. Ant colony optimization for path planning in search and rescue operations [J]. Europoean Journal of Operational Research，2023，305：53-63.

[12] KALLONIATIS A C, MCLENNAN-SMITH T A, ROBERTS D O. Modelling distributed decision-making in command and control using stochastic network synchronization [J]. European Journal of Operational Research，2020，284（2）：588-603.

[13] 冀俊忠，黄振，刘椿年. 一种快速求解旅行商问题的蚁群算法 [J]. 计算机研究与发展，2009，46（6）：968-978.

[14] 冀俊忠，玉坤，刘椿年. 基于磁场描述的 TSPTW 问题模型及其蚁群优化算法 [J]. 北京工业大学学报，2013，39（9）：1371-1377.

[15] LIU J H, YANG J G, LIU H P, et al. An improved ant colony algorithm for robot path planning [J]. Soft Computing，2017，21：5829-5839.

[16] JIAO Z Q, MA K, RONG Y L, et al. A path planning method using adaptie polymorphic ant colony algorithm for smart wheelchairs [J]. Journal of Computational Science，2018，25：50-57.

[17] WANG H J, FU Y, ZHAO Z Q, et al. An improved ant colony algorithm of robot path planning for

obstacle avoidance [J]. Journal of Robotics, 2019, 2019 (1): 6097591.

[18] MIAO C W, CHEN G Z, YAN C L, et al. Path planning optimization of indoor mobile robot based on adaptive ant colony algorithm [J]. Computers & Industrial Engineering, 2021, 156: 107230.

[19] WU H G, GAO Y L. Ant ant colony optimization based on local search for the vehicle routing problem with simultaneous pickup-delivery and time window [J]. Applied Soft Computing, 2023, 139: 110203.

[20] CUI J G, WU L, HUANG X D, et al. Multi-strategy adaptable ant colony optimization algorithm and its application in robot path planning [J]. Knowledge-based Systems, 2024, 288: 111459.

[21] KENNEDY J, EBERHART R. Particle swarm optimization [C]//Proceedings of IEEE International Conference on Neural Networks. Perth: IEEE, 1995.

[22] EBERHART R, KENNEDY J. A new optimizer using particle swarm theory [C]//Proceedings of the sixth International Symposium on Micro Machine and Human Science. Nagoya: IEEE, 1995.

[23] SHI Y H, EBERHART R. A modified particle swarm optimizer [C]//Proceedings of the IEEE International Conference on Evolutionary Computation. Anchorage: IEEE, 1998.

[24] SONG B Y, WANG Z D, ZOU L. An improved PSO algorithm for smooth path planning of mobile robots using continuous high-degree bezier curve [J]. Applied Soft Computing, 2021, 100: 106960.

[25] KHARE A, BANGNEKAR S. A review of particle swarm optimization and its applications in solar photovoltaic system [J]. Applied Soft Computing, 2013: 2997-3006.

[26] MIYATAKE M, VEERACHARY M, TORIUMI F, et al. Maximum power point tracking of multiple photovoltaic arrays: A PSO approach [J]. IEEE Transactions on Aerospace and Electronic Systems, 2011, 47 (1): 367-380.

[27] XIANG Y, ZHOU Y, CHEN Z F. A many-objective particle swarm optimizer with leaders selected from historical solutions by using scalar projections [J]. IEEE Transactions on Cybernetics, 2018, 50 (5): 2209-2222.

[28] TIAN Y, ZHENG X T, ZHANG X Y. Efficient large-scale multiobjective optimization based on a competitive swarm optimizer [J]. IEEE Transactions on Cybernetics, 2019, 50 (8): 3696-3708.

[29] LI G Q, WANG W L, ZHANG W W. Grid search based multi-population swarm optimization algorithm for multimodal multi-objecitve optimization [J]. Swarm and Evolutionary Computation, 2021, 62: 100843.

[30] REYNOLDS C W. Flocks, herds and schools: A distributed behavioral model [C]//Proceedings of the 14th Annual Conference on Computer Graphics and Iterative Techniques. New York: Association for Computing Machinery, 1987.

[31] HEPPNER F. A stochastic Nonliner model for coordinated bird flocks [M]. The Ubiquity of Chaos. Washington: AAAS Publications, 1990.

[32] BOYD R, RICHERSON P J. Culture and the Evolutioanry Process [M]. Chicage: The University of Chicago Press, 1985.

[33] EBERHART R C, SHI Y H. Tracking and optimizing dynamic systems with particle swarms [C]//Proceedings of the 2001 Congress on Evolutionary Computation. Seoul: IEEE, 2001.

[34] SHI Y H, EBERHART R C. Empirical study of particle swarm optimization [C]//Proceedings of the 1999 Congress on Evolutionary Computation. Washington: IEEE, 1999.

[35] TIAN Y, SI L C, ZHANG X Y, et al. Evolutionary large-scale multi-objecitve optimization: A survey [J]. ACM Computing Surveys, 2018, 54 (8): 1-34.

[36] PEREIRA J L J, OLIVER G A, FRANCISCO M B, et al. A review of multi-objecitve optimization methods and algorithms in mechanical engineering problems [J]. Archives of Computational Methods

in Engineering, 2022, 29 (4): 2285-2308.

[37] COELLO C A C, PULIDO G T, LECHUGA M S. Handling multiple objectives with particle swarm optimization [J]. IEEE Transactions on Evolutionary Computation, 2004, 8 (3): 256-279.

[38] ZHENG J H, ZHANG Z Y, ZOU J, et al. A dynamic multi-objective particle swarm optimization algorithm based on adversarial decomposition and neighborhood evolution [J]. Swarm and Evolutionary Computation, 2022, 69: 100987.

[39] HAN H G, LIU Y C, HOU Y, et al. Multi-modal multi-objective particle swarm optimization with self-adjusting strategy [J]. Information Sciences, 2023, 629: 580-598.

[40] 公茂果, 焦李成, 杨咚咚, 等. 进化多目标优化算法研究 [J]. 软件学报, 2009, 20 (2): 271-289.

[41] HOUSSEIN E H, GAD A G, HUSSAIN K, et al. Major advances in particle swarm optimization: Theory, analysis, and application [J]. Swarm and Evolutionary Computation, 2021, 63: 100868.

[42] SHAMI T M, EL-SALEH A A, ALSWAITTI M, et al. Particle swarm optimization: A comprehensive survey [J]. IEEE Access, 2022, 10: 10031-10061.

[43] KIRAN M S. Particle swarm optimization with a new update mechanim [J]. Applied Soft Computing, 2017, 60: 670-678.

[44] LIU W B, WANG Z D, YUAN Y. A novel sigmoid-function-based adaptive weighted particle swarm optimizer [J]. IEEE Transactions on Cybernetices, 2021, 51 (2): 1085-1093.

[45] YANG Q, SONG G W, CHEN W N, et al. Random contrastive interaction for particle swarm optimization in high-dimensional environment [J]. IEEE Transactions on Evolutionary Computation, 2024, 28 (4): 933-949.

[46] HAN H G, LIU Y C, HOU Y, et al. Data-driven robust multimodal multiobjective particle swarm optimization [J]. IEEE Transactions on Systems, Man, and Cybernetics: Systems, 2024, 54 (5): 3231-3243.

[47] LU Y F, LI B D, LIU S C, et al. A population cooperation based particle swarm optimization algorithm for large-scale multi-objective optimization [J]. Swarm and Evolutionary Computation, 2023, 83: 101377.

[48] MADANI A, ENGELBRECHT A, OMBUKI-BERMAN B. Cooperative coevolutionary multi-guide particle swarm optimization algorithm for large-scale multi-objective optimization problems [J]. Swarm and Evolutionary Computation, 2023, 78: 101262.

[49] GAO X Z, SONG S M, ZHANG H, et al. A fiexible ranking-based competitive swarm optimizer for large-scale continuous multi-objective optimization [J]. IEEE Transactions on Evolutionary Computation, 2024: 1.

[50] YANG Q T, ZHAN Z H, LIU X, et al. Grid classification-based surrogate-assisted particle swarm optimization for expensive multiobjective optimization [J]. IEEE Transactions on Evolutionary Computation, 2023: 1.

[51] LV Z M, NIU D D, LI S Q, et al. Multi-surrogate assisted PSO with adaptive seciation for expensive multimodal multi-objective optimization [J]. Applied Soft Computing, 2023, 147: 110724.

[52] PASSINO K M. Biomimicry of bacterial foraging for distributed optimization and control [J]. IEEE Control Systems Magazine, 2002, 22 (3): 52-67.

[53] GUO C, TANG H, NIU B, et al. A survey of bacterial foraging optimization [J]. Neurocomputing, 2021, 452: 728-746.

[54] YANG C C, JI J Z, LIU J M, et al. Bacterial foraging optimization using novel chemotaxis and conjugation strategies [J]. Information Sciences, 2016, 363: 72-95.

[55] CHEN H L, ZHANG Q, LUO J, et al. An enhanced bacterial foraging optimization and its application for training kernel extreme learning machine [J]. Applied Soft Computing, 2020, 86: 105884.

[56] KHOSLA T, VERMA O P. An adaptive rejuvenation of bacterial foraging algorithm for global optimization [J]. Multimedia Tools and Applications, 2023, 82 (2): 1965-1993.

[57] YANG C C, JI J Z, ZHANG A D. BFO-FMD: Bacterial foraging optimization for functional module detection in protein-protein interaction networks [J]. Soft Computing, 2017, 22: 3395-3416.

[58] LV X, CHEN H, LI X, et al. An improved bacterial-foraging optimization-based machine learning framework for predicting the severity of somatization disorder [J]. Algorithms, 2018, 11 (2): 17.

[59] MUNI M K, PARHI D R, KUMAR P B. Improved motion planning of humanoid robots using bacterial foraging optimization [J]. Robotica, 2021, 39 (1): 123-136.

[60] SHARATH M N, RAJESH T M, PATIL M. A novel encryption with bacterial foraging optimization algorithm based pixel selection scheme for video steganography [J]. Multimedia Tools and Applications, 2023, 82 (16): 25197-25216.

[61] SINGH L K, KHANNA M, GARG H, et al. Emperor penguin optimization algorithm-and bacterial foraging optimization algorithm-based novel feature selection approach for glaucoma classification from fundus images [J]. Soft Computing, 2024, 28 (3): 2431-2467.

[62] DEHGHANI M, MONTAZERI Z, TROJOVSKÁ E, et al. Coati opimtization algorithm: A new bio-inspired metaheuristic algorithm for solving optimization problems [J]. Knowledge-based Systems, 2023, 259: 110011.

第 7 章　基于智能优化算法的实际问题求解案例

导读

随着科学技术的不断进步，面对现实世界诸多复杂优化问题，传统优化方法已难以满足设计需求。在这一背景下，智能优化算法以其强大的全局搜索能力和自适应能力，逐渐成为求解复杂优化问题的有效工具。本章将探讨智能优化算法在新兴战略领域实际问题中的应用案例：污水处理系统的智能评判优化控制设计、基于细菌觅食优化的蛋白质功能模块检测和基于萤火虫算法的脑效应连接网络学习方法，旨在为智能优化算法在现实应用领域的研究提供参考和启示。

1) 污水处理系统是实现智慧环保的重要环节，是智慧城市建设的重要组成部分，其运行效率与水质处理效果直接关系到环境保护和公共健康。然而，由于污水处理过程涉及复杂的生物化学反应和物理过程，传统方案难以满足现代污水处理系统的设计需求。本章将探讨利用智能优化算法求解污水处理系统的优化与控制问题，通过动态设定值优化和评判学习控制，有效降低能耗且提高出水水质。

2) 蛋白质功能模块在整个生命过程中起着非常重要的作用。利用计算方法从蛋白质相互作用网络中检测功能模块是目前生物信息学中一项重要的研究课题，该研究有助于揭示蛋白质结构、性质、功能和运行机理，为疾病防治、药物研发提供指导和帮助。本章将蛋白质功能模块检测建模为一个复杂网络的聚类问题，通过拓展 6.3 节所介绍的细菌觅食优化算法实现蛋白质功能模块检测。

3) 脑效应连接网络是由各个脑区及其相互作用构成的有向图模型，脑效应连接网络学习是评价正常脑功能和多种脑疾病相关损伤的一种有效手段。利用计算方法从脑影像如功能磁共振成像中学习脑效应连接网络是目前脑科学中一项重要的研究课题，该研究有助于揭示人脑功能和运行机理，为探索大脑奥秘、攻克大脑疾病提供指导和帮助。本章将脑效应连接网络学习建模为一个有向图的识别问题，并利用萤火虫算法完成脑效应连接网络学习。

本章知识点

- 一类污水处理系统的智能评判优化控制设计
- 基于细菌觅食优化的蛋白质功能模块检测
- 基于萤火虫算法的脑效应连接网络学习

7.1 一类污水处理系统的智能评判优化控制设计

智慧环保作为现代环保理念与智能技术相结合的产物，旨在通过数据驱动、智能化决策，实现环境质量的持续改善与资源的高效利用。在这一宏大的体系中，污水处理占据着举足轻重的地位，是智慧环保不可或缺的一个环节。水资源短缺和水污染严重是制约经济社会可持续发展的重要因素之一。党的二十大报告指出要深入推进环境污染防治，持续深入打好蓝天、碧水、净土保卫战，提升环境基础设施建设水平。国家高度重视城市污水处理技术研发，出台了一系列水资源保护措施。然而，气候变化、人口增长以及设施老化等多重因素，正日益对城市污水处理系统的性能提出新的挑战。面对这一复杂局面，城市污水管理部门迫切需要优化现有的污水处理工艺。活性污泥法是我国城市污水处理厂普遍采用的工艺，但其生化反应过程机理极为复杂，存在高度非线性，且受到多种干扰因素的影响，导致污水处理过程的分析变得异常困难。更为严峻的是，经过处理后的污水水质有时仍难以达到国家的排放标准，同时还伴随着能耗过高、运行成本增加等问题。因此，在确保系统稳定运行的同时，有效降低运行成本并提升出水水质，已成为业内亟待解决的重要问题。

7.1.1 污水处理过程的基本运行原理

污水处理过程是涉及多个学科的综合性技术，核心在于通过一系列物理、化学和生物手段，去除污水中的污染物质，使之达到排放标准或再利用要求。在基于神经网络的污水处理系统智能优化设计中，建立能耗和水质模型是实现智能优化的基础。进而，利用能耗和水质模型设计污水处理过程中的关键指标，即运行能耗和出水水质，由此再来构建污水处理系统的多目标优化模型。

1. 污水处理能耗和水质模型

欧盟科学技术合作组织和国际水协合作组织联合开发的 Benchmark Simulation Model No.1（BSM1）是验证污水处理优化方案有效性的常用数字仿真平台。BSM1 主要包含生化反应池和二沉池，如图 7-1 所示。其中，生化反应池有五个分区，前两个分区为厌氧区，后三个分区为好氧区，污水经过生化反应池中一系列硝化和反硝化反应之后，流入到二沉池进行沉淀，分离出的污泥直接排放或者是作为生化反应载体回流至厌氧区，二沉池分离出的水可直接排出。在生化反应池中，位于好氧区第五分区的溶解氧浓度和厌氧区第二分区的硝态氮浓度很大程度上影响着污水处理过程的除氮效果。

在设计优化算法之前，先对污水处理过程中的能耗和水质模型进行分析。优化能耗有助于降低生产成本，提高企业的经济效益。污水处理过程的能耗主要是由泵送能耗和曝气能耗构成。泵送能耗 $PE(t)$ 的定义如下：

$$PE(t) = \frac{1}{\tau} \int_{t}^{t+\tau} (0.004 Q_a(v) + 0.05 Q_w(v) + 0.008 Q_r(v)) dv \tag{7-1}$$

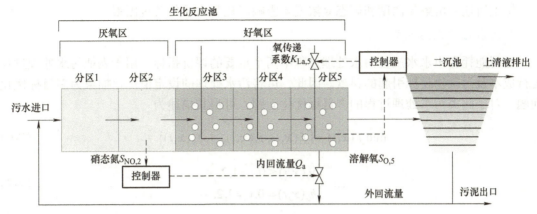

图 7-1 BSM1 结构图

式中，τ 为计算间隔；$Q_a(\upsilon)$ 为 υ 时刻的内回流量和硝态氮浓度的控制量；$Q_r(\upsilon)$ 为 υ 时刻的外回流量；$Q_w(\upsilon)$ 为 υ 时刻的污泥排放量。此外，曝气能耗 AE(t) 的定义为

$$\mathrm{AE}(t) = \frac{S_{\mathrm{O,sat}}}{1800\tau} \int_t^{t+\tau} \sum_{i=1}^{5} (V_i K_{\mathrm{La},i}(\upsilon)) \mathrm{d}\upsilon \tag{7-2}$$

式中，$S_{\mathrm{O,sat}}$ 为溶解氧的饱和浓度；V_i 为第 i 个反应池的体积；$K_{\mathrm{La},i}(\upsilon)$ 为 υ 时刻第 i 个反应池的氧传递系数；$K_{\mathrm{La},5}(\upsilon)$ 是第五分区溶解氧浓度的控制量。综上，总能耗 EC(t) 由泵送能耗和曝气能耗的累加构成，即

$$\mathrm{EC}(t) = \mathrm{PE}(t) + \mathrm{AE}(t) \tag{7-3}$$

在实际工业过程中，出水水质指标超标需要支付罚款，导致污水处理厂的运行成本增加。因此，出水水质也是一个重要的优化指标，定义水质指标 EQ(t) 为

$$\mathrm{EQ}(t) = \frac{1}{\tau} \int_t^{t+\tau} (2\mathrm{SS}(\upsilon) + \mathrm{COD}(\upsilon) + 10 S_{\mathrm{NO}}(\upsilon) + 30 S_{\mathrm{Nkj}}(\upsilon) + 2\mathrm{BOD}(\upsilon)) Q_e(\upsilon) \mathrm{d}\upsilon \tag{7-4}$$

式中，SS(υ) 为固体悬浮物浓度；COD(υ) 为化学需氧量；$S_{\mathrm{NO}}(\upsilon)$ 为硝态氮浓度；$S_{\mathrm{Nkj}}(\upsilon)$ 为凯氏氮浓度；BOD(υ) 为生化需氧量；$Q_e(\upsilon)$ 为出水流量。此外，BSM1 需对一些组分浓度进行限制，例如总氮质量浓度 $N_{\mathrm{tot}} < 18 \mathrm{~mg \cdot L^{-1}}$，氨氮质量浓度 $S_{\mathrm{NH}} < 4 \mathrm{~mg \cdot L^{-1}}$。第五分区的溶解氧质量浓度 $S_{\mathrm{O,5}}$ 和第二分区的硝态氮质量浓度 $S_{\mathrm{NO,2}}$ 的变化很大程度上会影响 N_{tot} 和 S_{NH}，从而影响水质。需要注意的是，溶解氧和硝态氮浓度过高过低都不利于污水处理过程的有效运行。溶解氧浓度过低会导致污泥膨胀、影响出水水质，过高会导致系统运行能耗增加。硝态氮浓度过低会导致有机物不能彻底降解，过高会导致水体富营养化。因此，需要对关键变量溶解氧和硝态氮浓度进行约束，其约束规则为

$$\begin{cases} 0 < S_{\mathrm{O,5}} < 3 \mathrm{~mg \cdot L^{-1}} \\ 0 < S_{\mathrm{NO,2}} < 2.5 \mathrm{~mg \cdot L^{-1}} \end{cases} \tag{7-5}$$

综上所述，溶解氧浓度和硝态氮浓度是影响能耗和水质的关键因素。

2. 污水处理优化模型

运行能耗和出水水质是污水处理过程中两个重要的评价指标，用于表征污水处理过程运行成本及污染物超标引起的罚款。因此，可将污水处理的设定值优化抽象为多目标优化问题。对于此类污水处理过程的多目标优化问题，可将其描述为

$$\min f(\boldsymbol{x},t) = \{f_1(\boldsymbol{x},t), f_2(\boldsymbol{x},t), \cdots, f_\vartheta(\boldsymbol{x},t)\} \tag{7-6}$$

$$\text{s.t.} \begin{cases} y_\iota(\boldsymbol{x},t) \leq 0, \iota = 1, 2, \cdots \\ h_\nu(\boldsymbol{x},t) = 0, \nu = 1, 2, \cdots \end{cases} \tag{7-7}$$

式中，t 为时间变量；$\boldsymbol{x}$ 为决策变量；$f(\boldsymbol{x},t)$ 为优化目标函数；ϑ 为优化空间维度；$y_\iota(\boldsymbol{x},t)$ 和 $h_\nu(\boldsymbol{x},t)$ 分别表示不等式约束和等式约束条件。考虑污水运行过程的实际情况，优化目标定义为运行过程产生的能耗和出水水质，优化空间维度为二维，决策变量为溶解氧与硝态氮的质量浓度，不等式约束条件见式（7-5）。

根据层级结构，污水处理过程的优化控制方案划分为两部分。其中，上层为优化过程，根据污水处理的运行过程构造优化目标函数，并通过智能优化算法求解优化后的设定值。底层为溶解氧与硝态氮浓度的跟踪控制过程，利用控制器跟踪上层优化设定值，实现污水处理的闭环优化控制。根据此层级结构，本章采用如下设计步骤。首先，设计数据驱动模型给出优化目标与输入变量的映射关系。其次，在上层优化阶段采用多目标粒子群算法，求解使优化目标函数最小化的设定值。最后，采用智能 Proportion-Integral-Differential（PID）控制器跟踪 $S_{\text{O},5}(t)$ 和 $S_{\text{NO},2}(t)$ 的最优设定值。接下来，对此框架的多目标优化过程进行详细分析。

7.1.2 多目标智能优化算法描述

污水处理过程是一个涉及多目标和约束条件的复杂系统，旨在实现水质净化效率的最大化、能耗和成本的最小化。构建数据驱动模型是污水处理过程优化的关键步骤。通过科学设定优化目标值，可以有效指导污水处理系统运行，提升整体处理效果。因此，本节探讨污水处理过程的多目标优化问题，通过建立合理的数据驱动模型，确定合适的优化设定值，以实现污水处理系统的高效、经济和环保化运行。

1. 污水处理过程的数据驱动模型

污水处理过程本身具有很强的非线性、时变性等特点。为了模拟污水处理过程中的动态特性，利用数据驱动思想对其进行建模。根据污水处理运行特点及运行数据，分析能耗和出水水质相关的过程变量。然后，利用径向基函数（Radial Basis Function，RBF）神经网络建立能耗和出水水质与过程变量之间的数据驱动模型。

由式（7-1）可知，在 t 时刻，$Q_a(t)$、$Q_w(t)$、$Q_r(t)$ 三个变量共同决定泵送能耗 $PE(t)$。在实际运行过程中，$Q_w(t)$ 和 $Q_r(t)$ 的变化幅度较小且对 $PE(t)$ 的影响不显著，因此将其

视为常量。简化后，与 $PE(t)$ 直接相关是内回流量 $Q_a(t)$。在式（7-2）中，$S_{O,sat}$ 和 V_i 保持不变，则与 $AE(t)$ 直接相关的变量为 $K_{La,i}(t)$。在生化反应池第五分区中，$K_{La,5}(t)$ 为 $S_{O,5}(t)$ 的控制量。根据式（7-4），出水水质 $EQ(t)$ 由 $SS(t)$、$COD(t)$、$S_{NO}(t)$、$S_{Nkj}(t)$、$BOD(t)$、$Q_e(t)$ 共同决定。定义输入变量为

$$s(t) = (S_{O,5}(t), S_{NO,2}(t), S_{NH}(t), N_{tot}(t), COD(t), BOD(t))^T \tag{7-8}$$

采用 RBF 神经网络对能耗和出水水质进行建模，其网络结构如图 7-2 所示。

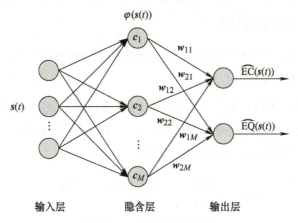

图 7-2　RBF 神经网络结构

能耗和出水水质的模型表达式为

$$\begin{cases} \widehat{EC}(s(t)) = \sum_{m=1}^{M} w_{1m} \varphi(s(t)), \\ \widehat{EQ}(s(t)) = \sum_{m=1}^{M} w_{2m} \varphi(s(t)) \end{cases} \tag{7-9}$$

式中，w_{1m} 和 w_{2m} 为权值向量；隐含层激活函数 $\varphi(\cdot)$ 定义为

$$\varphi(s(t)) = \exp\left(-\frac{\|s(t) - c_m\|}{2\sigma_m^2}\right), m = 1, 2, \cdots, M \tag{7-10}$$

式中，M 为隐含层神经元的个数；c_m 为第 m 个基函数的中心；σ_m 为第 m 个基函数中心的宽度。

最终，得到优化目标函数模型为

$$\min E(t) = \{\widehat{EC}(s(t)), \widehat{EQ}(s(t))\} \tag{7-11}$$

式中，$\widehat{EC}(s(t))$ 和 $\widehat{EQ}(s(t))$ 分别为式（7-9）中给出的能耗模型和出水水质模型。

2. 求解设定值的多目标优化算法

为了同时满足降低能耗和提高出水水质的要求，采用多目标粒子群算法来求解溶解氧

和硝态氮浓度的设定值。多目标粒子群是一种基于群体的优化算法，其中粒子之间能够相互交流信息，从而协作寻找优化目标。每个粒子都有一个表示其在解空间中坐标的位置向量，并使用速度向量更新位置向量。定义第 i 个粒子的位置信息为

$$\boldsymbol{x}_i(k) = (x_i^1(k), x_i^2(k), \cdots, x_i^D(k))^\mathrm{T}, i = 1, 2, \cdots, H \tag{7-12}$$

式中，k 为迭代指标；H 为粒子种群的个体数量；D 是粒子的解空间维数。定义第 i 个粒子的速度为

$$\boldsymbol{v}_i(k) = (v_i^1(k), v_i^2(k), \cdots, v_i^D(k))^\mathrm{T}, i = 1, 2, \cdots, H \tag{7-13}$$

粒子速度和位置的更新规则如下：

$$\begin{cases} v_i^d(k+1) = \varpi v_i^d(k) + \kappa_1 \mathrm{rand}(p_i^d(k) - x_i^d(k)) + \kappa_2 \mathrm{rand}(g_{\mathrm{best}}^d(k) - x_i^d(k)) \\ x_i^d(k+1) = x_i^d(k) + v_i^d(k+1) \end{cases} \tag{7-14}$$

式中，ϖ 为惯性权值；$\mathrm{rand}(\cdot)$ 为 (0, 1) 之间的随机值；$p_i^d(k)$ 为第 k 步迭代的个体最优粒子；$g_{\mathrm{best}}^d(k)$ 为第 k 步迭代的全局最优粒子；κ_1 和 κ_2 为个体学习系数和全局学习系数；$d = 1, 2, \cdots, D$。个体最优解的获得遵循以下原则：

$$\boldsymbol{p}_i(k) = \begin{cases} \boldsymbol{x}_i(k), & \text{如果 } \boldsymbol{x}_i(k) \prec \boldsymbol{p}_i(k-1) \\ \boldsymbol{p}_i(k-1), & \text{其他} \end{cases} \tag{7-15}$$

式中，$\boldsymbol{x}_i(k) \prec \boldsymbol{p}_i(k-1)$ 表示 $\boldsymbol{x}_i(k)$ 不受 $\boldsymbol{p}_i(k-1)$ 的支配。此外，定义一个存储库 A 进行实时更新以存储非支配粒子 a，其更新规则为

$$A(k) = \begin{cases} A(k-1) \bigcup \boldsymbol{p}_i(k-1), & \text{如果 } \boldsymbol{a}_i(k-1) \diamond \boldsymbol{p}_i(k-1) \\ \overline{A}(k-1) \bigcup \boldsymbol{p}_i(k-1), & \text{其他} \end{cases} \tag{7-16}$$

式中，$A(k) = (\boldsymbol{a}_1(k), \boldsymbol{a}_2(k), \cdots, \boldsymbol{a}_G(k))^\mathrm{T}$ 是第 k 次迭代的存储库；G 为存储库的大小；$\overline{A}(k-1)$ 是第 $k-1$ 次迭代中剔除被支配的冗余值后的存储库；$\boldsymbol{a}_i(k-1) \diamond \boldsymbol{p}_i(k-1)$ 表示两者互相不能支配对方。不断重复多目标粒子群的运动过程，直到满足终止条件，其算法流程如图 7-3 所示，其中，$p(k)$ 为全部粒子，p_best 为所有个体的历史最优粒子，g_best 为全局最优粒子。

7.1.3 智能跟踪控制器设计

在传统跟踪控制中，可采用增量式 PID 控制器跟踪溶解氧和硝态氮浓度的设定值，控制律 $\boldsymbol{u}_\mathrm{o}(t)$ 表示为

$$\boldsymbol{u}_\mathrm{o}(t) = \boldsymbol{u}_\mathrm{o}(t-1) + \Delta \boldsymbol{u}_\mathrm{o}(t) \tag{7-17}$$

式中

$$\Delta \boldsymbol{u}_\mathrm{o}(t) = \boldsymbol{K}_\mathrm{p}(\boldsymbol{e}(t) - \boldsymbol{e}(t-1)) + \boldsymbol{K}_\mathrm{i}\boldsymbol{e}(t) + \boldsymbol{K}_\mathrm{d}(\boldsymbol{e}(t) - 2\boldsymbol{e}(t-1) + \boldsymbol{e}(t-2)) \tag{7-18}$$

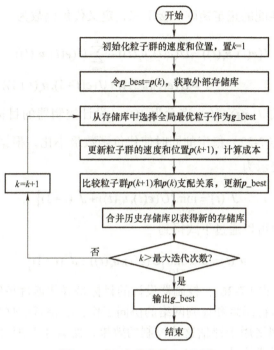

图 7-3　多目标优化算法流程图

$$\boldsymbol{K}_\mathrm{p} = \begin{pmatrix} K_\mathrm{p1} & 0 \\ 0 & K_\mathrm{p2} \end{pmatrix},\ \boldsymbol{K}_\mathrm{i} = \begin{pmatrix} K_\mathrm{i1} & 0 \\ 0 & K_\mathrm{i2} \end{pmatrix},\ \boldsymbol{K}_\mathrm{d} = \begin{pmatrix} K_\mathrm{d1} & 0 \\ 0 & K_\mathrm{d2} \end{pmatrix} \tag{7-19}$$

式中，$e(t)$ 表示跟踪误差；$\boldsymbol{K}_\mathrm{p}$、$\boldsymbol{K}_\mathrm{i}$ 和 $\boldsymbol{K}_\mathrm{d}$ 分别表示 PID 控制中的比例系数矩阵、积分系数矩阵和微分系数矩阵。事实上，传统控制器本身具备一定的优势，但污水处理系统中 PID 控制器的维护复杂。因此，在保持原控制器不变的基础上，本文设计了一个基于智能控制算法的辅助控制器，实现对传统控制律的增强和优化。

一般地，污水处理过程可看作一个典型的非仿射非线性系统，其离散形式可以表示为

$$x(t+1) = F(x(t), u(t)) \tag{7-20}$$

式中，$x(t) \in \mathbf{R}^n$ 是状态变量；$u(t) \in \mathbf{R}^m$ 是原系统的控制输入。参考轨迹可以表示为 $r(t+1) = \varGamma(r(t))$。跟踪误差为系统状态与参考轨迹的差值 $e(t) = x(t) - r(t)$。假设存在一个原控制律 $u_\mathrm{o}(t)$ 作用于原系统式（7-20）。引入一个补充控制律 $u_\mathrm{s}(t)$ 对原控制律进行调整，则最终的控制律可以表示为

$$u(t) = u_\mathrm{o}(t) + u_\mathrm{s}(t) \tag{7-21}$$

相应地，表示误差系统为

$$e(t+1) = F(e(t) + r(t), u_\mathrm{o}(t) + u_\mathrm{s}(t)) - \varGamma(r(t)) \tag{7-22}$$

定义效用函数为关于状态误差与补充控制律二次型的形式，即

$$U(e(t), u_\mathrm{s}(t)) = e^\mathrm{T}(t)\boldsymbol{Q}e(t) + u_\mathrm{s}^\mathrm{T}(t)\boldsymbol{R}u_\mathrm{s}(t) \tag{7-23}$$

式中，Q 和 R 是维数匹配的正定矩阵。接下来，定义代价函数为

$$J(e(t), u_s(t)) = U(e(t), u_s(t)) + \sum_{l=t+1}^{\infty} U(e(l), u_s(l)) \\ = U(e(t), u_s(t)) + J(e(t+1), u_s(t+1)) \tag{7-24}$$

为了表达简洁，将 $J(e(t), u_s(t))$ 表示为 $J(t)$。设计控制器的目标是找到一个最优的控制律 $u_s^*(t)$ 保证系统式（7-22）稳定的同时使代价函数最小化，根据 Bellman 最优性原理，最优的代价函数可以表示为

$$J^*(t) = \min_{u_s(t)} \{U(e(t), u_s(t)) + J^*(t+1)\} \tag{7-25}$$

最优的补充控制律可以通过下式得到

$$u_s^*(t) = \arg\min_{u_s(t)} \{U(e(t), u_s(t)) + J^*(t+1)\} \tag{7-26}$$

综合式（7-25）和式（7-26），控制器设计的目标是寻找最优控制律。本章采用自适应评判设计技术，依赖执行网络和评判网络的协同工作，获得智能优化控制器。执行网络负责输出控制律，评判网络用于评估这些控制的效果，两者相互配合，不断优化控制策略，最终达成寻找最优控制器的目的。

1. 评判网络

这里选择BP神经网络作为通用函数逼近器，其中，构建评判网络用来近似代价函数，执行网络用来产生补充控制信号以提高 PID 控制器的控制性能。利用神经网络的近似能力，定义近似代价函数为

$$\hat{J}(t) = \omega_{c2}^T(t) \delta(\omega_{c1}^T(t)[e^T(t), u_s^T(t)]^T) \tag{7-27}$$

式中，$\omega_{c1}(t)$ 和 $\omega_{c2}(t)$ 分别为评判网络输入层与隐含层之间和隐含层与输出层之间的权值；$\delta(\cdot)$ 为激活函数，选取 tanh 函数作为激活函数。定义误差函数为

$$\varepsilon_c(e(t), u_s(t)) = \hat{J}(e(t), u_s(t)) - \hat{J}(e(t-1), u_s(t-1)) + U(e(t-1), u_s(t-1)) \tag{7-28}$$

定义评判网络性能指标函数为

$$E_c(e(t), u_s(t)) = \frac{1}{2} \varepsilon_c^T(e(t), u_s(t)) \varepsilon_c(e(t), u_s(t)) \tag{7-29}$$

简洁起见，这里只对隐含层与输出层之间的权值进行更新，其更新规则见式（7-30）：

$$\omega_{c2}(t+1) = \omega_{c2}(t) - \alpha_c \frac{\partial E_c(e(t), u_s(t))}{\partial \omega_{c2}(t)} \tag{7-30}$$

式中，α_c 表示评判网络的学习率。

2. 执行网络

构建执行网络用于近似补充控制律，其表达式为

$$u_s(e(t)) = \omega_{a2}^T(t)\delta(\omega_{a1}^T(t)e(t)) \tag{7-31}$$

式中，$\omega_{a1}(t)$ 和 $\omega_{a2}(t)$ 分别为执行网络输入层与隐含层之间和隐含层与输出层之间的权值；$\delta(\cdot)$ 为与评判网络一致的激活函数。定义执行网络的误差函数为

$$\varepsilon_a(e(t)) = \hat{J}(t) \tag{7-32}$$

定义执行网络性能指标函数为

$$E_a(e(t)) = \frac{1}{2}\varepsilon_a^T(e(t))\varepsilon_a(e(t)) \tag{7-33}$$

类似地，隐含层与输出层之间的权值更新规则可以表示为

$$\omega_{a2}(t+1) = \omega_{a2}(t) - \alpha_a \frac{\partial E_a(e(t))}{\partial \omega_{a2}(t)} \tag{7-34}$$

式中，α_a 表示执行网络的学习率。

7.1.4 实验分析

污水处理过程的智能评判优化控制框架如图 7-4 所示。针对晴天天气下的污水流量和组分数据，在 BSM1 上对本节所提算法进行实验验证，仿真时间为 14 d，每次采样间隔为 15 min，优化周期为 2 h，操作变量是 $K_{La,5}(t)$ 和 $Q_a(t)$。

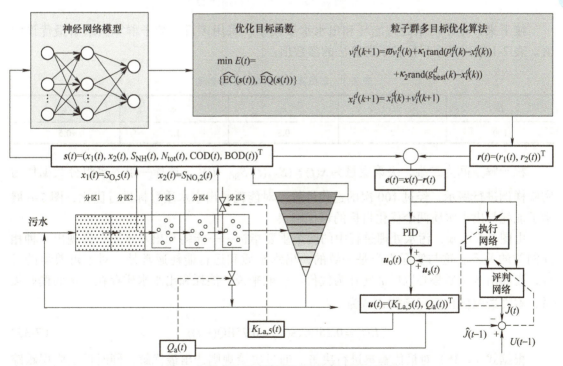

图 7-4　污水处理过程的智能评判优化控制框架

基于入水与出水组分数据对能耗和水质进行建模，取 1000 组数据作为训练样本，采用 RBF 神经网络进行建模。取 344 组数据作为测试样本，图 7-5 为能耗和出水水质模型的预测效果。

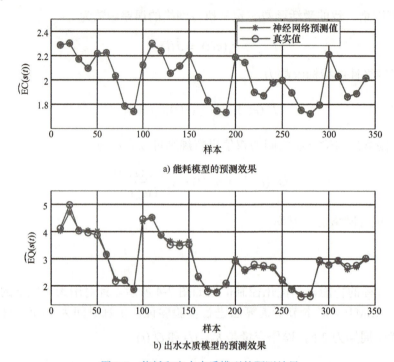

图 7-5　能耗和出水水质模型的预测效果

接下来，基于污水处理能耗和出水水质模型，采用多目标粒子群算法求解最优设定值。表 7-1 给出了多目标粒子群算法的参数值。

表 7-1　多目标粒子群算法的参数值

H	D	κ_1	κ_2	ϖ
100	2	0.8	1.5	0.5

粒子解空间为二维，决策变量为 $x(t)=(S_{O,5}(t), S_{NO,2}(t))^T$。选择一组入水组分数据作为实验样例进行展示，经过 100 次的迭代计算，对能耗和出水水质目标进行优化，图 7-6 展示了能耗与出水水质两个优化目标的最优解集。

由图 7-6 可知，污水处理过程中的两个重要指标——能耗和出水水质，呈现出一种相互制约的关系。这与实际生产是一致的，出水水质和运行能耗通常是一对不可兼得的目标，提高出水水质势必以增加能耗为代价。一般来说，能耗和出水水质存在一定的偏好关系，本文选取优化目标函数 $E(t)$ 为

$$E(t)=0.25 EC(s(t))+0.75 EQ(s(t)) \tag{7-35}$$

根据式（7-35）对最优解集进行决策。通过决策规则选出最优解，同时设定底层跟踪系统的参考输入，并采用智能跟踪控制器来补充 PID 控制策略。PID 控制器的参数以及智

能跟踪控制器的相关参数在表 7-2 中给出。

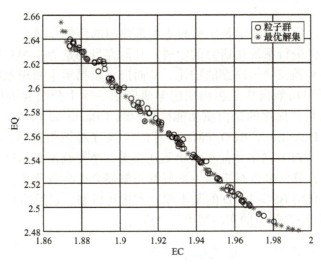

图 7-6　多目标粒子群优化结果

表 7-2　底层跟踪控制算法参数值

α_c	α_a	Q	R	K_{p1}	K_{i1}	K_{d1}	K_{p2}	K_{i2}	K_{d2}
0.03	0.03	$0.1I_2$	$0.1I_2$	100	10	2	10000	3000	200

图 7-7 展示了晴天天气下，污水处理系统的溶解氧和硝态氮浓度设定值及其跟踪效果。由图 7-7 可知，本节的控制器能够有效控制溶解氧和硝态氮浓度的实际值与设定值的差值，表明智能跟踪控制器能够对 PID 控制策略进行补充，实现动态轨迹跟踪。结果表明，本节所提算法可以通过获取动态优化设定值，有效降低能耗，同时提高出水水质，进而实现污水处理系统的智能优化。

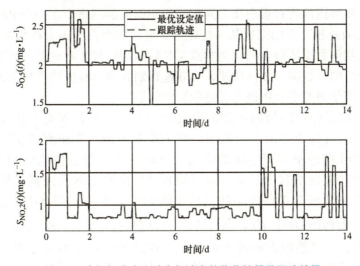

图 7-7　溶解氧浓度和硝态氮浓度的优化结果及跟踪效果

7.2 基于细菌觅食优化的蛋白质功能模块检测

在后基因时代，蛋白质组学是生命科学中最热门的研究领域之一。蛋白质组学是一种对蛋白质所含特性进行系统化研究的学科，其研究目的是为生物系统在健康和疾病状况下的结构、功能和调控提供详细的描述，从而进一步揭示生命现象的本质。其中，利用计算方法检测蛋白功能模块是蛋白质组学研究中一项十分重要的研究课题。本节将介绍一种基于细菌觅食优化的蛋白质功能模块检测（Bacterial Foraging Optimization for Functional Module Detection，BFO-FMD）算法。该方法把蛋白质相互作用（Protein-Protein Interaction，PPI）网络功能模块检测建模为一个复杂网络的聚类问题，并使用细菌觅食优化（BFO）算法来进行求解。本节首先概述 PPI 网络及其蛋白质功能模块检测的相关背景，然后介绍 BFO-FMD 的基本原理和优化机制，最后给出 BFO-FMD 的实现过程及在基准 PPI 网络数据上的实验结果与分析。

7.2.1 PPI 网络及其蛋白质功能模块检测

在生命活动中，蛋白质是生物功能的直接执行者，它很少以独立的方式实现生物功能，一般都是通过彼此之间的相互作用来完成生物功能，例如在生物的生命活动中经常发生的遗传物质复制、基因表达调控、细胞信号转导、新陈代谢、细胞增殖、细胞凋亡等过程和活动都依赖于蛋白质之间的相互作用，所以蛋白质相互作用的研究和分析很自然地成为理解生命活动中细胞组织、过程和功能的基础。近年来，生命科学的研究表明，对蛋白质相互作用的研究不仅能从系统角度理解各种生物学过程，揭示疾病的发生机制，而且能够帮助人们寻找新的药物靶标，为新药研发起到积极的作用。因此蛋白质相互作用的研究迅速成为后基因时代最重要的研究领域之一，受到人们越来越多的重视。

近年来，随着酵母双杂交、基于质谱的串联亲和纯化、蛋白质芯片等高通量生物实验方法的发展，PPI 的可用数据日益丰富，并促成了越来越多的 PPI 网络的形成。PPI 网络是指一个生命有机体内的所有蛋白质之间相互作用组成的网络。在一个 PPI 网络中，不同时间和空间阶段通过相互作用完成某一特定分子进程的蛋白质集合称为蛋白质功能模块。因为理解大量生物学数据所包含的生物学意义是后基因时代非常重要的研究任务，所以面对大量可用的 PPI 网络数据，如何快速、有效地识别各种具有生物学功能的蛋白质功能模块就成为蛋白质组学研究中一项极为关键的科学问题。

生物实验方法是经典的蛋白质功能模块检测方法，但是该类方法在检测成本和质量上存在局限性，远远无法满足后基因时代人类对生命科学研究的实际需要。而生物学的研究发现 PPI 网络中紧密连接的蛋白质区域通常会与蛋白质的功能模块相对应。于是以机器学习和数据挖掘为基础，通过识别 PPI 网络中紧密连接结构来发现蛋白质功能模块的计算方法成为蛋白质功能模块检测的主流方法。在该类方法中，PPI 网络通常表示为一个无向图 $G=(V,E)$，其中 V 为节点集合，每个节点表示一个蛋白质；E 为边（连接）集合，每条边表示两个蛋白质节点之间的一个相互作用，然后采用不同的聚类技术通过识别 PPI 网络中紧密连接的结构来发现蛋白质功能模块。如图 7-8 所示,基于计算方法的 PPI 网络蛋白质功能模块检测通常包括五个步骤:数据预处理、PPI 网络构建、聚类过程、后处理、功能模块输出。其中,PPI 网络构建、聚类过程和功能模块输出是三个基本且必要的步骤,PPI 数据预处理和功能模块后处理是两个可选的步骤。

图 7-8　PPI 网络功能模块检测的流程

根据所采用的计算模型和机理,利用计算方法进行蛋白质功能模块检测的方法包括:基于密度的聚类方法、基于层次的聚类方法、基于流模拟的聚类方法、基于谱分析的聚类方法、基于核心–附属关系的聚类方法和基于群智能优化的聚类方法。每种方法的原理和特点可参考文献 [20] 和 [21]。本节介绍的基于细菌觅食优化的蛋白质功能模块检测(BFO–FMD)是一种基于群智能优化的聚类方法。

7.2.2　BFO–FMD 算法描述

BFO–FMD 算法主要包含三个阶段:首先,在初始化阶段,通过随机游走行为将每个细菌个体表示为一个候选解,即一种候选的蛋白质功能模块划分,得到初始菌群;然后,在优化阶段,使用趋向机制、接合机制、复制机制和迁徙机制不断优化细菌个体,以得到初步的功能模块划分;最后,在后处理阶段,对优化过程得到的初步功能模块划分做进一步修正。

在优化过程中,BFO–FMD 采用复杂网络领域被广泛使用的模块度作为目标函数:

$$f(\theta) = \sum_{l=1}^{|M|}\left[\frac{e_l}{|E|} - \left(\frac{d_l}{2|E|}\right)^2\right] \quad (7\text{-}36)$$

式中,θ 表示一个候选解;M 是与个体解 θ 对应的功能模块集合;$|M|$ 是 M 中功能模块数目;e_l 是第 l 个功能模块中蛋白质连接的数目;d_l 是第 l 个功能模块中节点度数之和;$|E|$ 是 PPI 网络中蛋白质连接的数目。通常模块度值越高,相应的功能模块划分结果越好。接下来,重点介绍该算法中的个体表示和各种优化操作。

1. 个体解的表示与初始化

在 BFO–FMD 算法中,每个细菌个体被编码为一个有 n 条有向边的图:$\theta = \{(1 \rightarrow a_1), (2 \rightarrow a_2), \cdots, (i \rightarrow a_i), \cdots, (n \rightarrow a_n)\}$,其中,$i$ 表示一个蛋白质节点编号;a_i 代表蛋白质节点编号 i 指向的蛋白质节点编号;n 是 PPI 网络中蛋白质节点数量,即 $n = |V|$。

在初始化过程中,每个细菌首先随机选择一个初始蛋白质节点,然后基于随机游走行为遍历 PPI 网络中其他蛋白质节点。具体过程可描述为:细菌在当前蛋白质节点下,选择并移动到与当前蛋白质节点相似的某个节点上,并在两个蛋白质节点之间建立一条连接。通常两个蛋白质节点的相似性越高,它们之间连接的强度越大。若细菌在当前蛋白质节点下，没有满足相似条件的蛋白质节点，则当前蛋白质节点指向自己，建立一条自连接，同时结束相应的遍历路径。然后细菌随机选择另外一个没有被遍历的蛋白质节点，开始新的随机游走过程，这个过程继续进行，直到网络中所有 n 个蛋白质节点都被遍历完为止。在初始化过程中，蛋白质节点 i 的相似节点集合定义为：

$$\Omega_i = \left\{ j \left| \frac{s_{ij} + f_{ij}}{2} > \varepsilon \right. \right\} \tag{7-37}$$

式中，ε 是蛋白质节点相似性阈值；s_{ij} 和 f_{ij} 分别表示两个蛋白质节点 i 和 j 的结构相似性和功能相似性。

对于两个蛋白质节点 i 和 j，其结构相似性定义为：

$$s_{ij} = \frac{|\Gamma(i) \cap \Gamma(j)|}{\sqrt{|\Gamma(i)||\Gamma(j)|}} \tag{7-38}$$

式中，$\Gamma(i)$ 是由蛋白质节点 i 和其邻居节点组成的集合，$|\Gamma(i)|$ 表示 $\Gamma(i)$ 中含有的蛋白质节点数量。

根据基因本体论（Gene Ontology，GO）注释信息，两个蛋白质节点 i 和 j 的功能相似性定义为：

$$f_{ij} = \frac{|g^i \cap g^j|}{|g^i \cup g^j|} \tag{7-39}$$

式中，g^i 和 g^j 分别表示蛋白质节点 i 和 j 的功能注释条目。

为了更清楚地展示个体解的表示方式和初始化过程，图 7-9 以一个有 10 个蛋白质节点的 PPI 网络为例给出了个体解的表示方式和初始化过程。其中，图 7-9a 为含有 10 个蛋白质节点的 PPI 网络，蛋白质节点编号从 0 到 9。图 7-9b 显示了一个细菌个体产生初始解的过程。细菌首先随机地选择了 3 号蛋白质节点作为初始节点，然后在其相似蛋白质节点集合中随机选择了 4 号蛋白质节点并建立连接 $3 \to 4$。紧接着细菌在 4 号蛋白质节点的相似蛋白质节点集合中随机挑选了 8 号蛋白质节点并建立连接 $4 \to 8$。上述过程不断重复，直到细菌到达了 0 号蛋白质节点。由于 0 号蛋白质节点没有满足条件的相似蛋白质节点（相似蛋白质节点集合为空），于是细菌建立连接 $0 \to 0$ 并结束当前游走的路径。随后细菌又随机选择了未被遍历的 2 号蛋白质节点作为新的初始节点，然后继续随机游走行为以遍历余下的蛋白质节点，直到 10 个蛋白质节点都被遍历完。图 7-9c 是按照编号顺序整理图 7-9b 后的细菌个体解。图 7-9d 是解码后得到的与图 7-9c 中个体解相对应的蛋白质功能模块，它通过把图 7-9c 中每个通路中的节点划入一个簇中得到。根据上面描述可知，细菌个体初始化过程不需要事先设定蛋白质功能模块数目，可以根据蛋白质节点连接情况自动确定蛋白质功能模块数目。

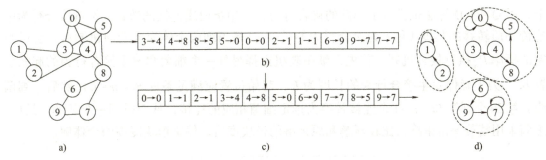

图 7-9 个体解表示方式和初始化过程

2. BFO-FMD 的趋向机制

趋向机制是 BFO 算法的一个核心优化机制，是该算法向最优解逼近的驱动力。它模拟了细菌通过翻转（Tumble）和游泳（Swim）行为而进行觅食的过程。其中，翻转行为负责产生一个觅食方向，而游泳行为负责沿着觅食方向进行搜索。在蛋白质功能模块检测任务中，细菌翻转行为产生的方向被定义为一个 n 维随机掩码向量 D，其中 n 为 PPI 网络中蛋白质节点数目。D 中每个分量根据一个预设概率 P_{ch} 取值 0 或者 1。即对于 D 中每个分量，如果在 (0,1) 区间内采样的一个均匀分布的随机数小于 P_{ch}，相应分量值为 1；否则为 0。

BFO-FMD 中趋向机制的具体实现为：每个细菌首先生成一个随机掩码向量 D（相当于产生翻转方向），并从菌群中随机选择另外一个细菌个体作为选定的强化对象；然后逐维检查 D 中每个分量的值。当分量值为 1 时，比较当前细菌与选定的细菌相应维度的连接强度。如果当前细菌相应维度的连接强度小于选定细菌相应维度的连接强度，则用选定细菌相应维度的连接替换当前细菌自己的连接。在检查完 D 中每个分量后，当前细菌便形成了一个新解（相当于细菌沿着翻转方法游动到一个新位置）。接下来，当前细菌会根据式（7-36）计算新解的模块度。如果当前细菌新解的模块度大于原来解的模块度，当前细菌会沿着 D 继续按照上述方式优化新解，直到模块度不再提升或者已经沿着 D 进行了 N_s 次优化（即游泳了 N_s 步）为止。

为了便于理解，图 7-10 直观地展示了趋向机制中细菌产生新解的过程。图 7-10 中 θ_i 是细菌 i 的当前解，$D = (0,0,1,0,0,1,0,1,0,0)$ 是细菌 i 生成的随机掩码向量，θ_a 是随机选择的细菌 a 所表示的解。由于 D 中第三、第六和第八个分量的值为 1，于是细菌 i 与细菌 a 依次比较第三、第六和第八个连接的强度。假定细菌 i 第三个连接 $2 \rightarrow 3$ 和第八个连接 $7 \rightarrow 6$ 的连接强度分别小于细菌 a 的第三个连接 $2 \rightarrow 5$ 和第八个连接 $7 \rightarrow 8$ 的连接强度，那么细菌 i 分别将其第三个和第八个连接替换为 $2 \rightarrow 5$ 和 $7 \rightarrow 8$，从而得到了一个新解。

3. BFO-FMD 的接合机制

为了增强细菌个体间信息交流和加快算法收敛，参考文献 [24] 在 BFO 算法中引入了一个新的细菌生物优化机制——接合机制。该机制模仿了供体细菌通过与受体细菌直接接触后将自己的一部分遗传物质转移给受体细菌的接合行为。在 PPI 网络功能模块检测任务上，BFO-FMD 算法也模拟了细菌的接合行为，它用蛋白质连接的数目 L 衡量接合行为中遗传物质转移的程度（称 L 为接合行为的长度）。每当细菌个体完成趋向机制后，会以给定的概率 P_{co} 执行接合机制。首先，细菌随机选择另外一个细菌和发生接合行为的起始位置 Bt。为了确保发生接合行为的长度为 L，起始位置应满足条件 $Bt < n - L$。然后，细菌将其第 Bt 个到第 $Bt + L - 1$ 个连接替换为选定细菌相应的连接，从而得到一个新解。最后，细菌采用精英保留策略，比较新解和原来解的模块度后，保留模块度高的个体解。

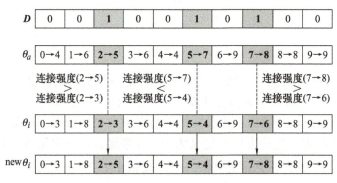

图 7-10　趋向机制产生新解的示意图

为了便于理解，图 7-11 显示了接合机制产生新解的过程。图 7-11 中，θ_i 是细菌 i 当前解，θ_b 是随机选择的细菌 b 表示的解，$Bt = 3$ 和 $L = 3$ 表示接合行为的起始点位于第 3 个连接、接合行为长度是 3 个连接。于是细菌 i 将其第三个连接、第四个连接、第五个连接替换为细菌 b 相应连接后，便得到了一个新解。

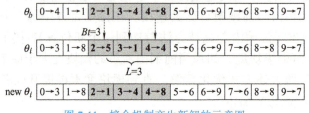

图 7-11　接合机制产生新解的示意图

4. BFO-FMD 的复制机制

菌群每完成 N_c 次趋向机制和 N_c 次接合机制，便执行一次复制机制。复制机制本质上是根据细菌健康程度进行优胜劣汰的过程。在 BFO-FMD 中，细菌的健康程度依据其所表示的解的模块度来衡量。细菌所表示的解的模块度越高，它就越健康。BFO-FMD 的复制机制的具体实现为：首先菌群中所有个体根据它们所表示解的模块度降序排列；然后一半数量的模块度较高的细菌逐个分裂为两个相同的子细菌，即两个子细菌拥有完全相同的功能模块划分，另一半模块度较低的细菌则被遗弃。

5. BFO-FMD 的迁徙机制

菌群每经过 N_{re} 次复制机制，执行一次迁徙机制。菌群中的每个细菌个体会以一定的

概率被重新初始化,具体规则为:

$$\theta = \begin{cases} \theta', & \text{如果} q < P_{ed} \\ \theta, & \text{其他} \end{cases} \tag{7-40}$$

式中,q 是在 (0,1) 区间内采样的一个均匀分布的随机数;θ 是细菌表示的当前蛋白质功能模块划分;θ' 是通过随机游走产生的新蛋白质功能模块划分;P_{ed} 是迁徙概率。对于每个细菌个体而言,如果随机数 q 小于迁徙概率 P_{ed},相应的细菌便被重新初始化为一个新蛋白质功能模块划分 θ';否则细菌保持原有蛋白质功能模块划分不变。

6. BFO-FMD 的后处理操作

当迭代过程结束后,两个后处理操作对优化过程中得到的蛋白质功能模块划分做进一步的处理。第一个操作从功能相似性的角度迭代地融合蛋白质功能模块集合中拥有最大功能相似度的两个蛋白质功能模块,直到蛋白质功能模块集合中任意两个模块的功能相似度都不大于融合阈值 λ 为止。两个模块 m_a 和 m_b 的功能相似度计算公式为:

$$S(m_a, m_b) = \frac{\sum_{i \in m_a, j \in m_b} S(i,j)}{\min(|m_a|, |m_b|)} \tag{7-41}$$

式中,$S(i,j)$ 表示来自不同蛋白质功能模块 m_a 和 m_b 中任意两个蛋白质节点 i 和 j 的功能相似度,定义见式 (7-42):

$$S(i,j) = \begin{cases} 1, & \text{如果} i = j \\ f_{ij}, & \text{如果} i \neq j, \text{且} (i,j) \in E \\ 0, & \text{其他} \end{cases} \tag{7-42}$$

第二个操作从拓扑结构的角度过滤模块集合中连接稀疏的蛋白质功能模块。该操作首先计算每个蛋白质功能模块的密度,然后过滤掉密度值小于阈值 δ 的蛋白质功能模块。蛋白质功能模块密度的计算公式为:

$$D_m = \frac{2 \times e_m}{n_m \cdot (n_m - 1)} \tag{7-43}$$

式中,e_m 和 n_m 分别是蛋白质功能模块 m 中的连接数和蛋白质节点数。

7. BFO-FMD 的实现过程

基于上面的个体表示和优化机制,BFO-FMD 算法实现过程可描述如下:首先产生一个初始菌群,每个细菌个体被初始化为一种蛋白质功能模块划分;然后执行一个三重嵌套循环以完成细菌个体的优化过程。在最内层趋向循环中,每个细菌个体先后执行趋向机制和接合机制以搜索模块度高的蛋白质功能模块划分。每经过 N_c 次趋向循环,BFO-FMD 发生一次中层复制循环。菌群中一半数量的模块度较高的细菌分别分裂成两个拥有相同蛋白质功能模块划分的子细菌;另一半模块度较低的细菌个体被遗弃。每经过 N_{re} 次复制循环，BFO-FMD 发生一次外层迁徙循环，菌群中每个个体以概率 P_{ed} 被初始化为一个新的蛋白质功能模块划分。待 N_{ed} 次迁徙循环后，两个后处理操作对优化过程中得到的蛋白质功能模块划分做进一步修正。具体的实现步骤如下：

步骤 1：初始化 BFO-FMD 涉及的参数。

步骤 2：每个细菌个体 $i = 1, 2, \cdots, S$ 被初始化为一个候选模块划分 θ_i，令最优解 $\theta_{best} = \theta_1$。

步骤 3：设置迁徙循环索引 $l = 1$。

步骤 4：设置复制循环索引 $k = 1$。

步骤 5：设置趋向循环索引 $j = 1$。

步骤 6：设置细菌个体索引 $i = 1$。

步骤 7：细菌 i 执行趋向机制。

步骤 8：细菌 i 执行结合机制。

步骤 9：更新最优解，如果 $f(\theta_i) > f(\theta_{best})$，令 $\theta_{best} = \theta_i$ 且 $f(\theta_{best}) = f(\theta_i)$。

步骤 10：如果还有细菌没有执行趋向和接合机制，即 $i < S$，则设置个体索引 $i \leftarrow i+1$，并转向步骤 7；否则转向步骤 11。

步骤 11：如果趋向机制执行次数没有达到最大次数 N_c，即 $j < N_c$，则设置趋向循环索引 $j \leftarrow j+1$，并转向步骤 6；否则转向步骤 12。

步骤 12：菌群执行复制机制。

步骤 13：如果复制机制执行次数没有达到最大次数 N_{re}，即 $k < N_{re}$，则设置复制循环索引 $k \leftarrow k+1$，并转向步骤 5；否则转向步骤 14。

步骤 14：菌群执行迁徙机制。

步骤 15：如果迁徙机制执行次数没有达到最大次数 N_{ed}，即 $l < N_{ed}$，则设置迁徙循环索引 $l \leftarrow l+1$，并转向步骤 4；否则转向步骤 16。

步骤 16：执行后处理操作对优化过程中得到的模块划分做进一步修正。

步骤 17：返回最优解 θ_{best}。

7.2.3 实验分析

下面将在三个基准 PPI 网络上测试 BFO-FMD 算法的性能。实验平台中计算机硬件参数为 Core 2 CPU @ 2.13 GHz、2.99 GB RAM。

1. PPI 数据集

实验选用了三个公共酵母菌 PPI 数据集。表 7-3 提供了三个 PPI 数据集的详细信息。第一列给出了数据集名称。其中，MIPS 来自于慕尼黑蛋白质序列信息中心（Munich Information Center for Protein Sequences，MIPS）数据库，ScereCR20150101 和 Scere20150101 来自于相互作用蛋白质数据库（Database of Interaction Proteins，DIP）。

第二列是获取数据集的网址。第三、四列分别是原始数据集中蛋白质数目和连接数目。第五、六列是原始数据集中清除冗余数据（包括自相互作用和重复相互作用）后的蛋白质数目和连接数目。选用的作为参照的基准蛋白质功能模块集合包括 428 个模块，是研究人员从不同的数据库整理得到的。

表 7-3 实验中所用的 PPI 数据集

数据集	来源网址	源数据		处理后的数据	
		蛋白质数目	连接数目	蛋白质数目	连接数目
MIPS	ftp://ftpmips.gsf.de/yeast/PPI [version PPI18052006]	4554	15456	4545	12318
ScereCR20150101	http://dip.doe-mbi.ucla.edu/dip/Download.cgi?SM=7&TX=4932	2460	5325	2391	5031
Scere20150101	http://dip.doe-mbi.ucla.edu/dip/Download.cgi?SM=7&TX=4932	5144	22838	5087	22424

2. 评价指标

实验中采用了如下两组常见的评价指标。

（1）精度、召回率和 F 度量

精度（Precision）、召回率（Recall）和 F 度量（F-measure）是信息检索和机器学习领域中常用的评价指标。使用这三个评价指标，需要定义衡量检测模块 $m=(V_m,E_m)$ 与标准模块 $s=(V_s,E_s)$ 的匹配程度的度量。许多研究者使用如下邻域亲和评分（Neighborhood Affinity Score，NA）衡量一个检测模块与一个标准模块的匹配程度：

$$NA(m,s) = \frac{|V_m \cap V_s|^2}{|V_m| \times |V_s|} \tag{7-44}$$

若 $NA(m,s) \geq \omega$，则 m 和 s 两个模块被认为相匹配（一般取 $\omega=0.2$ 或者 0.25）。令 M 为通过计算方法检测到的功能模块集合，S 为标准模块集合，则 M 中至少与一个基准模块匹配的模块数量为 $N_{cm}=|\{m|m\in M,\exists s\in S, NA(m,s)\geq \omega\}|$，$S$ 中至少与一个检测模块匹配的模块数量为 $N_{cs}=|\{s|s\in S,\exists m\in M, NA(m,s)\geq \omega\}|$。于是，精度和召回率分别定义为：

$$\text{Precision} = \frac{N_{cm}}{|M|} \tag{7-45}$$

$$\text{Recall} = \frac{N_{cs}}{|S|} \tag{7-46}$$

F 度量是精度与召回率的调和平均数，其计算表达式为：

$$\text{F-measure} = \frac{2 \times \text{Precision} \times \text{Recall}}{\text{Precision} + \text{Recall}} \tag{7-47}$$

(2) p 值度量

随着蛋白质组学研究的深入，人类关于蛋白质的生物学知识越来越多，使得蛋白质簇（检测到的功能模块）与其功能注释相对应成为可能。目前通常从统计的角度使用如下超几何分布来衡量蛋白质簇与其功能注释对应的可能性：

$$p = 1 - \sum_{i=0}^{c-1} \frac{C(|F|,i) \times C(|V|-|F|,|m|-i)}{C(|V|,|m|)} \tag{7-48}$$

式中，$|V|$ 是 PPI 网络中蛋白质的数量；m 是计算方法检测到的一个功能模块；$|m|$ 是功能模块 m 中蛋白质数量；F 是一个功能组；$|F|$ 是功能组 F 中蛋白质数量；c 为功能模块 m 中含有功能组 F 的蛋白质数量；$C(\cdot,\cdot)$ 是组合运算符，例如 $C(|V|,|m|)$ 表示从 $|V|$ 个不同的蛋白质中取出 $|m|$ 个蛋白质的组合数。

基于式（7-48），一个检测到的功能模块对应的功能应该是所有候选功能组中具有最小 p 值的功能组。换句话说，一个检测到的模块若具有低 p 值，则表示该模块被来自于相应功能组中的蛋白质所充实，所以该模块更有可能是真实的功能模块。通常设置一个公共阈值（一般设置为 $p \leq 0.01$），统计低于公共阈值的功能模块数量，以此来衡量检测算法的性能。

3. 实验结果

经过多次调试，BFO–FMD 算法中参数确定为：$S=100$、$N_c=100$、$N_s=4$、$N_{re}=4$、$N_{ed}=2$、$P_{ed}=P_{co}=0.2$、$P_{ch}=0.05$、$L=0.05\times|V|$、$\varepsilon=0.4$、$\lambda=0.2$ 和 $\delta=0.05$。表 7-4 提供了该算法在三个数据集上得到的运行结果的基本信息，包括检测到的模块数量、检测到的模块的平均大小（含有蛋白质的平均数量）、至少匹配一个标准模块的检测模块数量（N_{cm}）、至少匹配一个检测模块的标准模块数量（N_{cs}），以及精度、召回率和 F 度量指标值。例如，BFO–FMD 算法在 ScereCR20150101 数据集上检测到了 324 个功能模块；每个功能模块平均含有 5.18 个蛋白质；在检测到的 324 个功能模块中有 158 个模块成功匹配了标准模块；在 428 个标准模块中有 244 个模块匹配了检测到的功能模块；且精度、召回率、F 度量分别为 0.487、0.570、0.526。

表 7-4　BFO–FMD 算法在三个数据集上检测结果的基本信息

数据集	各种统计指标						
	模块数量	模块平均大小	$N_{cm} > 0.2$	$N_{cs} > 0.2$	精度	召回率	F 度量
ScereCR20150101	324	5.18	158	244	0.487	0.570	0.526
Scere20150101	348	5.84	172	263	0.494	0.614	0.548
MIPS	397	4.28	155	236	0.390	0.551	0.457

表 7-5 提供了 BFO–FMD 算法在 ScereCR20150101 数据集上关于 p 值的统计结果。第一列显示了 p 值三方面的生物学意义，Biological Process 为生物学过程，Cellular

Component 为细胞组件，Molecular Function 为分子功能；第二列至第五列为在相应 p 值区间内检测到的功能模块数量；最后一列是得到的具有生物学意义的功能模块所占的比例。从该表可以看出，BFO-FMD 得到的功能模块中有一半的功能模块都具有较高的生物学意义。

表 7-5 BFO-FMD 算法检测到的功能模块的 p 值分布

p 值	分布范围				比例
	$(0, 1.0e-30]$	$(1.0e-30, 1.0e-20]$	$(1.0e-20, 1.0e-10]$	$(1.0e-10, 0.01]$	
Biological Process	6	8	37	201	77.8%
Cellular Component	9	12	33	155	64.5%
Molecular Function	1	7	25	123	48.1%

以一个具体功能模块检测为例，展示 BFO-FMD 算法的检测性能，如图 7-12 所示。其中，图 7-12a 是真实的 Anaphase-Promoting 功能模块，含有 16 个蛋白质，其中蛋白质 ygl116w 被其他蛋白质孤立。图 7-12b 是 BFO-FMD 算法检测到的对应功能模块。从图 7-12b 可以发现，BFO-FMD 算法检测到的对应功能模块中含有 14 个蛋白质，与真实 Anaphase-Promoting 功能模块成功地匹配了 14 个蛋白质。除了孤立蛋白质外，BFO-FMD 算法的检测结果只差了一个蛋白质 ygr225w。该实验结果再一次表明 BFO-FMD 算法具有良好的 PPI 网络功能模块检测能力。

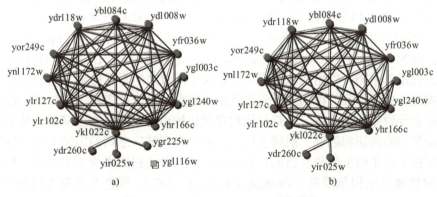

图 7-12 Anaphase-Promoting 功能模块

7.3 基于萤火虫算法的脑效应连接网络学习

脑效应连接网络作为人脑脑区间因果功能效应的图模型，不仅能够加深研究人员对人脑功能复杂性的理解，而且有助于脑疾病的早期诊断以及病理研究。因此如何从影像数据中识别高质量的脑效应连接网络，已经成为脑科学与人工智能交叉领域的一个重要课题。目前，基于群智能的优化方法已经成为解决脑效应连接网络识别问题的有效方法。其中，萤火虫算法作为一种新型高效的群智能方法，在脑效应连接网络学习中具有潜在的应用价值。本节将介绍一种基于萤火虫算法的脑效应连接网络学习方法（Firefly Algorithm for learning brain Effective Connectivity network，FAEC）。该方法首先将种群中每个萤火虫个体初始化为简单的脑效应连接网络，然后通过定向或随机移动逐步完善各自的网络结构，最后每隔一定代数，执行复制操作以优化种群。接下来，首先概述萤火虫算法的相关背景，然后介绍基于萤火虫算法的脑效应连接网络学习方法，最后给出实验结果分析。

7.3.1 脑效应连接学习概述

在脑功能整合的前提下，一个脑效应连接可以被描述为一个脑神经系统（脑区）直接或间接地施加于另一个脑神经系统的影响。通常脑效应连接网络可以抽象为一种由节点和有向边构成的图模型，其中节点表示脑区，有向边表示脑区之间的效应连接。从脑影像数据中识别高质量的脑效应连接网络，是当前人脑网络研究的一个重要课题。

脑功能磁共振成像（functional Magnetic Resonance Imaging，fMRI）技术是一种非介入、无创性的脑成像技术。其工作机理主要基于两种物质，分别为脱氧血红蛋白和氧合血红蛋白。在磁场影响下，脱氧血红蛋白表现出明显的顺磁性，而氧合血红蛋白则表现出抗磁性。当大脑某一区域激活时，其脑组织周围的耗氧量增加、血流量加快，局部氧合血红蛋白含量增加，脱氧血红蛋白含量减少，大脑局部的血氧水平会发生显著变化，造成局部磁场发生变化，进而影响核磁共振信号发生改变。这种核磁共振信号也称为血氧水平依赖（Blood Oxygen Level Dependent，BOLD）信号。fMRI 正是通过以一定的时间分辨率对 BOLD 信号进行采样最终得到能够反映神经活动的时间序列。

迄今为止，研究人员已经提出了多种从 fMRI 数据中进行脑效应连接网络识别的方法。这些方法大致可以分为两类：基于模型驱动的方法和基于数据驱动的方法。其中，基于模型驱动的方法是一种验证性的方法，主要包括结构方程模型（Structural Equation Modeling，SEM）、动态因果模型（Dynamic Causal Modeling，DCM）。该类方法首先根据先验知识选定若干相互作用区域并假设任意两个区域之间存在影响，然后通过一个先验模型对影响进行验证，最后得到效应连接网络。已有相关研究表明，该类方法在假设出现问题时往往会导致错误的结论，而且仅能构建规模较小的脑效应连接网络。基于数据驱动的方法不需要先验知识和假设，能够直接从数据中得到脑区之间的因果关系。近年来，随着神经影像技术的不断发展和数据的日益丰富，该类方法逐渐成为主流方法。常用的数据驱动方法包括格兰杰因果模型（Granger Causality，GC）、线性非高斯无环模型（Linear non-Gaussian Acyclic Model，LiNGAM）、广义同步（Generalised Synchronization，GS）、Patel 的条件独立性方法（Patel）和贝叶斯网方法。其中，格兰杰因果模型使用矢量自回归模型通常能够在广义平稳和零均值数据下实现脑区间脑效应连接的有效估计，已经被广泛地应用于脑效应连接网络的构建。但是该类方法存在对数据噪声和下采样过程比较敏感的缺陷。线性非高斯无环模型使用高阶分布统计和独立成分分析来估计网络的连接。但该方法的有效性高度依赖于如下三个假设：数据产生过程是线性的；不存在隐变量；干扰变量服从非零方差的非高斯分布。即如果以上三个假设中有任一假设不成立，那么该方法对连接识别的准确性会大大下降。广义同步方法是通过分析脑区信号间的独立关系来评估脑区信号间的相互依赖性。该方法具体采用三种相关的非线性独立度量（S^k、H^k和N^k）。虽然这些非线性独立度量都是有方向的，但是不对称的方向判断有时会产生前后的矛盾。Patel 的条件独立性方法首先计算两个脑区信号之间的条件依赖关系，然后从条件依赖关系中得到两个脑区连接方向的度量 τ 和连接强度的度量 κ，最后利用 τ 和 κ 分别进行连接方向的识别以及连接强度的判断。该方法与已有方法相比，在连接方向识别上具有一定优势，但在连接强度的判断上具有灵敏度低的缺陷。总之，尽管上述四种数据驱动的方法各自具有一定的适用性，但普遍存在以下不足：对数据噪声敏感，识别准确率不高。

近年来，基于贝叶斯网的学习方法采用无监督的数据驱动方法构建脑效应连接网络，由于具有良好的灵活性和适应性，已经成为一个新的研究热点。参考文献 [32] 中对多种基于贝叶斯网的脑效应连接网络学习方法进行了对比测试，发现贪婪等价类搜索（Greedy Equivalence Search，GES）的性能相对较好，但是该种方法采用贪婪搜索技术，容易陷入局部最优。为了克服上述缺陷，已经有学者将全局随机搜索的群智能方法与贝叶斯网模型学习相结合来完成脑效应连接网络的学习，并取得了不错的效果。例如，参考文献 [44] 提出一种从 fMRI 数据中构建脑效应连接网络的人工免疫方法（Artificial Immune Algorithm for Learning Brain Effective Connectivity Network，AIAEC），该方法能够学习到较高精度的效应连接网络。参考文献 [45] 提出了一种基于蚁群算法的脑效应连接网络学习方法（Ant Colony Optimization for Learning Brain Effective Connectivity Network，ACOEC），该方法不仅能够准确识别网络的连接和方向，而且能够有效量化网络的连接强度。综上可见，脑效应连接网络识别的研究进行得如火如荼。虽然群智能算法已经在脑效应连接网络学习中进行了有效尝试，但探索更有效的脑效应连接网络学习新方法仍是该领域极具挑战性的研究问题。

7.3.2 学习脑效应连接网络的萤火虫算法

本节将介绍一种基于萤火虫算法的脑效应连接网络学习方法（Firefly Algorithm for Learning Brain Effective Connectivity Network，FAEC），该方法主要是通过萤火虫种群的迭代寻优机制，搜索最佳的脑效应连接网络结构。下面先介绍一下萤火虫算法。

1. 萤火虫算法

萤火虫算法（Firefly Algorithm，FA）是剑桥大学杨新社教授提出的一种新型高效的群智能算法。该算法具有搜索能力强、搜索速度快、易于并行等优点，自提出以来，便引起了国内外学者的广泛关注，现在已经被成功应用于多个领域，如连续优化、组合优化、自动控制、粒子滤波、蛋白质复合物发现等。

萤火虫算法的基本思想是：将萤火虫种群随机散布在待求解问题的解空间，每个萤火虫个体代表待求解问题的一个解。萤火虫的绝对亮度与其所处位置优劣相关，而所处位置的优劣则由待求解问题的目标函数值决定。即目标函数值越优，位置越好，绝对亮度也越高。在迭代寻优过程中，绝对亮度低的萤火虫被绝对亮度高的萤火虫吸引并向其移动，移动距离根据吸引度的大小来决定，而吸引度的大小与相对亮度成比例。具体地，绝对亮度低的萤火虫根据移动公式更新原有位置，并重新计算绝对亮度。随着算法的不断迭代，最终种群中的萤火虫个体大多数都会聚集到最亮萤火虫的周围，最亮萤火虫的位置即代表待求解问题的最优解。

简单起见，可以把待求解问题的目标函数值作为萤火虫的绝对亮度。令 d 维空间中的点 $\boldsymbol{x}=(x_1,x_2,\dots,x_d)^{\mathrm{T}}$ 处萤火虫的绝对亮度 I 与 $\boldsymbol{x}$ 处的目标函数值相等，即

$$I = f(\boldsymbol{x}) \tag{7-49}$$

将萤火虫 i 在萤火虫 j 所在位置处的发光强度称为萤火虫 i 对萤火虫 j 的相对亮度，记作 I_{ij}。考虑到光传播过程中光的发光强度会随着距离的增加以及空气的吸收而减弱，故定义萤火虫 i 对萤火虫 j 的相对亮度为：

$$I_{ij} = I_i \mathrm{e}^{-\gamma r_{ij}^2} \tag{7-50}$$

式中，I_i 为萤火虫 i 的绝对亮度；γ 为发光强度吸收系数，通常设为常数；r_{ij} 为萤火虫 i 到萤火虫 j 的欧氏距离：

$$r_{ij} = d(x_i, x_j) = \sqrt{\sum_{k=1}^{d}(x_{i,k}-x_{j,k})^2} \tag{7-51}$$

假设萤火虫 j 的绝对亮度大于萤火虫 i 的绝对亮度，则萤火虫 i 被萤火虫 j 吸引且向萤火虫 j 所处位置移动。通常，相对亮度越大则吸引度越大，吸引度 β_{ij} 的公式为：

$$\beta_{ij} = \beta_0 \mathrm{e}^{-\gamma r_{ij}^2} \tag{7-52}$$

式中，β_0 为最大吸引度，即在光源（$r=0$）处萤火虫的吸引度，通常设为常数。

萤火虫 i 被萤火虫 j 吸引且向萤火虫 j 所处位置移动，萤火虫 i 的位置更新公式为：

$$x_i = x_i + \beta_{ij}(x_j - x_i) + \alpha \varepsilon_i \tag{7-53}$$

式中，α 为步长因子；ε_i 为服从高斯分布或者均匀分布的随机数。

2. FAEC 算法的求解原理

基于萤火虫种群的优化机理，参考文献 [46] 提出了一种学习脑效应连接的 FAEC 算法，下面详细介绍其核心机制和操作。

（1）萤火虫个体的编码

每个萤火虫个体代表一种脑效应连接网络结构，它由 0-1 矩阵表示，1 代表脑区间存在连接，0 代表脑区间不存在连接。脑效应连接网络中的一个脑区（节点）记为 $B_k(k=1,2,\dots,n)$，其中 n 为网络中含有的脑区个数；萤火虫个体 i 所代表的脑效应连接网络结构记为 G_i。图 7-13 为萤火虫个体 i 的编码实例，其中图 7-13a 表示萤火虫个体 i 所代表的脑效应连接网络结构 G_i，图 7-13b 表示萤火虫个体 i 的编码 $\boldsymbol{x}_i$。图 7-13a 中存在从脑区 B_1 指向脑区 B_3 的效应连接，则在对应的萤火虫个体 i 的编码中 $x_i(1,3)$ 的值为 1。

a) 萤火虫个体i代表的脑效应连接网络G_i b) 萤火虫个体i的编码x_i

图 7-13   萤火虫个体 i 的编码

(2) 萤火虫个体的评价方法

由于本节方法是基于贝叶斯网络（Bayesian Network，BN）的学习方法，故使用经典的 K2 评分作为目标函数来衡量萤火虫个体的绝对亮度，K2 评分是一种常用的贝叶斯网结构的评分度量标准，能够评价候选网络结构与数据集的匹配程度，匹配程度越高，K2 评分值越大，萤火虫绝对亮度越高。K2 评分具有可分解性，即当一个节点结构发生变化时，仅需要重新计算该节点的评分，不必计算其余节点评分，从而减少了计算量。对于任意萤火虫 i 的绝对亮度计算公式如下：

$$I_i = f(G_i, \text{Data}) = \sum_{i=1}^{n} f(B_i, \text{pa}(B_i)) \tag{7-54}$$

式中，G_i 为萤火虫 i 所代表的脑效应连接网络；Data 为 fMRI 数据集；n 为网络结构中含有的脑区个数；$\text{pa}(B_i)$ 为节点 B_i 的父节点集；$f(B_i, \text{pa}(B_i))$ 表示每个节点 B_i 的 K2 评分值，具体定义如下：

$$f(B_i, \text{pa}(B_i)) = \sum_{j=1}^{q_i} \left(\log \left(\frac{(r_i - 1)!}{(N_{ij} + r_i - 1)!} \right) + \sum_{k=1}^{r_i} \log(N_{ijk}!) \right) \tag{7-55}$$

式中，r_i 是节点 B_i 可能取值的数目；q_i 是节点 B_i 的父节点 $\text{pa}(B_i)$ 可能取值的组合数；N_{ij} 是数据集中节点 B_i 取第 j 个值的实例数量，例如节点 B_i 可能取值为 $\{0，1，2\}$，则 N_{i1} 代表数据集中节点 B_i 取值为第 1 个值（即取值为 0）的样本数量；N_{ijk} 是数据集中节点 B_i 取第 j 个值、B_i 的父节点 $\text{pa}(B_i)$ 取第 k 个组合值时的实例数量。

(3) 萤火虫个体的初始化

萤火虫个体的初始化过程可以描述为：从一个不包含边的空图开始，在保证有向无环图的条件下，向当前图中随机地加入有向边，加入边时要保证新的网络结构的 K2 评分有所提高。重复进行加边操作直到网络中边数达到预先设定的初始解的边数为止。为了节省萤火虫种群初始化的时间，每个萤火虫个体仅初始化为含有少量边的网络。

图 7-14 给出了萤火虫个体 i 的初始化实例，其中 $G_i(0)$、$G_i(1)$ 和 $G_i(2)$ 分别表示萤火虫个体 i 所代表的网络结构中含有 0 条边、1 条边和 2 条边。萤火虫个体 i 从空图 $G_i(0)$ 开始，在保证有向无环图的条件下不断加入使得图 K2 评分增大的边，直到边数达到预

先设定的边数为止，得到萤火虫个体 i 的初始个体。

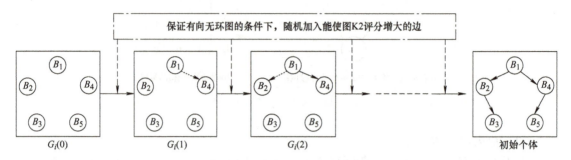

图 7-14　萤火虫个体 i 初始化实例

（4）萤火虫个体间的距离计算公式

对于任意两个萤火虫 i、j 之间的距离计算方式如下：

$$r_{ij}=\sum_{p=1}^{n}\sum_{q=1}^{n}(x_i(p,q)\oplus x_j(p,q)) \qquad (7\text{-}56)$$

式中，n 为网络中含有的脑区个数；$x_i(p,q)$ 表示萤火虫个体 i 的编码 $\boldsymbol{x}_i$ 中第 p 行 q 列的取值；$x_i(p,q)\oplus x_j(p,q)$ 的取值如下所示：

$$x_i(p,q)\oplus x_j(p,q)=\begin{cases}0,& x_i(p,q)=x_j(p,q)\\1,& x_i(p,q)\ne x_j(p,q)\end{cases} \qquad (7\text{-}57)$$

（5）萤火虫个体的位置更新方式

对于任意两个萤火虫 i、j，比较 i 与 j 的绝对亮度，如果 $I_i<I_j$，则 i 向 j 所处位置移动。计算 i 与 j 之间的距离 r_{ij} 以及吸引度 β_{ij}。如果吸引度 β_{ij} 大于移动阈值 p_m，表示 i 与 j 差异性较大，i 进行定向移动操作向 j 靠近。若吸引度 β_{ij} 小于移动阈值 p_m，表示 i 与 j 差异性较小，即 i 在 j 附近，i 进行随机移动操作，这时 i 在 j 邻近区域内进行搜索。下面将具体介绍这两个操作。

定向移动操作：绝对亮度低的萤火虫向绝对亮度高的萤火虫移动。首先，计算萤火虫之间的差异图。然后，在保证有向无环图的条件下，从差异图中选择一条边，将低亮度萤火虫中的该条边变为与高亮度萤火虫中一致，以此实现低亮度萤火虫的位置更新。图 7-15 给出了萤火虫个体 i 的定向移动实例，假设萤火虫个体 i 的亮度低于萤火虫个体 j，即 i 向 j 移动。在 i 与 j 的差异图 G_{ij} 中，虚线表示存在于 j 中但不存在于 i 中的边，细实线表示存在于 i 中但不存在于 j 中的边，粗实线表示 i 与 j 方向不一致的边。$G_{i,\text{new}}$ 表示 i 向 j 移动后产生的新解。

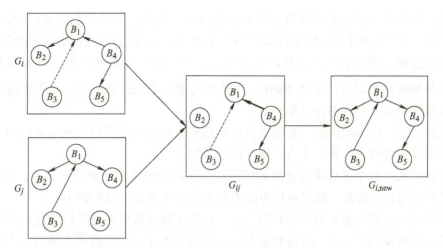

图 7-15 萤火虫个体 i 定向移动实例

随机移动操作：首先，萤火虫在满足有向无环图的条件下随机地进行减边、加边和反向边操作。然后，从中选择使该萤火虫 K2 评分（绝对亮度）增加最多的操作。最后，将执行该操作所得到的图结构作为该萤火虫的新位置。图 7-16 给出了萤火虫个体 i 的随机移动实例，个体 i 在满足有向无环图的条件下进行随机减边、加边和反向边操作，分别得到图结构 $G_{i,\text{del}}$、$G_{i,\text{add}}$ 和 $G_{i,\text{rev}}$。由于加边操作使得个体 i 的 K2 评分（绝对亮度）增加最多，故将 $G_{i,\text{add}}$ 作为个体 i 的新位置 $G_{i,\text{new}}$。

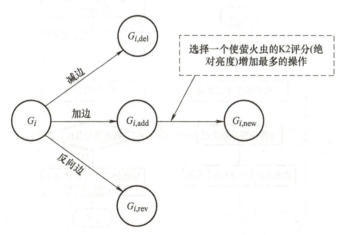

图 7-16 萤火虫个体 i 随机移动实例

（6）繁殖机制

萤火虫成虫利用闪光作为性别交流信号，以此来吸引异性个体完成交配。交配产生的幼虫只有长为成虫后，才发出性别交流信号，进行下一代繁殖。受上述萤火虫繁殖行为启发，提出了一种繁殖机制，以此来加强萤火虫个体之间的信息交流，以及提高种群的多样性。繁殖机制的具体过程如下：首先，萤火虫种群中的个体通过配偶选择操作两两结对；然后，结对后的一对萤火虫通过子代产生操作，产生两个未长为成虫的萤火虫子代；接着，未长为成虫的子代执行成长操作长为成虫，并加入到萤火虫种群中。最后，执行种群更新操作，得到下一代萤火虫种群。从上述描述可以看出，繁殖机制主要由配偶的选择、子代的产生、子代的成长和种群的更新四个操作组成，下面将具体介绍这四个操作。

配偶的选择：根据萤火虫所处位置的绝对亮度，从绝对亮度最大个体 best 开始，选择种群中与 best 距离最大的个体 maxr，将其作为萤火虫 best 的配偶，结为配偶的两个个体不再与种群中其余个体进行交配。

子代的产生：结为配偶的一对萤火虫分别向对方所处位置进行一次定向移动，将两个萤火虫移动后所处的新位置，作为产生的两个子代。

子代的成长：初生子代进行 g 次随机移动，以此使得其长为成虫。其中，g 为大于 1 且小于种群规模 a 的常数。最后将长为成虫的子代加入到萤火虫种群中。

种群的更新：假设萤火虫种群规模为 a。首先去除种群中网络结构重复的个体，然后若去重后种群规模仍大于 a，则按照萤火虫绝对亮度大小，取亮度最大的前 a 个萤火虫个体作为下一代萤火虫种群。若去重后种群规模小于 a，则按照初始化过程，重复加入新的萤火虫个体到种群中，直到种群中个体数量达到 a，将其作为下一代萤火虫种群。

7.3.3　FAEC 算法描述

基于上述机制和操作，FAEC 算法的流程图如图 7-17 所示。

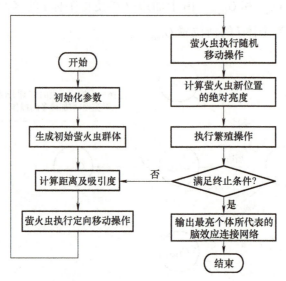

图 7-17　FAEC 算法的流程图

具体步骤如下：

步骤 1：初始化参数，生成初始萤火虫种群。

步骤 2：计算距离 r_{ij} 以及吸引度 β_{ij}。

步骤 3：萤火虫执行定向移动操作。

步骤 4：萤火虫执行随机移动操作。

步骤 5：计算萤火虫新位置的绝对亮度。

步骤 6：执行繁殖操作。

步骤 7：若满足终止条件，转向步骤 8，否则转向步骤 2。
步骤 8：输出最亮个体所代表的脑效应连接网络。

7.3.4 实验分析

本节中，首先使用 28 组模拟数据集，对 FAEC 算法的性能进行了测试。然后，在真实数据集上进一步验证 FAEC 算法在现实应用中的有效性。实验的运行环境如下：Windows 7 操作系统，i5-3470 CPU，4.00GB 内存。FAEC 算法的编程语言为 Java。

1. 数据集

（1）模拟数据集

这里，使用由 Smith 等人在参考文献 [32] 中所给出的模拟 fMRI 数据集（www.fmrib.ox.ac.uk/datasets/netsim/index.html）。该数据集中包含 28 组数据，每组数据均包含 50 个被试，模拟数据集的具体参数见表 7-6。

表 7-6 中，nodes 为节点数（脑区数）；Session duration 为扫描时间；TR 为扫描重复时间；Noise 为噪声；HRF.std.dev. 为血氧动力学响应函数延迟时间标准差；Other factors 为其他因素，主要包含：2-group test（两组测试）；shared inputs（外部输入）；global mean confound（全局均值混淆）；bad ROIs（不准确的 ROI 时间序列）；backwards connections（反向连接）；more connections（更多连接）；cyclic connections（环向连接）；stronger connections（高连接强度连接）；neural lag=100ms（神经滞后延长至 100ms）；stationary connection strengths（平稳连接强度）；nonstationary connection strengths（非平稳连接强度）；only one strong external input（仅有一个强的外部输入）。

其中加入 2-group test 的 Sim8 将 50 个被试分为两组。前 25 个被试作为第一组，记作 Sim8（a）。后 25 个被试作为第二组，记作 Sim8（b）。Sim8（b）将网络中一条连接的连接强度值减半。加入 shared inputs 的 Sim9、10 将一些可以看作神经噪声的外部输入加入到网络中。加入 global mean confound 的 Sim15 是指网络中所有节点的时间序列中添加相同的随机时间序列。加入 bad ROIs 的 Sim16、Sim17 是指将网络中节点的时间序列与另一节点的时间序列混合。Sim16 中每个节点的时间序列以 0.8：0.2 的比例混合另一个节点的时间序列。Sim17 中，每个节点的时间序列都与不相关的时间序列混合（对于每个被试通过使用来自另一个被试的数据来实现）。加入 backwards connections 的 Sim19 是指随机在网络添加与前向连接相等连接强度的后向连接，即使一条连接存在两个方向。加入 more connections 的 Sim20 是指在 Sim3 的基础上多加入了两条连接，使得网络到达一个高度连接的状态。cyclic connections 是指 Sim21 在 Sim3 网络的基础上改变一条连接的方向使网络中存在环向连接。stronger connections 是指 Sim22 在将网络中各个连接的连接强度由平均 0.4 调至平均 0.9。Sim26、Sim27 均使用平均连接强度为 0.9 的强连接网络。加入 stationary connection strengths 的 Sim26 将除节点 1 外的所有外部输入的连接强度减弱为 0.3，并将该种情况称为平稳连接强度。Sim27 与 Sim26 相同，只不过外部输入的连接强度使用一种额外的随机过程进行动态调整，这种情况称为非平稳连接强度。加入 only one strong external input 的 Sim28 是指将除节点 1 外网络中所有外部输入的强度减弱为 0.1。

表 7-6 模拟数据集的具体参数

Sim	nodes	Session duration/min	TR/s	Noise（%）	HRF.std.dev./s	Other factors
1	5	2.5	3.00	1.0	0.5	
2	5	5	3.00	1.0	0.5	
3	5	10	3.00	1.0	0.5	
4	5	60	3.00	1.0	0.5	
5	10	10	3.00	1.0	0.5	
6	15	10	3.00	1.0	0.5	
7	50	10	3.00	1.0	0.5	
8	5	10	3.00	1.0	0.5	2-group test
9	5	10	3.00	1.0	0.5	shared inputs
10	5	250	3.00	1.0	0.5	shared inputs
11	5	250	3.00	1.0	0.5	
12	5	2.5	3.00	0.1	0.5	
13	5	5	3.00	0.1	0.5	
14	10	10	3.00	0.1	0.5	
15	5	10	3.00	1.0	0.5	global mean confound
16	10	10	3.00	1.0	0.5	bad ROIs
17	10	10	3.00	1.0	0.5	bad ROIs
18	10	60	3.00	1.0	0.5	
19	5	10	3.00	1.0	0.5	backwards connections
20	5	10	3.00	1.0	0.5	more connections
21	5	10	3.00	1.0	0.5	cyclic connections
22	5	10	3.00	0.1	0.5	stronger connections
23	5	10	3.00	1.0	0.0	
24	5	10	0.25	0.1	0.5	neural lag = 100 ms
25	5	10	0.25	1.0	0.0	neural lag = 100 ms
26	5	10	3.00	0.1	0.5	stationary connection strengths
27	5	10	3.00	0.1	0.5	nonstationary connection strengths
28	5	10	3.00	0.1	0.5	only one strong external input

（2）真实数据集

本节使用的真实 fMRI 数据来自于阿尔兹海默症神经影像学联盟（Alzheimer's Disease Neuroimaging Initiative，ADNI）数据集（www.loni.ucla.edu）。主要选取了两组被试，分别是阿尔茨海默病（Alzheimer's Disease，AD）患者组和健康被试组，被试的基本信息见表 7-7。

所有被试的静息态 fMRI 数据均采用 3.0T 飞利浦磁共振扫描仪扫描得到。扫描参数如下：层数 slice = 48，重复时间 TR = 3000 ms，回波时间 TE = 30 ms，反转角 FA = 80°，层厚 Slice Thickness = 3.3 mm，体素大小 3 mm × 3 mm × 3 mm，扫描矩阵 matrix 维数为 64 × 64，共采集 140 个时间点。

表 7-7 被试的基本信息

指标	健康被试组	AD 患者组
被试数量	50	50
男 / 女	27 / 23	20 / 30
年龄范围	70～85	69～83
平均年龄	77.6	74.8

本节使用辅助软件 DPARSF（http://www.restfmri.net）进行静息态 fMRI 数据的预处理。该软件是基于统计参数图软件包 SPM（http://www.fil.ion.ucl.ac.uk/spm/）和静息态数据分析包 REST（http://restfmri.net/forum/）编写的。预处理的具体步骤包括：时间层校正、头动校正、空间标准化、空间平滑、去线性漂移以及低频滤波（0.01～0.08Hz）。

本节使用 DPARSF 软件自带的解剖学标记模板（Anatomical Automatic Labeling Template，AAL）将每幅图像分割成 116 个感兴趣区域，然后根据已有文献选择被认为与 AD 病较为相关的 16 个感兴趣区域（ROI）。具体选择的 ROI 见表 7-8，16 个 ROI 主要分布在三个脑区即额叶（Frontal lobe）、顶叶（Parietal lobe）、颞叶（Temporal lobe）。在本节中，将每一个 ROI 作为脑效应连接网络中的一个节点。

对于被试每个脑区的时间序列，使用等频离散化方法将体素时间序列离散成若干部分，其中每个部分包含相同的数量的体素值。

表 7-8 选择的感兴趣区域

	感兴趣区域	编号		感兴趣区域	编号
额叶	Frontal_Mid_L（左额中回）	1	顶叶	Parietal_Inf_L（左顶下缘角回）	9
	Frontal_Mid_R（右额中回）	2		Parietal_Inf_R（右顶下缘角回）	10
	Frontal_Sup_L（左背外侧额上回）	3	颞叶	Temporal_Inf_L（左颞下回）	11
	Frontal_Sup_R（右背外侧额上回）	4		Temporal_Inf_R（右颞下回）	12
顶叶	Cingulum_Post_L（左后扣带回）	5		Hippocampus_L（左海马）	13
	Cingulum_Post_R（右后扣带回）	6		Hippocampus_R（右海马）	14
	Precuneus_L（左楔前叶）	7		Angular_L（左角回）	15
	Precuneus_R（右楔前叶）	8		Angular_R（右角回）	16

2. 评价标准

使用精度（Precision）、召回率（Recall）、F 度量（Fmeasure）来评价学习到的脑效应连接网络的连接和方向。用 LN 表示学习到的网络，GN 表示真实网络。连接的精度、召回率和 F 度量分别定义如下：

$$\text{Precision}_c = \frac{C_s}{C_s + C_a} \tag{7-58}$$

$$\text{Recall}_c = \frac{C_s}{\text{TC}} \tag{7-59}$$

$$F_c = \frac{2 \times \text{Precision}_c \times \text{Recall}_c}{\text{Precision}_c + \text{Recall}_c} \tag{7-60}$$

式中，C_s 代表 LN 与 GN 中含有相同连接的数量；C_a 代表存在于 LN 中但不存在于 GN 中的连接数量；TC 代表 GN 中含有的连接总数。

方向的精度、召回率和 F 度量分别定义如下：

$$\text{Precision}_d = \frac{D_s}{D_s + D_w + D_a} \tag{7-61}$$

$$\text{Recall}_d = \frac{D_s}{\text{TD}} \tag{7-62}$$

$$F_d = \frac{2 \times \text{Precision}_d \times \text{Recall}_d}{\text{Precision}_d + \text{Recall}_d} \tag{7-63}$$

式中，D_s 代表 LN 中与 GN 中具有相同方向连接的数量；D_w 代表 LN 中与 GN 中连接相同但方向不同的连接数量；D_a 代表存在于 LN 中但不存在于 GN 中的连接数量。TD 代表 GN 中含有的连接总数。

3. 模拟数据集上的实验性能

使用 FAEC 算法在模拟数据集上得到的实验结果见表 7-9～表 7-11。

由表 7-9 中的 Sim3、Sim5～Sim7 的实验结果可知，尽管随着节点数量的增加，FAEC 算法对方向的识别能力有所下降，但其依然能够准确地识别连接。在节点数量最多的 Sim6～Sim7 上，FAEC 算法表现相对较差的原因是在这两组数据上出现了多个评分相同的候选网络结构，而 FAEC 算法输出选择具有一定的随机性，故性能有所下降。从上述结果可以看出，虽然节点的增加对 FAEC 算法存在影响但是 FAEC 算法依然具有较好的性能。

表 7-9 中 Sim1、Sim2、Sim4 与表 7-10 中的 Sim11、Sim18 分别包含 2500、5000、60000、250000、60000 条数据。而数据量越长，说明扫描的时间越长。由结果可得 FAEC 在这几组的 F_d 值保持相对稳定，说明 FAEC 在扫描时间发生变化时稳定性较好。同时，10 个节点的 Sim18 上的结果与 10 个节点的 Sim5 相比有了一定的提升，但提升幅度相对较小，进一步说明数据量的变化对算法性能影响较小；其次，在扫描时间最短的 Sim1 数据集上，FAEC 算法的 F_d 值为 1，说明其具有较强的小样本学习能力。最后，在扫描时间最长的 Sim11 上，FAEC 算法也能得到最优的结构，说明具有较强的大样本学习能力。

表 7-9　FAEC 在 Sim1～Sim9 上的结果

FAEC	Sim1	Sim2	Sim3	Sim4	Sim5	Sim6	Sim7	Sim8（a）	Sim8（b）	Sim9
F_c	1	1	1	1	1	1	1	1	1	1
F_d	1	0.98	1	1	0.89	0.81	0.77	0.96	1	0.83

从表7-9中的Sim8(a)、Sim8(b)的实验结果可知,在连接强度发生变化时FAEC算法能够准确地识别连接以及方向。表7-9的Sim9与表7-10的Sim10的实验结果表明,FAEC算法具有较好的抗噪能力。

表7-10中的Sim12~Sim14实验中,体现了神经噪声减弱情况下FAEC算法的性能。整体来看,神经噪声减弱时,FAEC算法的性能有所提升,且FAEC的提升幅度较小,说明神经噪声对FAEC算法性能影响较小,进一步表现出FAEC算法具有良好的抗噪能力。

表7-10中的Sim15~Sim17的实验给出了在网络中加入全局均值混淆以及存在不准确的BOLD时间序列情况下FAEC算法的性能。Sim15上,FAEC算法得到了最优的结构,说明全局均值混淆对FAEC算法性能影响较小,FAEC算法具有良好的抗干扰能力。而Sim16、Sim17上FAEC的F_d值也达到了0.67、0.82,说明算法在该种情况下依然对方向具有一定的识别能力。

表7-10的Sim19与表7-11的Sim20~Sim22的实验给出了在网络中存在负向连接、连接密集、存在环以及连接强度加大时FAEC算法的性能。综合来看,FAEC算法在面对具有负向连接的网络时,性能有所下降,但仍能较为准确地学习到连接,甚至在Sim22中F_d值达到了1。同时,由于FAEC算法是一种基于贝叶斯网的脑效应连接学习方法,而贝叶斯网具有无环的约束,故算法对于存在环的网络中连接方向的识别能力降低,但FAEC算法仍在试验中取得了较好的结果。FAEC算法在Sim22上的运行结果与表7-9中的Sim3的结果相比没有发生变化,说明连接强度的变化对于算法的影响较小,算法具有较好的稳定性。

表7-10 FAEC在Sim10~Sim19上的结果

FAEC	Sim10	Sim11	Sim12	Sim13	Sim14	Sim15	Sim16	Sim17	Sim18	Sim19
F_c	1	1	1	1	1	1	0.73	1	1	1
F_d	0.88	1	1	1	0.96	1	0.67	0.82	0.91	0.64

表7-11中Sim23~Sim25上的实验给出了算法在血氧动力学响应函数延迟时间标准差、扫描重复时以及神经滞后时间发生变化时的性能。其中Sim23将血氧动力学响应函数延迟时间标准差设置为0,其余条件与表7-9中的Sim3相同。与Sim3上的结果相比可以发现,FAEC运行结果没有发生变化,且FAEC算法能够准确地识别网络的连接以及方向,说明算法对于血氧动力学响应函数延迟时间并不敏感,具有良好的稳定性。Sim24、Sim25将神经滞后时间延长为100ms,扫描重复时间缩短为0.25s。除此之外,Sim25还将血氧动力学响应函数延迟时间标准差设置为0。随着扫描重复时间的缩短,进行扫描的次数将增多,因此数据集的样本量也将增多,Sim24、Sim25均含有120000条样本。综合对比Sim3、Sim24、Sim25可以发现当神经滞后时间、血氧动力学响应函数延迟时间以及扫描重复时间发生变化时,FAEC算法的性能并没有发生变化,可以准确识别连接以及方向,表现出稳定性,这种特性对于算法在实际情况中的应用具有很大帮助。

表 7-11　FAEC 在 Sim20 ～ Sim28 上的结果

FAEC	Sim20	Sim21	Sim22	Sim23	Sim24	Sim25	Sim26	Sim27	Sim28
F_c	1	1	1	1	1	1	1	1	1
F_d	0.72	0.80	1	1	1	1	0.84	1	0.80

表 7-11 中 Sim26 ～ Sim28 的实验给出了在网络中存在平稳连接强度、非平稳连接强度以及外部输入的强度减弱时 FAEC 算法的性能。从实验结果可知，平稳连接强度的变化对于 FAEC 算法的影响较小，仅使得对于方向的识别能力减弱，但依然能够准确地学习到网络的连接。Sim27 上运行结果与 Sim3 的结果相比，在加入非平稳连接强度前提下，FAEC 算法的性能并没有发生变化，说明算法对于外部输入连接强度的动态变化不敏感，具有较好的稳定性，且对于外部输入强度的变化具有较好的适应性。

4. 真实数据集上的结果与分析

使用 FAEC 算法在真实数据集上学习到的样本组脑效应连接平均网络如图 7-18 所示，其中图 7-18a 为健康被试脑效应连接网络，图 7-18b 为 AD 患者脑效应连接网络。统计了图 7-18 中 AD 患者以及健康被试脑效应连接网络中的连接总数，得到 AD 患者连接数为 38，健康被试连接数为 44，显然 AD 患者存在的效应连接数要小于健康被试的效应连接数，这种失连接的现象与参考文献 [57–58] 得到的结果相似，可看作一种 AD 的病理生物学标记。

进一步，知道认知以及记忆功能减弱是 AD 的症状之一，而海马区（图 7-18 中 13、14 节点）主要负责信息的临时存储，同时还可将短时的程序性记忆转化为长时记忆，故海马对 AD 病情的发展有重大的影响。通过对比图 7-18 中正常人以及 AD 患者的脑效应连接网络可以发现，在 AD 患者的脑效应连接网络中海马与其他 ROI 之间的连接明显少于正常被试的数量，存在明显的失连接。另外，还可以发现 AD 患者脑效应连接网络中后扣带回（图 7-18 中 5、6 节点）与其他 ROI 与之间的连接数明显小于健康被试，而在静息态下后扣带回是新陈代谢最活跃的脑区，它参与情景记忆的提取，是 AD 最早发生新陈代谢降低的区域，后扣带回的连接的下降将对应于 AD 患者记忆功能的下降。上述研究结果表明，FAEC 算法在真实数据集上可以学习到合理的脑效应连接网络，再次反映了算法的有效性。由此可见，脑效应连接的研究对于人脑功能分析以及脑疾病分析具有重要的实际意义。

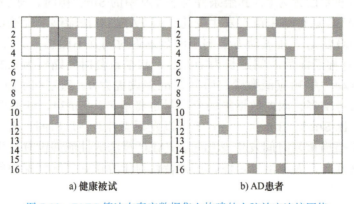

图 7-18　FAEC 算法在真实数据集上构建的人脑效应连接网络

本章小结

本章通过分析和讨论智能优化算法在新兴战略领域实际问题中的应用案例，展现了智能优化算法在解决实际问题时的强大能力。

7.1 节介绍了一类污水处理系统的智能评判优化控制设计。通过对智能优化算法在污水处理系统优化与控制设计中的应用案例分析，展现了其在提高运行效率、优化运行成本及增强系统稳定性方面的成效。智能优化算法不仅有助于提高污水处理带来的经济和环境效益，同时推动智慧环保领域的技术进步。随着人工智能技术的不断革新，智能优化算法将在污水处理过程中发挥更加重要的作用。同时，大数据技术的发展将为智能优化算法提供更强大的数据处理能力，进一步提升其性能。此外，结合物联网、云计算等先进技术，有望实现污水处理过程的全流程智能化运行。总之，智能优化算法在污水处理领域的应用前景广阔，将为环境保护和可持续发展贡献更多力量。

7.2 节介绍了基于细菌觅食优化的蛋白质功能模块检测方法，展现了智能优化算法在PPI网络功能模块检查方面的良好性能。蛋白质功能模块检测对于了解生命过程中某些未知蛋白质的功能，理解生命活动的本质，进行疾病的诊断以及病理研究具有重要的实际意义。随着高通量生物实验方法的发展，蛋白质相互作用数据与日俱增，如何利用机器学习、数据挖掘中的一些理论和方法来更有效地挖掘蛋白质功能模块一直吸引着研究人员的广泛关注。群智能优化算法由于具有良好的鲁棒性和天然的并行性，为更有效地进行功能模块检测提供了一种有希望的手段。可见，基于群智能优化的蛋白质功能模块检测是一个具有良好的研究和应用前景的课题，将为理解生命活动和疾病诊断提供新的思路。

7.3 节介绍了基于萤火虫算法的脑效应连接网络学习新方法，展现了智能优化算法在脑效应连接网络学习方面的良好性能。脑效应连接网络作为人脑脑区间因果功能效应的图模型，不仅能够加深研究人员对人脑功能复杂性的理解，而且有助于脑疾病的早期诊断以及病理研究。随着脑影像技术的发展，功能磁共振等脑数据日益增多，研究人员越来越关注如何利用机器学习和数据挖掘中的理论和方法，更有效地学习脑效应连接网络。其中，群智能优化算法因其强大的搜索能力，为更有效地进行脑效应连接学习提供了一种有前途的方法。因此，基于群智能算法的脑效应连接网络学习具有显著的实际意义，有望为脑网络组学分析和疾病诊断提供新思路。

随着人工智能技术的日益普及，一方面，智能优化算法已在越来越广泛的战略新型领域得到成功的应用；另一方面，面向未来更多科技创新和实践需求的挑战，智能优化理论和方法必将迎来更加显著的发展。

参考文献

[1] 乔俊飞，韩红桂，伍小龙. 智慧环保前沿技术丛书——城市污水处理过程智能优化控制 [M]. 北京：化学工业出版社，2023.

[2] WANG D, HAM, QIAO J. Data-driven iterative adaptive critic control toward an urban wastewater treatment plant [J]. IEEE Transactions on Industrial Electronics，2021，68（8）：7362-7369.

[3] WANG D, LI X, ZHAO M, QIAO J. Adaptive critic control design with knowledge transfer for

wastewater treatment applications [J]. IEEE Transactions on Industrial Informatics, 2024, 20（2）: 1488-1497.

[4] QIAO J, YANG R, WANG D. Offline data-driven adaptive critic design with variational inference for wastewater treatment process control [J]. IEEE Transactions on Automation Science and Engineering, 2024, 21（4）: 4987-4998.

[5] 王鼎, 赵慧玲, 李鑫. 基于多目标粒子群优化的污水处理系统自适应评判控制 [J]. 工程科学学报, 2024, 46（5）: 908-917.

[6] WANG D, LI X, XIN P, LIU A, QIAO J. Supplementary heuristic dynamic programming for wastewater treatment process control [J]. Expert Systems with Applications, 2024, 247: 123280.

[7] WANG D, MA H, QIAO J. Multilayer adaptive critic design with digital twin for data-driven optimal tracking control and industrial applications [J]. Engineering Applications of Artificial Intelligence, 2024, 133: 108228.

[8] HAN H, LIU H, QIAO J. Knowledge-data-driven flexible switching control for wastewater treatment process [J]. IEEE Transactions on Control Systems Technology, 2021, 30（3）: 1116-1129.

[9] HAN H, LU W, ZHANG L, QIAO J. Adaptive gradient multiobjective particle swarm optimization [J]. IEEE Transactions on Cybernetics, 2018, 48（11）: 3067-3079.

[10] 王鼎, 赵明明, 哈明鸣, 等. 基于折扣广义值迭代的智能最优跟踪及应用验证 [J]. 自动化学报, 2022, 48（1）: 182-193.

[11] YANG C C, JI J Z, ZHANG A D. BFO-FMD: Bacterial foraging optimization for functional module detection in protein-protein interaction networks [J]. Soft Computing, 2018, 22: 2295-3416.

[12] 杨翠翠. 细菌觅食优化算法及其应用研究 [D]. 北京: 北京工业大学, 2017.

[13] ZHANG A D. Protein interaction networks: Computational analysis [M]. Cambridge: Cambridge University Press, 2009.

[14] GUIMERÀ R, AMARAL L A N. Functional cartography of complex metabolic networks [J]. Nature, 2005, 433（7028）: 895-900.

[15] UETZ P, GIOT L, CAGNEY G, et al. A comprehensive analysis of protein-protein interactions in Saccharomyces cerevisiae [J]. Nature, 2000, 403（6770）: 623-627.

[16] AEBERSOLD R, MANN M. Mass spectrometry-based proteomics [J]. Nature, 2003, 422（6928）: 198-207.

[17] MACBEATH G, SCHREIBER S L. Printing proteins as microarrays for high-throughout function determination [J]. Science, 2000, 289（5485）: 1760-1763.

[18] TARASSOV K, MESSIER V, LANDRY C R, et al. An in vivo map of the yeast protein interaction [J]. Science, 2008, 320（5882）: 1465-1470.

[19] LI X, WU M, KWOH C K, et al. Computational approaches for detecting protein complexes from protein interaction networks: A survey [J]. BMC Genomics, 2010, 11: S3.

[20] JI J Z, ZHANG A D, LIU C N, et al. Survey: Functional module detection from protein-protein interaction networks [J]. IEEE Transactions on Knowledge and Data Engineering, 2014, 26（2）: 261-277.

[21] 冀俊忠, 刘志军, 刘红欣, 等. 蛋白质相互作用网络功能模块检测的研究综述 [J]. 自动化学报, 2014, 40（4）: 577-593.

[22] ZAHIRI J, EMAMJOMEH A, BAGHERI S, et al. Protein complex prediction: A svrvey [J]. Genomics, 2020, 112（1）: 174-183.

[23] DHANUKA R, SINGH J P, TRIPATHI A. A comprehensive survey of deep learning techniques in protein function prediction [J]. IEEE/ACM Transactions on Computational Biology and

Bioinformatics, 2023, 20 (3): 2291-2301.

[24] YANG C C, JI J Z, LIU J M, et al. Bacterial foraging optimization using novel chemotaxis and conjugation strategies [J]. Information Sciences, 2016, 363: 72-95.

[25] PAGEL P, KOVAC S, OESTERHELD M, et al. The MIPS mammalian protein-protein interaction database [J]. Bioinformatics, 2005, 21 (6): 832-834.

[26] SALWINSKI L, MILLER C S, SMITH A J, et al. The database of interating proteins: 2004 Updata [J]. Nucleic Acids Reasearch, 2004, 32 (suppl_1): D449-D451.

[27] FRISTON K J. Functional and effective connectivity in neuroimaging: A synthesis[J]. Human Brain Mapping, 2011, 1 (1): 13.

[28] FRISTON K J. Functional and effective connectivity: A review[J]. Brain Connectivity, 2011, 1 (1): 13-36.

[29] 邸新, 饶恒毅. 人脑功能连通性研究进展 [J]. 生物化学与生物物理进展, 2007, 34 (1): 5-12.

[30] FRISTON K. Causal modelling and brain connectivity in functional magnetic resonance imaging[J]. Plos Biology, 2009, 7 (2): e1000033.

[31] 左西年, 张喆, 贺永, 等. 人脑功能连接组: 方法学、发展轨线和行为关联 [J]. 科学通报, 2012, 57 (35): 3399-3413.

[32] SMITH S M, MILLER K L, SALIMI-KHORSHIDI G, et al. Network modeling methods for FMRI[J]. Neuroimage, 2011, 54 (2): 875-891.

[33] MCLNTOSH A R, GONZALEZ-LIMA F. Structural equation modeling and its application to network analysis in functional brain imaging[J]. Human Brain Mapping, 1994, 2 (1-2): 2-22.

[34] STEPHAN K E, HARRISON L M, PENNY W D, et al. Biophysical models of fMRI responses[J]. Current Opinion in Neurobiology, 2004, 14 (5): 629.

[35] BRESSLER S L, SETH A K. Wiener-Granger Causality: A well established methodology [J]. Neuroimage, 2011, 58 (2): 323.

[36] SETH A K. A MATLAB toolbox for Granger causal connectivity analysis[J]. Journal of Neuroscience Methods, 2010, 186 (2): 262.

[37] SHIMIZU S, HOYER P O, KERMINEN A. A linear non-gaussian acyclic model for causal discovery[J]. Journal of Machine Learning Research, 2006, 7 (4): 2003-2030.

[38] DAUWELS J, VIALATTE F, MUSHA T, et al. A comparative study of synchrony measures for the early diagnosis of Alzheimer's disease based on EEG[J]. Neuroimage, 2010, 49 (1): 668-693.

[39] PATEL R S, BOWMAN F D B, RILLING J K. A bayesian approach to determining connectivity of the human brain[J]. Human Brain Mapping. 2006, 27 (3): 267-276.

[40] IDE J S, ZHANG S, LI C S R. Bayesian network models in brain functional connectivity analysis[J]. International Journal of Approximate Reasoning Official Publication of the North American Fuzzy Information Processing Society, 2014, 55 (1): 23-35.

[41] CHICHERING D M. Optimal structure identification with greedy search[J]. The Journal of Machine Learning Research. 2003, 3: 507-554.

[42] RAMSEY J D, HANSON S J, HANSON C, et al. Six problems for causal inference from fMRI. Neuroimage. 2010, 49 (2): 1545-1558.

[43] GOEBEL R, ROEBROECK A, KIM D S, et al. Investigating directed cortical interactions in time-resolved fMRI data using vector autoregressive modeling and Granger causality mapping[J]. Magnetic Resonance Imaging, 2003, 21 (10): 1251-1261.

[44] JI J, LIU J, LIANG P, et al. Learning effective connectivity network structure from fMRI data based on artificial immune algorithm: [J]. Plos One, 2016, 11 (4): e0152600.

[45] LIU J, JI J, ZHANG A, et al. An ant colony optimization algorithm for learning brain effective connectivity network from fMRI data[C]//IEEE International Conference on Bioinformatics and Biomedicine. New York：IEEE, 2016：360–367.

[46] JI J, ZOU A, LIU J, et al. A survey on brain effective connectivity network learning[J]. IEEE Transactions on Neural Networks and Learning Systems，2021，34（4）：1879-1899.

[47] 冀俊忠，邹爱笑，刘金铎.基于功能磁共振成像的人脑效应连接网络识别方法综述[J].自动化学报，2021，47（2）：278-296.

[48] 纪子龙，冀俊忠，刘金铎，等.基于萤火虫算法的脑效应连接网络学习方法[J].哈尔滨工业大学学报，2019，51（5）：76-84.

[49] 纪子龙.基于萤火虫算法的脑效应连接网络学习方法研究[D].北京：北京工业大学，2019.

[50] YANG X S. Nature-Inspired Metaheuristic Algorithms [M]. Bristol：Luniver Press, 2008.

[51] 张强，李盼池.自适应分组差分萤火虫算法求解连续空间优化问题[J].控制与决策，2017，32（7）：1217-1222.

[52] CHANDRASEKARAN K, SIMON S P, PADHY N P. Binary real coded firefly algorithm for solving unit commitment problem[J]. Information Sciences，2013，249（16）：67-84.

[53] BIDAR M, KANAN H R. Modified firefly algorithm using fuzzy tuned parameters [C]// 2013 13th Iranian Conference on Fuzzy Systems（IFSC）. New York：IEEE, 2013.

[54] 田梦楚，薄煜明，陈志敏，等.萤火虫算法智能优化粒子滤波[J].自动化学报，2016，42（1）：89-97.

[55] LEI X, WANG F, WU F X, et al. Protein complex identification through Markov clustering with firefly algorithm on dynamic protein-protein interaction networks[J]. Information Sciences，2016，329（6）：303-316.

[56] 张涛，朱彤，陈上，等.多能源耦合系统的运行优化与改进分析[J].科学通报，2017（32）：3693-3702.

[57] ANDREWSHANNA J R, SNYDER A Z, VINCENT J L, et al. Disruption of large-scale brain systems in advanced aging [J]. Neuron，2007，56（5）：924.

[58] WU X, LI R, FLEISHER A S, et al. Altered default mode network connectivity in Alzheimer's disease--A resting functional MRI and bayesian network study[J]. Human Brain Mapping，2011，32（11）：1868-1881.

[59] GREICIUS M D, SRIVASTAVA G, REISS A L, et al. Default-mode network activity distinguishes Alzheimer's disease from healthy aging：evidence from functional MRI[J]. Proceedings of the National Academy of Sciences of the United States of America，2004，101（13）：4637-42.

[60] LIU J, JI J, JIA X, et al. Learning brain effective connectivity network structure using ant colony optimization combining with voxel activation information[J]. IEEE Journal of Biomedical and Health Informatics，2019，24（7）：2028-2040.

[61] ZHANG Z, JI J, LIU J. MetaRLEC：Meta-reinforcement learning for discovery of brain effective connectivity[C]//Proceddings of the AAAI Conference on Artificial Intelligence. Vancouver：AAAI, 2024.